地球信息科学基础丛书

概率时间地理学原理

尹章才　李　霖　张志军　著

国家自然科学基金:定向移动对象基于有偏随机走的概率模型研究(编号:41071283)
公益性行业科研专项:基础地理信息本体库开发关键技术及示范(编号:201412014)
武汉理工大学研究生教材建设基金
GIS专业综合改革试点项目
资助

科 学 出 版 社
北　京

内 容 简 介

本书系统阐述了概率时间地理学的基本原理、理论和方法。全书共分为三部分。第一部分引入了概率时间地理学，分析了概率时间地理学的基本概念和学科内容。第二部分阐述了如何利用概率论构建时间地理学的时空不确定性模型的理论与方法，并对构建的概率时空体进行实证分析。第三部分系统分析概率时空体的相遇问题，主要是分析两随机移动的个体之间相遇的可能性大小及其随时间的变化规律。

本书可作为高等院校地理、测绘、地质、城市规划、环境等专业的本科生和研究生教材，同时也可供相关专业的科技工作者阅读参考。

图书在版编目(CIP)数据

概率时间地理学原理/尹章才，李霖，张志军著. —北京：科学出版社，2015.10

(地球信息科学基础丛书)

ISBN 978-7-03-046038-7

Ⅰ.①概… Ⅱ.①尹…②李…③张… Ⅲ.①地理学-时间学 Ⅳ.①K90-05

中国版本图书馆 CIP 数据核字(2015)第 247914 号

责任编辑：杨帅英 张力群 / 责任校对：赵桂芬

责任印制：徐晓晨 / 封面设计：陈 敬

科学出版社 出版

北京东黄城根北街 16 号

邮政编码：100717

http://www.sciencep.com

北京凌奇印刷有限责任公司 印刷

科学出版社发行 各地新华书店经销

*

2015 年 10 月第 一 版 开本：787×1092 1/16

2015 年 10 月第一次印刷 印张：14 1/4

字数：335 000

POD定价： 78.00元

(如有印装质量问题，我社负责调换)

前　言

时间与地理学的结合形成了时间地理学，主要阐述移动对象随时间变化的规律。经典时间地理学采用时空圆锥体或棱柱体表达移动对象的时空可达位置，它不区分移动对象分布在各可达位置的可能性差别。然而，根据随机走模型（如布朗运动），质点即使在某一时刻均匀分布在各可达位置点，但在后续时刻会趋于非均匀分布（如正态分布）。因此，定量的时间地理分析需要考虑实际的概率分布，以模拟移动对象在不同时刻分布在各可达位置上的非均匀分布。总的来说，概率时间地理学是从概率的角度分析移动对象随时间变化的不确定性。

目前，概率时间地理学的发展还处于萌芽阶段，主要是在经典时间地理学基础上利用经典概率模型（如正态分布）进行扩展，缺乏学科应有的基本概念、基本原理和基本方法，国内外尚未出现概率时间地理学方面的专著。本书在继承概率论与时间地理学相结合的传统基础上，通过概率时间地理学的理论建模和时空相遇概率分析，提炼概率时间地理学的学科概念、理论与方法。

全书分为三个部分。第一部分引入概率时间地理学的概念，分析其学科特征和发展趋势；第二部分利用概率论的基本概念、理论（如正态过程、布朗桥）与方法（如全概率公式、会面问题）构建概率时间地理学的时空概率模型；第三部分阐述两个移动对象可能相遇的概率模型，提出了基于连续型概率分布的相遇概率算法（包括积分法、微分法）和基于离散型概率分布的相遇概率算法，并进行了实证对比分析，为人员搜救、救援等活动中所需的时空路径规划与优化提供定量依据。

由于作者的知识背景和水平的局限，本书仍存在错漏或偏颇之处。我衷心地欢迎使用本书的同行提出批评与建议。在写作过程中得到北京大学柴彦威教授，武汉理工大学的袁艳斌教授、黄解军教授、崔巍教授和俞艳博士，以及武汉睿数信息技术有限公司毛凯博士的帮助，在此一并感谢。本书的出版得到了国家自然科学基金：定向移动对象基于有偏随机走的概率模型研究（编号：41071283），公益性行业科研专项：基础地理信息本体库开发关键技术及示范（编号：201412014），武汉理工大学研究生教材建设基金和 GIS 专业综合改革试点项目等联合资助，在此表示由衷感谢。

作　者

2015 年 9 月

目　　录

第一部分　概率时间地理学的基础

时间地理学是一种研究与时间有关的地理学，它将时间维度从地理信息属性中明确出来，以表达地理对象随时间变化的规律。在此基础上，概率时间地理学从概率角度分析地理对象随时间变化的不确定性。

第1章　绪　　论

地理学第一定理是地理相关性的定理，目前也是公认的唯一地理学定理。概率是相关性分析的重要手段，因而也是地理学进行相关性分析的理论依据和概率时间地理学形成的理论基础。

1.1　时间地理学基础

时间地理学（time geography）研究在时间约束下的空间可达位置的不确定性规律，它通过时空体描述所有可能到达的位置。在此基础上，概率时间地理学则专注于移动对象（moving object）分布在每个可达位置点的可能性，以表达移动对象在各空间可达位置的非均一性分布规律。

1.1.1　时间地理学的概念

为了实现社会公共设施公平配置在每位居民上，需要将时间和空间作为同等重要的资源进行综合考虑，时间地理学在服务于公共设施的公平配置过程中应运而生。

1. 时间地理学定义

时间地理学是一种研究在各种制约条件下人的行为时空间特征的地理学（柴彦威和王恩宙，1997），能有效分析个体活动的方法。随着时间的推移，时间地理学的外延也不断拓展：①时间地理学起源于20世纪60年代，关注相同空间可达范围的时间成本的公平性，其提出与作为高度福利国家的瑞典的社会状况密切相关；②在70年代末以前，时间地理学研究主要是沿哈格斯特朗的基本观点进行的，即对区域规划、人地关系及社会史进行应用研究；③80年代以后，时间地理学则在个人生活与社会结构关系、女性地理学、福利地理学及城市地域研究、城市交通规划等方面有创造性的展开（柴彦威，1998）。

2. 个体的时空约束条件

时间地理学认为个体活动只能在特定时间、空间发生，即遵守时间、空间制约。这些制约可归纳为如下三类（张亦汉等，2014）：

(1) 能力制约，受个人自身能力（如移动速度、休息、用餐等生理性）制约的一类。

(2) 组合制约，个体为了进行某种活动（如社交、聚会等）和其他人同时存在于特定场所。

(3) 权威约束，由于法律规范等把个体从某些特定时间和空间中排除的一类，如外来车辆在早晚高峰期禁止进入城区的法规。权威约束可以分为自然权威约束（如个体不能穿越的沙漠区域）和社会权威约束（如歇业的商业区域）。

上述三个时空约束一方面具有相对独立性，如组合约束是个体与其他个体同时存在于特定场所，而权威约束则是将个体从某些特定时间和空间内排除；另一方面具有相关性，如个体的能力约束可能会影响社交、聚会等组合约束。

上述时空约束条件本身具有时间性、空间性与个体差异性(个性)。在时间性方面，各种约束条件随时间的变化而动态变化，而不是静止的，如超市的歇业时间在节假日较平时往后推迟。在空间性方面，任何活动的发生都与空间位置有关，如人的休息、社交等活动都需要占据一定的地理空间范围。在个性化方面，同一权威约束对于不同的个体具有差异性。这样，任何个体在不同时间、空间具有差异性的约束条件；相同时空间尺度的不同个体行为在时空间特征上相似。

3. 个体行为的时空间特征

时间地理学不仅研究个体所受到的时空约束条件，还需要考虑在这些条件制约下特定个体(类)的行为在特定时间的空间特征。个体行为的时空间特征可采用时空路径、时空体等表达。时空路径记录了个体在时间、空间上的移动轨迹，由控制点和路径段落构成。其中，控制点是已知具体空间位置和时间属性的点；路径段落是点与点之间的连线(垂直段落表示个体驻留，倾斜段落表示个体移动)(刘钊等，2014b)。所有可能的时空路径的全集构成了时空体，包括圆锥体(有的称为棱锥体)、棱柱体。

4. 个体的约束条件与行为时空间特征的关系

个体行为的时空间特征，是个体的时空约束条件在特定时间或特定空间的直接反映，两者存在相互作用、相互映射的关系。

(1) 时空约束条件会制约时空行为特征，因而行为特征能承载和反映个体自身能力、外部权威等约束条件，从而能表征个体的生活质量、可达性、社会分异和社会公平等(张亦汉等，2014)。例如，时空体将权威约束中的时空范围排除在外，只能包含个体自身所能到达的范围。又如，个体的最大速度，决定着时空体母线的斜率；组合约束直接反映在时空体的相交上。相应地，时空体间的相交测试可判断个体间可否会面，洛杉矶警方基于手机信号时空模拟的犯罪制图就属于此类(Esrichina，2013)。

(2) 个体可通过主动提升自身能力和权威等以减小时空约束，因而同一个体不同时期的时空行为特征能反映个体的长期行为变化趋势。

1.1.2 时间地理学的特点

1. 基本特点

时间地理学的创始人哈格斯特朗(Hägerstrand，1970)提出的 8 条假设可作为时间地理的特点(柴彦威和王恩宙，1997)：①人是不可分割的；②人一生是有限的；③一个人同时从事多种活动的能力是有限的；④所有活动都需要一定时间；⑤空间内的移动要消耗时间；⑥空间的容纳能力有限；⑦地表空间是有限的；⑧现状必然受到过去状况的限制。

时间地理学的基本特点，反映了时空约束的不同类型，但两者之间不是简单的对应关系。其中，特点③、④和⑤既可以是一种能力约束，也可归为外部客观环境的权威约束；特点⑥和⑦可视为组合约束；全部特点都具有客观权威性(表1.1)。

表1.1　基本特点与时空约束的对应关系

时空约束	①	②	③	④	⑤	⑥	⑦	⑧
能力约束			—	—	—			
组合约束						—	—	
权威约束	—	—	—	—	—	—	—	—

因此，在时间地理学的约束类型中，一方面需要对接时间地理学的特点，以便于明确时间地理学的特点与约束类型间关系；另一方面权威约束类型，需要扩展至包含法律、法规在内的外部客观环境的约束，不然在时间地理学中没有与权威约束直接对应的特点。

2. 基本特征

(1) 具有多维特性，包含时间(如②、④、⑤、⑧)、空间(如⑤、⑥、⑦)和人文属性(如①、②)等。其中，空间特性包括均质空间、非均质空间等；时间特性包括工作时间、休闲时间等；属性特性包括最大移动速度、可达位置，或布尔值、概率值等不同尺度语义。

(2) 具有尺度特征，包括空间尺度(镇、县、市、省、国家、洲、世界)、时间尺度(如日、周、月、季、年)和对象或语义尺度(如个人、集体、组织等)(柴彦威，1998)。

(3) 具有概率特性，如⑧。在一般情况下，移动过程在某时刻的状态与邻近时刻的状态有关。这种相关联度与相隔的时间往往呈反比，即经过数学抽象得到应用十分广泛的马尔可夫过程。

(4) 具有不确定性，即个体在给定时刻位于哪个空间位置是不确定的，这不仅受能力、组合、权威等时空约束条件制约，还受心理活动的影响。

3. 不确定性

时间地理学的不确定性继承了GIS(geographic information system)数据的不确定性，其中数据抽象与数据缺失是两个主要来源。

1) 抽象引起不确定性

时空轨迹(trajectory)是移动对象的位置和时间的记录序列(龚玺等，2011)，具有连续性，因而在计算机中的存储需要进行抽样、综合和离散，即只记录离散时刻及其对应的空间位置，或采用离散的样本点表示连续的时空轨迹(图1.1)。

例如，在通过手机信令数据跟踪手机用户的时空轨迹时，基站每天只记录一部手机的40～50条信令。这意味着，当两个时刻t_1，t_2的位置确定时，则时刻$t \in (t_1, t_2)$的位置不确定。当市民在使用手机各种应用软件时，如QQ、微信、手游等，或多或少会运用到定位功能，“百度迁徙地图”就会实时记录市民的地理位置(唐凯和娄静，2014)。当市民迁移到另一个城市，再次使用此类软件时，地理位置会更新，两次位置的变化就通过一条线出现在“百度迁徙地图”中。

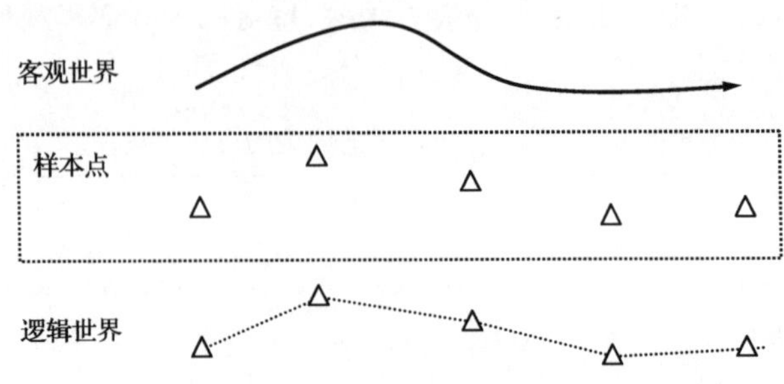

图 1.1 时间地理因抽象引起的不确定性

又如，淘宝、京东等在线商城网站采用离散的时间点和活动位置表达连续的“物流动态”信息（表 1.2）：

表 1.2 淘宝物流动态实例

时间/s	活动
2015-03-04 12:02:13	您的订单开始处理
2015-03-04 19:42:40	已取件，到达［河北_石家庄运转中心］
2015-03-04 19:45:15	离开［河北_石家庄运转中心］发往［郑州运转中心］
2015-03-05 10:15:53	到达［郑州运转中心］
2015-03-05 15:43:05	离开［郑州运转中心］发往［武汉运转中心］
2015-03-06 01:58:32	到达［武汉运转中心］
2015-03-06 02:49:51	离开［武汉运转中心］发往［湖北_武昌分拨站］
2015-03-06 06:46:19	离开［湖北_武昌分拨站］发往［湖北_武昌南营业所_广埠屯营业厅］
2015-03-06 08:01:34	到达［湖北_武昌南营业所_广埠屯营业厅］
2015-03-06 08:48:06	离开［湖北_武昌南营业所_广埠屯营业厅］派送中，递送员［张 *］，电话［137 ***** 743］
2015-03-06 12:59:34	客户已签收

信息来源：宅急送运单号：248 **** 153

2）数据缺失引起不确定性

由于人类知识的尚不发达，还缺乏制约条件与人的行为时空特征之间作用机理的认识。人的行为时空特征，不仅仅受时空因素的影响，包括交通网、公共设施的配置等，还受非时空因素的影响，如个人的年龄、收入、健康、偏好等。时间地理学主要研究时空制约条件与人的时空特征之间的作用机理，由于未考虑非时空因素的影响因此不可能建立起制约条件与时空特征之间的确定性函数关系。

1.1.3 时间地理学的方法

时间地理学的主要目标是揭示时空约束条件对时空行为特征的作用机理。目前，时间地理学分析方法主要可归为两类：一是统计学方法，即采用统计学手段统计大量时空行为，来获得时空约束条件与时空行为之间的统计规律；一是利用 GIS 方法，即采用 GIS 工具分析时空约束条件中的移动速度因子对时空行为特征中的可达性的作用机制。

1. 时间地理学的统计学方法

时间、空间和属性是地理对象的三个不可分割特征，是地理学描述的基本要素。传统GIS常常将时间作为空间信息的一个属性，未将时间作为与空间同等重要的要素看待，因而难以支撑历史回放、未来预测等分析。随着卫星定位技术、无线通信、跟踪检测设备、传感器、视频实时采集技术及云计算技术的快速发展，人们能够方便、廉价获得时空轨迹数据(龚玺等，2011)。例如，通过传感器遥测野生动物或者鱼类的活动，通过日志记录旅行活动，通过条形码的检入检出了解物流过程，通过信用卡、交通卡、身份证等刷卡记录或者电话通话记录、签到服务、移动电话基站信令等来跟踪用户的位置，甚至通过互联网搜索某对象的相关事件来确定该对象的运动轨迹等。空间对象的位置、属性都可能随着时间的推移而发生变化，不同时刻的位置和属性信息构成了空间对象的来龙去脉，从而便于评估对象行为特征的形成原因和预测对象的未来去向。而这种来龙去脉在时间地理学中就是时空轨迹或时空路径。

通过时空路径数据的数理统计，时间地理学可获得个体、群体的时空特征，并创造性地运用生命线、时空路径、路径束、时空棱镜、时空收支等独特的概念进行刻画，从而为公共设施的合理配置提供理论依据。例如，武汉市目前有上万个工地同时开工，大量市民在上下班路上的耗时明显拉长。瑞典最新一项有关“夫妻中有一方每天上班路上耗时超过45分钟，离婚率增加40%”的研究结果，让不少人调侃“我离离婚不远了”。该项研究结果的依据是：上班路程遥远、道路拥堵、公共交通工具拥挤以及等候时间不可预测等，会让人心情变差，甚至影响健康，破坏家庭和谐(李宏，2013)。上述新闻报道了时间地理学的一种统计规律。然而，数理统计在时间地理学中的应用存在诸多局限(林广发和黄永胜，2002)。

1) 统计数据获取方面

时间地理学常用问卷调查或访谈方式收集个体的时空数据，存在如下的制约(林广发和黄永胜，2002)：

(1) 统计一般要求较大的样本数，不仅耗费人力和时间，还难以保证有足够的样本。样本的数据随时间尺度、空间尺度的增大呈非线性增长。不过，时空路径大样本的统计可以为概率时间地理学提供实证。

(2) 当调查的时间尺度较大(如1年)时，取得的数据往往是经过个体有意或无意综合过的，这种综合会造成数据的偏差；当时间尺度较小(如1天)时，又难以保证时段上的代表性，这主要是因为人的时空特征不仅仅受时间、空间因素的影响，还受许多不可预料的细微事物的影响。

2) 统计数据处理方面

数理统计是处理调查数据的常用方法，存在如下的制约(林广发和黄永胜，2002)：

(1) “对地理学家来说，统计手段的主要问题在于自相关(即邻近样本之间的相互不独立性)。自相关问题不仅存在于时间序列样本中，也存在于空间数据方面，而且较之时间序列更难于处理。时间的过程只有一个方向，而空间则是二维的，一个单独的点的独立条件会受到其四周各个方面的干扰。对空间自相关的认识，表明了地理分析中运用常规统计手段的严重的局限性”。

(2) 时空棱镜是一个非常概念化的表达形式，难以表达不同的制约条件以及制约条件之间的相互影响。目前，时空棱镜主要反映时间、速度、均质空间或交通网空间等的制约条件，尚未对其他非时空因素进行分析。

(3) 对群体的统计可以获得群体的一般时空特征；以个体为中心的传记研究则能够揭示有关个体的深刻的时空行为特征及其形成机制，但不具备普遍性。一般统计学难以实现两种方法的有机结合。

3) 统计数据分析方面

统计学的结果是纯数学驱动的，它只反映了历史状态，没有说明状态产生的原因，因而也就没有给出现象背后的因果关联，而这正是机制发现和理论建立的基础和关键(林广发和黄永胜，2002)。

(1) 为了表达时空特征及其动态过程，时间地理学创造了几种独具特色的时空结构图，如生命路径、时空棱柱等，但这些都是面向个体的，如何体现相关个体(如家庭成员、单位职工、同一性别、同一年龄阶段等个体之间)在生命路径上的共同特点？或者说，制约条件(不同成员属于同一家庭)的相关性如何影响路径的相关性？

(2) 研究的对象尺度、空间尺度与时间尺度之间如何匹配？制约尺度，即宏观制约(如国家法律、性别、出生家庭背景、生活环境等)与微观制约(如个体从事职业、经济收入、身体状况等)如何评价？

(3) 制约条件如何作用于生命路径，以及制约条件的改变如何影响生命路径的改变？

(4) 约束条件具有区域特征和时段特征，即制约条件会随着时空路径的改变而改变，因此，制约条件与时空路径之间存在相关性，如何分析这种相关性？例如，交通速度具有拥堵路段等区域性和早晚高峰期等时段特性，基于时空动态交通速度的时空可达性分析是目前公开的难题(Miller and Bridwell, 2009)。

(5) 时空路径具有空间尺度、时间尺度和对象尺度，不同尺度所揭示的问题却有很大的差别，在具体的研究中如何界定？

上述问题对于时间地理学都是带有根本性的，对于公共政策的制定、流动人口的管理等应用问题也具有重要的现实意义。

2. 时间地理学的 GIS 方法

由于地理学可由 GIS 进行描述和分析，因而基于地理学扩展的时间地理学也能应用 GIS 工具，用于时间地理的数据组织、存储、表达和分析，从而为时间地理学分析约束条件与行为特征间的关系和作用机理提供了技术支撑。时间地理学应用 GIS 的可能性与必要性(林广发和黄永胜，2002)：一方面，时间和空间是时间地理学的两个本质特征，而 GIS 具有时空特征描述与表达的能力；另一方面，时间地理学研究对象的微观性，随着研究的深入需要仔细考虑的因素越来越多，对象系统越来越复杂，这大大提高了对研究能力和研究工具的要求，GIS 作为地理信息的综合性、精细化软件系统能满足时间地理对系统的要求。

时间地理学回答诸如这样的问题(Winter and Yin, 2010)：已知一个移动对象在 t_s 的位置,该对象在随后时间 $t(t>t_s)$ 的位置?或者在过去时间 $t(t<t_s)$ 的位置?在假定对象能向任意方向移动且只受最大速度制约的条件下,时间地理学通过 $x-y-t$ 空间的直立圆锥体表达其可达位置的不确定性。圆锥体顶点表达移动对象在 t_s 的位置,锥角表达最大速度,这样圆锥底面就可以表达移动对象在时间 $t(t>t_s)$ 的可达位置[图 1.2(a)],类似地可以表达在时间 $t(t<t_s)$ 的可达位置。

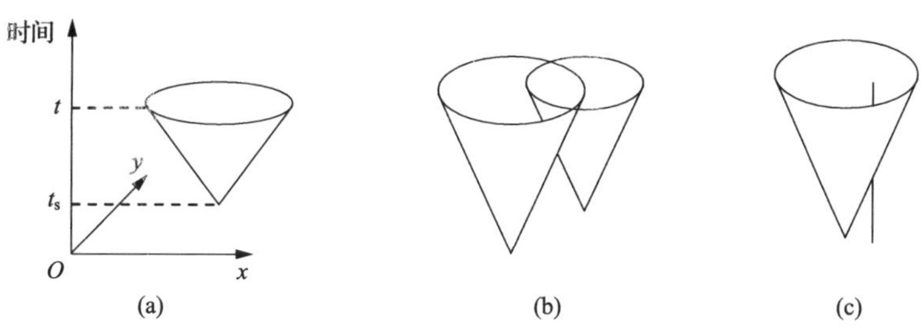

图 1.2 传统的时间地理概念(Winter and Yin, 2010)

已知移动对象起点、止点的时间地理模型可以用图 1.3 描述。对于存储在移动对象数据库中(卢炎生等,2007)足够密集的轨迹数据,线性内插是足够的[图 1.3(a)]。然而,时间地理提供的完备模型,也能通过斜的甚至是直立的时空棱柱体来捕获所有可能的中间位置。这样,如果已知移动对象在 t_s,t_e 时的位置(x_s, y_s),(x_e, y_e),那么其可达位置的不确定性可由时空棱柱体表达——一个顶点位于(x_s, y_s,t_s)的圆锥体和一个顶点位于(x_e, y_e,t_e)的反向圆锥体的交集。如果起止点位置重合,时空棱柱体是直立的[图 1.3(b)],否则是斜的[图 1.3(c)]。

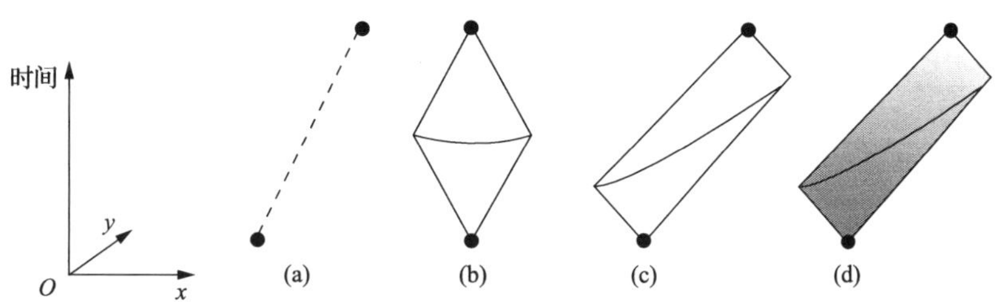

图 1.3 定向移动的时间地理概念(Winter and Yin, 2010)
(a)线性内插;(b)直立时空棱柱体;(c)斜时空棱柱体;(d)概率时空棱柱体

在顾及行驶速度条件下的时空棱柱体,一方面已映射到交通网络空间[图 1.4(a)],棱柱体则可简化为纵剖面(Miller,1991;Bart and Walied, 2009;戚铭尧等,2010);另一方面已映射到城市空间(Miller and Bridwell, 2009;方志祥等,2010;Yin et al., 2013),棱柱体则转变为不规则的形态(图 1.4b)。GIS 也实现了时间地理(邵黎霞和何宗宜,2007),以分析和可视化个体出行活动及其长期行为模式(李雄等,2009)。然而,但到目前为止仍停留在对这些时空体的定性建模和分析中(柴彦威和赵莹,2009)。

基本的定性问题是简单的(Winter and Yin, 2010):移动对象 A 在随后时间 t 所在的位置?这个问题的回答,仅仅需要计算时空体在 t 的底面。由此派生的多移动对象的定性问题,如 A 能否与移动对象 B 相遇[图 1.2(b)],或者 A 能否到达静止的移动对象 C 的

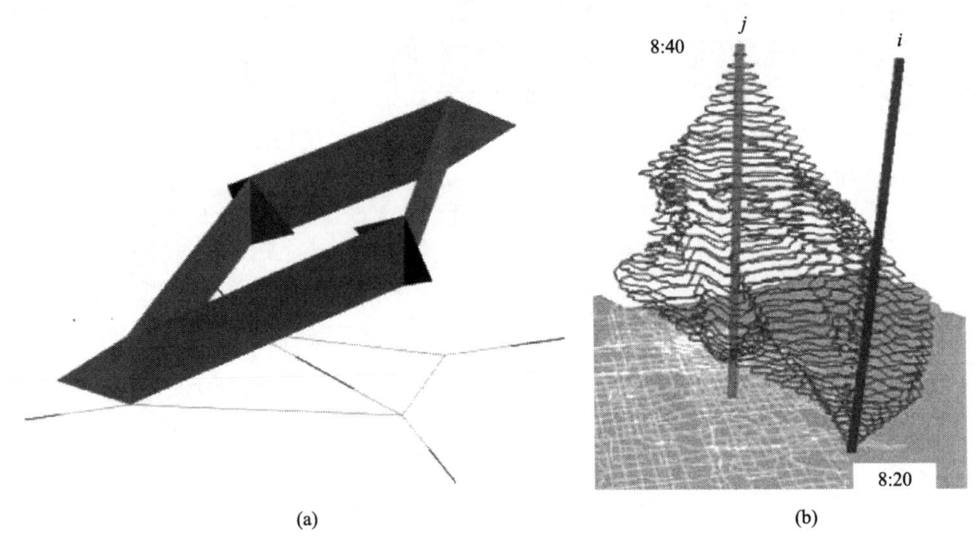

图 1.4　时空棱柱体

(a)在交通网空间(Kuijpers and Othman，2009)；(b)在交通网约束空间(Miller and Bridwell，2009)

位置[图 1.2(c)]。在守株待兔故事中，农夫和兔子可分别用 A、C 表示。一些派生的定性问题的回答，可以通过测试各时空体是否相交(Bart and Walied，2009)，这是相对复杂的计算；其他派生的定性问题则相对易于回答，只是通过测试在 t 的各时空体底面是否相交。然而，这些定性分析不得不将时空体或其底面作为整体来看待。而当分析结果为肯定时，这种整体性将会掩盖底面上概率分布的差异性。

涉及定量的问题至今未被提出。Neutens 等(2007)提出了模糊时空体可作为一个例外，但尚未研制分析工具。这类定量问题有：A 在随后时间 t 最可能的位置？A 和 B 在 t 相遇的可能性有多大？通常情况下，量化需要假定移动对象在特定位置出现的概率，其中一种简单方法是假定其在时空体剖面上服从均匀分布，并简单计算剖面面积。但是，这种假设是错误的。[图 1.3(d)]粗略描述了非均匀概率分布的时空棱柱(Winter and Yin，2010)。

3. *两种方法的比较*

时间地理学的 GIS、统计学方法是相互联系的，前者的时空可达域是后者时空可达域的泛化。GIS 方法主要考虑时间、空间因子，如经典时间地理学仅考虑时间、均质空间上的时空可达域，扩展的时间地理学则在经典时间地理学基础上新增了地理空间的非均质性。统计学方法则不仅考虑时间、空间特性，还关注移动对象的属性，如个体能力、习惯、习俗等非时空特性。新增的非时空特性，一方面使得时空可达域复杂化、个性化、区域化，因而在能通过单一模型表达之前，统计学方法不失一种有效的填补；另一方面统计的时空可达域在理论上应包含于 GIS 方法生成的时空可达域。

时间地理学的 GIS、统计学方法分别为概率时间地理学提供了样本空间和统计概率的计算方法。然而，统计方法的局限性催生了概率时间地理学的出现。

1.2　概率时间地理学的出现

时间地理学试图通过统计方法构建个体行为的时空间特征，通过 GIS 分析移动速度这一约束条件与时空可达域这一行为特征之间的关系。然而，由于 GIS 分析方法掩盖了移动对象分布在可达域中各位置点的概率的差异性，而统计方法往往针对个体有限时间内的轨迹数据，因而统计频次在低尺度下具有显著差异性，也就难以迁移和应用于其他个体。由于概率作为一种先验性知识，在高尺度下具有独立于个体的稳定性和一致性以及在不同尺度下具有相似性的特征，为概率应用于跨尺度、跨个体的行为特征表述提供了基础。概率时间地理学可认为是时间地理学在统计学方法和 GIS 分析方法基础上的进一步发展，以通过概率分布云表达时间地理中的行为时空间特征。

1.2.1　概率时间地理学的萌芽

时间地理学中时空相关性的存在，以及数理统计应用于时间地理学的困难，加速了概率时间地理学的萌芽，为个体时空行为特征的把握和个体最大可能的找寻提供理论依据。

1. 时间地理学的相关性

地理学第一定律：所有的事物都是相互联系的，但离得越近的事物，彼此之间的联系越强。我国的古谚语也有距离衰减的类似表述，如近水楼台先得月；近朱者赤，近墨者黑；当局者迷，旁观者清。这些都阐明了事物之间的相关性。相关性的本质是相同性，因而相邻时空间的状态之间存在相同特点。这种相同性，在系统采样过程中需要去除，以减小样本的重复性，提高样本的代表性；在空间预测分析中，需要充分利用，以增强预测的准确性。时间地理学的相关性根据时空维度可以分为时间相关性、空间相关性和时空相关性(图 1.5)。

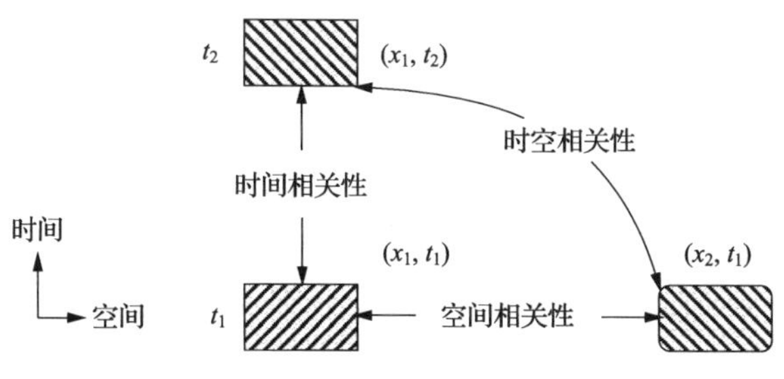

图 1.5　时空相关性类型

1) 空间相关性

作为地理学扩展的时间地理学，根据地理学第一定律，存在空间位置上的相关性。在一般情况下，移动过程在某空间位置的状态[如状态(x_1, t_1)]与空间邻近的状态[如状态(x_2, t_1)]有关，这种相关联度往往与相隔的空间距离成反比；简单地说，就是距离越小空间状态的相似性越大，从而为近邻空间状态的预测提供了理论基础。

2) 时间相关性

在一般情况下,移动过程在某时刻的状态[如状态(x_1,t_1)]与邻近时刻的状态[如状态(x_1,t_2)]有关,这种相关联度与相隔的时间成反比。

3) 时空相关性

同一状态不仅具有空间特征还具有时间特征,因此状态之间存在空间相关性、时间相关性以及时空相关性。时空相关性是这样的:如果一个移动对象在 t 位于特定位置的可能性很大,则在 $t+\Delta t$ 位于附近的可能性也很大(Winter and Yin, 2010)。例如,移动对象在 t_1 位于特定位置 x_2 的可能性很大,则在 $t_2=t+\Delta$t 位于周边 x_1 的可能性也很大;或者,移动过程中状态(x_2,t_1)与状态(x_1,t_2)相关。

2. 时间地理学的定量化发展

时间地理学认为人的活动是由一定时空间环境条件下的一系列连续并且相关的事件所构成(柴彦威和王恩宙,1997)。其中,“相关”“事件”等定性概念在定量化表达进程中,出现了基于 GIS 的时空可达性分析(Kuijpers and Othman, 2009; Miller and Bridwell, 2009)、模糊时间地理、概率时间地理。

(1) 基于 GIS 的时空可达性分析,采用 GIS 表征时空间环境及分析顾及最大移动速度条件下的时空可达范围,建立了时间约束(移动速度)与行为时空间特征(时空可达范围)之间的关系。

(2) 模糊时间地理学采用模糊数学定量表达时间地理中的相关、事件等定性概念,并将时空体扩展成模糊时空体(Neutens et al., 2007)。

(3) 概率时间地理学采用概率论的相关性、随机事件等精准表述时间地理中的相关、事件等定性概念,并可将时空体扩展成概率时空体(Winter, 2009),以定量描述移动对象分布在可达边界内各位置点的可能性。

上述定量化方法是相互联系的。由于时空约束条件直接作用于时空行为特征,时空行为特征可视为以约束条件为自变量的函数。时间地理学及其交叉学科的研究目标就是构建时空行为特征的函数模型,包括时空行为特征的表述及其受时空约束条件的制约机理。但由于约束条件的类型(能力约束、组合约束和权威约束)多样、特征(时间、空间、对象)多维,因而时间地理分析往往采用统计学方法和 GIS 分析方法。其中,统计学方法可以通过大量时空行为特征的统计分析获得移动对象的后验知识,并可抽象成高尺度下的先验知识;GIS 分析方法可以确立时空行为特征的时空可达范围,从而为先验(概率)知识在时间地理中的应用提供样本空间。

3. 时间地理学的概率表述

移动对象分布在各可达位置的可能性不总是均等的,因而定量时间地理分析需要考虑实际的概率分布。移动对象的可达范围,在由 (x, y, t)构成的传统时间地理中通过时空体——圆锥和棱柱构模。在这些时空体内,对象在特定时间所在的空间位置是不确定的。从概率学的角度,这种不确定性可通过任一时刻的概率分布云表示。图 1.6(a)、图 1.6(b)、图 1.6(c)分别表示时间地理的状态、圆锥、棱柱的概率分布。

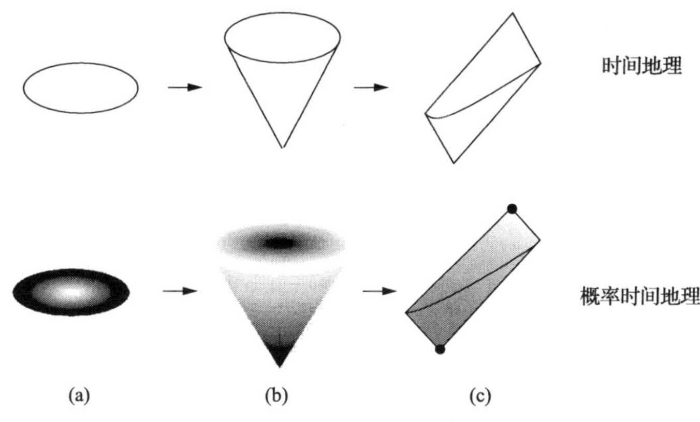

图 1.6 时空体与概率时空体
(a)状态;(b)时空圆锥体;(c)时空棱柱体

在已知最大移动速度和出发点的时间、位置条件下,Winter(2009)分析了时空圆锥体的概率模型。一个位置的概率,即描述移动对象在 t 位于该位置的可能性,提供了概率时间地理推理的基本方法。通过这种方法可以回答如下问题:于时间 t 在位置 (x, y) 或区域 $\sum(x, y)$ 找到移动对象 a 的可能性有多大,或者于时间 t 两个移动对象 a 和 b 在同一位置的可能性有多大。这种概率计算在时空圆锥体中被证明是有效的。

当又知止点时间和位置时,无偏运动将转变为定向移动,即移动对象根据时间预算由出发地至目的地作自由运动,其可达范围为时空棱柱体。棱柱体是在圆锥体基础上增加了一个确知的止点时间 t 及位置信息。根据相关性,移动对象在 $t-\Delta t$ 位于止点位置附近的可能性也很大,因此附加的止点信息会对邻近的概率产生影响,从而使时空棱柱体的概率分布不同于圆锥体。

由上可知,在时间地理中移动对象实时位置与出发地、目的地时空信息存在相关性,这种相关性直接影响着移动对象的时空概率分布。

4. 时间地理学的概率应用

1) 时间地理学与概率论关系

(1) 随机事件可视为地理事物的一种抽象。地理事物(如落入小区的炸弹)在数量上具有不确定性,因而可采用随机事件表达。例如,落入小区的炸弹数可采用服从泊松分布的随机变量表达;洪峰的高度、地震的震级等都可用极值分布来描述;城市规模分布接近对数正态分布;地层的变迁序列等。

(2) 样本空间可视为地理空间的一种抽象。样本空间是数学上的抽象空间,可以抽象表达具体的地理空间,因而以样本空间为定义域的概率可以迁移至地理空间,继而表达地理事物的不确定性。例如,几何概型是直接定义在几何空间(通常是直线、平面)上的概率模型,可用来描述均匀分布在地表平面空间上的样本的不确定性。

(3) 概率函数可视为一种地理场。地理中的二维场可以采用数学函数 $A = f(x, y)$ 描述,A 是一个表现地理现象的属性值,与二维空间 R^2 中给定的一个空间位置 (x, y) 相映射。这里，A 也可以看成是空间位置(x, y)上的概率属性 p，即 $p = f(x, y)$。从这个角度来看，概率函数可视为概率场，是概率值与地理位置的一种映射。

(4) 随机过程可视为一种时间地理。随机过程是新增时间自变量的一种随机变量函数，其随机性可表达时间地理在空间分布上的不确定性。

2) 搜寻应用实例

近年来，人员搜寻和救援案例时有发生。例如，户外活动中的人员走失与搜救，老人小孩的走失与查找等。传统的救援过程往往出于人的本能或人道主义，将大量的搜救资源投入到失踪者最后出现地点周边的一定区域，缺乏精准的搜救规划。然而，搜救工作的人力、物力和财力是有限的，而且搜救对象也存在最佳救援的时间窗口，搜救时间越短越好(如黄金搜救时间不超过 72 小时等)。这就提出了如何根据救援对象的时空信息(主要是最后出现的地点及其时间)，结合搜救资源，缩小搜寻时空范围，以最终达到提高找到搜寻对象概率的目的(刘钊等，2014a)。

时间地理学通过时空体能有助于搜寻时空范围的缩小和优化：一方面时空体能表达搜救对象和搜救资源各自的时空约束，从而可以掌握两者随时间变化的潜在活动范围；另一方面，通过两时空体的交集可以确定单个搜救资源的搜寻范围的外边界，明确在多资源协同下的单个资源的最小搜索范围和搜索起点。然而，作为整体的时空体，掩盖了内部分布可能性的差异性。

目前，随着应用的不断深入，时空体内部差异性基于概率的研究已引起了重视，旨在为精准的搜救规划提供定量化依据。经验统计方法根据历史统计数据结合能力约束(失踪者的旅行速度、身体状况、个人偏好等)，在失踪者最后出现的位置周围绘制概率分布图，即被搜寻到的概率(刘钊等，2014a)。

这种方法难以顾及概率随时间的动态变化特征。

1.2.2 概率时间地理学的形成

人文地理学乃至整个地理学在人们的心目中一直难以摆脱“描述性”的色彩，而一门学科的效用最终表现在它对某些规律的把握，并且显示出较为准确的预测性，时间地理学亦不例外。但模式的建立与规律的把握又依赖于定量化的数学方法，由于地理现象的复杂性和不确定性以及时空特异性，普通的定量化方法往往难以表达、模拟地理过程(林广发和黄永胜，2002)。这意味着，时间地理学研究大多还停留在描述与解释性阶段，尚待向模拟和预测、评价阶段升华(柴彦威等，1999)。概率时间地理通过概率论解释和解决时间地理的不确定性问题过程中，逐渐积累和形成了一门独立的学科。概率时间地理的形成具有广泛和深远的理论基础、技术基础和应用基础。

1. 理论基础

在地理学中，空间自相关性是地理学的重要特征，主要是不同位置的地理事物之间在属性方面的相似性。在时间地理中，不同时刻的地理事物之间在位置、属性方面也存在相似性。活动模式常常显示出很强的时间正相关性就属于此类，如你现在的位置与上周或昨天这个时间的位置相似(Longley et al.，2007)。时间地理学的相关性特征，如现状必然受到过去状况的限制，为概率论描述时间地理学的不确定性分析提供了理论基石。

2. 技术和方法基础

概率论与地理学在各自的发展过程中互相包涵和交叉引用的历史由来已久，一方面概率论的大量应用案例具有空间特征，如随机走，另一方面地理学尤其是计量地理学、空间分析(郭仁忠，2001)、地理统计学(geostatistics)或多或少以概率论为基础。地理学和概率论为时间地理的不确定性分析提供了技术和方法基础：

(1) 在技术方面，产生于20世纪60年代的GIS，经过近半个世纪的发展，已经在时空数据的组织、存储、分析和可视化等方面得到长足进步，因而GIS的时空可达域、等时线等分析工具能为概率时间地理学计算样本空间提供技术支持。随着社交网络、移动互联网和物联网的兴起，大数据能以细密的时间尺度和空间尺度记录海量个体的行程信息，为概率时间地理学的实证分析提供数据支撑。

(2) 在方法方面，概率论、计量地理学、空间统计学中涉及概率论应用于时间地理的理论与方法，为概率时间地理的不确定性计算提供了方法依据。

概率论与统计学共同为时间地理不确定性的定量化分析提供技术与方法。其中，概率论与统计学可互为转化与补充，如统计学可用于概率论的验证。

3. 应用基础

概率时间地理可以回答如下问题：移动对象分布在各可达位置上的可能性是多少？或，如何最大可能地找到移动对象？两个移动对象相遇的概率是多少？等等。

在人员搜救活动中，时间地理学能构建搜救对象、搜救资源的双方时空体以及两时空体的相交范围，从而为高效搜救提供基础。在此基础上，概率时间地理学可进一步建立双方时空体的概率模型，以及双方时空体在相交处的相遇概率，从而为面向最大可能搜寻的精准规划提供定量支撑，如确定搜寻路径的起点、终点等时空信息和计算搜寻路径上的累积找寻概率等。

1.2.3　概率时间地理学的提出

概率时间地理学认为移动对象在任一时刻位于可达空间位置的可能性不总相同，且这一可能性随时间推移不断变化。它是(经典)时间地理学基于概率的扩展(Winter and Yin, 2010)，即在时间地理学确定的可达范围基础上分析移动对象位于各位置点的可能性，能为移动对象最大可能地找寻提供定量依据，也为移动GIS向智能GIS发展提供基础。

1. 概率定义

(1) 古典概率(拉普拉斯概率)：如果一个随机试验所包含的单位事件是有限的，且每个单位事件发生的可能性均相等，则这个随机试验称为拉普拉斯试验。在拉普拉斯试验中，事件A在事件空间S中的概率$P(A)$为

$$P(A)=\frac{\text{构成事件 } A \text{ 的元素数目}}{\text{构成事件空间 } S \text{ 的所有元素数目}}$$

(2) 统计概率 :在一定条件下重复做 n 次试验,n_A 为 n 次试验中事件 A 发生的次数,如果随着 n 逐渐增大频率 $h_n(A)=n_A/n$ 逐渐稳定在某一数值 $\lim\limits_{n\to\infty}h_n(A)$ 附近,则数值 $\lim\limits_{n\to\infty}h_n(A)$ 称为事件 A 在该条件下发生的概率:

$$P(A)=\lim_{n\to\infty}h_n(A)$$

这个极限值被称为统计概率。由相对频率(经验)获得统计概率值(客观)的方法属于大数定律(又称"大数法则"或"平均法则",是概率论中一系列定律的总称)的范畴,是频率理论学家定义概率论的基础;也是一种随机模拟法,又称为蒙特卡罗(MonteDarlo)法。统计概率在今天的实践中具有重要意义,它是数理统计的基础。

(3) 公理化定义:概率满足非负性、规范性和可列可加性等公理。

2. 概率时间地理学定义

时间地理学通过时空体及其布尔操作,来回答移动对象的时空可达范围及其是否可能相遇的问题;在此基础上,概率时间地理学通过概率时空体及其相遇计算,来回答移动对象分布在时空可达位置的可能性以及两对象相遇的可能性问题。因此,概率时间地理学可视为时间地理学基于概率的一种定量化发展,即一种研究在不同制约条件下人的时空行为特征的概率论方法。概率时间地理学与时间地理学存在密切的关系:

(1) 时间地理学的频率统计为概率时间地理学提供了概率来源,主要是频率在极限条件下就是统计概率,从而为概率时间地理学提供了具有针对性的概率模型(图 1.7)。这样,概率时间地理学不仅具有普适性的正态分布、马尔可夫链、布朗运动等概率模型,还具有与个体行为时空间特征相适应的概率模型。

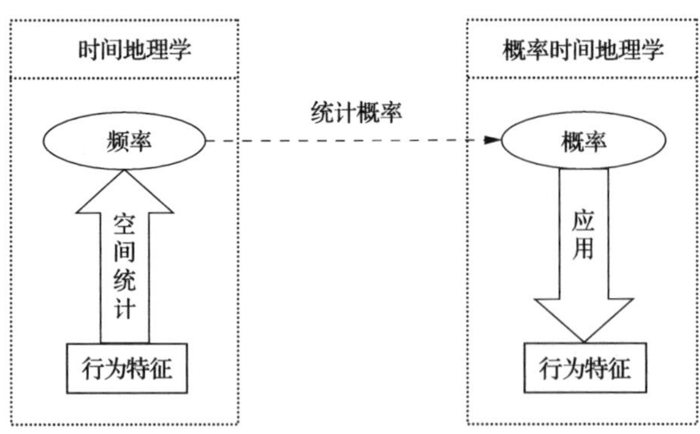

图 1.7 时间地理学与概率时间地理学的应用联系

(2) 概率时间地理学通过先验的概率应用于个体行为特征的模拟和预测,将有助于指导时间地理学的系统采样,以避免样本点之间过高的相关性,从而提高样本的代表性。

(3) 在假设检验方面,概率时间地理学的概率时空体为时间地理学的统计提供了假设,后者也为前者的验证提供了实例。

3. 概率时间地理学特点

概率时间地理学派生于概率论、时间地理学，因而其一方面继承了交叉学科的特点，另一方面也具有自身的特点。

1) 在时间地理学方面

(1) 概率时间地理学是时间地理学的概率表征。在时间地理学中，时空路径刻画了移动过程的确定性，即在任一时刻移动对象所在的空间位置是确定的；时空体刻画了移动过程的不确定性，即在任一时刻移动对象所在的空间位置是不确定的，但一定位于时空体内。从概率的角度来看，任一时刻的时空路径就是一个点，因而可以采用概率 1 表示移动对象位于该点；任一时刻的时空体就是一个面，可采用概率 1 表示移动对象一定位于该面域内的现象。概率时间地理学将回答移动对象位于该面域内各点的概率或可能性。因而，概率时间地理学不仅具有时间地理学的时间、空间特征，还新增了表征不确定性的概率特征。

(2) 概率时间地理学继承但不同于时间地理学的可达域。针对移动对象的时空不确定性，时间地理学给出了不确定性的空间范围，概率时间地理学则在基础上给出了概率分布云。由于在工程上可以忽略 3 倍标准差以外的概率分布值，而 3 倍标准差所在的空间范围可能小于可达域，因而概率时间地理学的研究区域将不同于时间地理的可达域。从这个意义上看，概率时间地理学不是时间地理学的简单扩展，而是一种学科演进。

(3) 概率时间地理学受时间地理学的能力约束、组合约束和权威约束(表 1.3)。对于能力约束，时间地理学采用时空路径或时空体表达，概率时间地理学通过概率时空体表达；对于组合约束，时间地理学采用相交的时空路径或时空体表达，概率时间地理学借助概率论的会面问题通过相遇概率及其过程表达；对于权威约束，时间地理学采用避开限制区域的时空路径或带孔时空体表达，从而为概率时间地理学提供受权威约束的样本空间，其中孔洞表示被限制的区域。因此，概率时间地理学就是针对时空约束条件构建概率模型的方法或学科。

表 1.3 时空约束条件及其在时间地理学、概率时间地理学中的表达

约束条件	时间地理学	概率时间地理学
能力约束	时空路径及其时空体	概论时空体
组合约束	相交的时空路径或时空体	相遇概率及其过程
权威约束	避开限制区域的时空路径或带孔的时空体	样本空间

2) 在概率论方面

概率时间地理学是概率论在时间地理学的应用与扩展，一方面概率来源可分为统计方法和先验性概率方法；另一方面概率总符合概率公理，如概率是不超过 1 的非负数等。

1.2.4 概率时间地理学的特征

1. 尺度特征与效应

由于随机性具有低尺度下的差异性，但在高尺度下又表现为特征的相似性，因此时间地理尺度的变化会引起概率时间地理学的随机性发生变化。概率时间地理学继承了时间地理学的空间、时间、对象等 3 类尺度，也新增了随机性的尺度特征，包括 3 个方面：

(1) 时间尺度效应：概率时间地理学的随机性会随时间尺度的变化而变化。例如，个体的日常活动，在“天”级时间尺度下表现为上班、购物等差异性；在“年”级时间尺度下显示出很强的时间正相关，如你现在的活动会与昨天这个时候的活动相似；这主要是受“日出而作、日落而归”的作息周期或能力约束影响。

(2) 空间尺度效应：概率时间地理学的随机性会随空间尺度的变化而变化。例如，个体的日常活动，在“街区”级空间尺度下分布在不同街区；在“城市”级空间尺度下显示出很强的空间正相关，如你参与不同活动的空间位置相互邻近；这主要是工作场所、便利设施往往分布在居住地附近的缘故。

(3) 对象尺度效应：概率时间地理学的随机性会随对象尺度的变化而变化，即，个人、集体、组织等对象尺度在影响个体规模的同时，也影响着随机性的变化。这种对象尺度效应与“偶然中隐含着必然”的规律一脉相承：单个的随机事件往往不可预测，但大量的群体行为却是精确可知的。例如，单个教师的日常活动具有差异性，同一学校的教师的活动模式则具有时空相似性；这主要是集体或组织（如学校）内的个体（如教师）从事相似的活动（如到同一教学区授课）的缘故。

相对于时间地理学是一种面向微观人文现象的研究方法（林广发和黄永胜，2002），概率时间地理学则面向宏观或高尺度。个体的时空间活动，在高尺度下的相似性对应于 x-y-t框架下的聚集性，反映了时空轨迹频次分布的非均匀性，这种频次分布也具有稳定性从而可以趋于统计概率。对于同一时间地理现象，同一维度（如时间、空间、对象等维度）不同尺度（如高、低尺度）下的特征具有相似性，如随机走在任意尺度上都具有相似结构；这意味着，高尺度下的统计概率可以具体应用到同一时间地理现象的低尺度中。

2. 学科特征

1) 学科生态群落

概率时间地理学是概率论与时间地理学的交叉学科。在这一交叉学科群中，与概率时间地理学相近的学科有空间统计学、计量地理学等，过渡性性学科有概率与统计学、时间地理学，基础性学科有地理学、空间分析、TGIS(temporal GIS)等(图 1.8)。

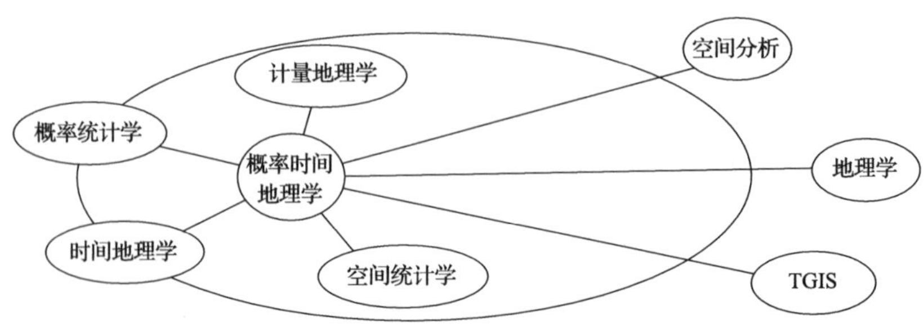

图 1.8 概率时间地理学的相近学科

2) 学科生态位

传统地理学可视为一种定性的、采用文字和图形描述的科学,缺乏定量化的、数学基础,难以支撑对未来的预测预报。因而,地理学的定量化发展客观上要求数学、统计概率学、计算机科学等学科的融入。

计量地理学萌芽于 20 世纪 20 年代,早期以一般统计方法的应用为主,即统计地理学。60 年代后,在计算机技术的推动下计量地理学先后引入了多元统计方法、随机过程、GIS 等。当前,计量地理学对概率模式与结构发展的研究也日益重视(徐建华,2006),其主要方法或模型有:概率分布(主要是正态分布、二项分布、泊松分布、马尔可夫链等)、一般统计特征(如均值、方差、变异系数等)、空间类型的统计分析方法等。

空间统计学是数量统计方法与地理学的交叉学科。由于空间现象具有空间位置特征,而传统统计方法往往只针对非空间的属性特征,忽略了位置、高程等空间信息的差异,从而使得传统数理统计难以解决空间样本点的选取、空间估值和关系分析等问题。然而,地理信息具有空间自相关性,表现为空间聚类等特征,因而有必要发展空间统计学,它是在统计学基础上基于空间的一种发展。

时间序列分析(time series analysis)是一种动态数据处理的统计方法。该方法基于随机过程理论和数理统计学方法,研究随机数据序列所遵从的统计规律。由于时空路径也是一个带空间位置的时间序列数据,因此如果两个体在任一时刻的空间位置具有聚集性(两位置点的距离小于一定的阈值),也能断定两个体的同伙性质。经典的统计分析都假定数据序列具有独立性,而时间序列分析则侧重研究数据序列的互相依赖关系(王燕,2008)。

综上所述,空间统计学侧重于空间相关性分析,时间序列分析则侧重于时间相关性分析,而概率时间地理学则需要同时考虑时间与空间相关性。

3) 学科边界差异

概率论与数理统计互为基础,如作为概率定义之一的统计概率是建立在统计频率理论基础上的。然而,概率论并不等于数理统计,如概率的平均值不等于统计平均值。在基本思想方面,数理统计是由样本分析整体,由局部推测总体,由特殊来研究一般,是一种归纳;概率论是从一般到特殊,由普遍性结论推导出个别性结论,是一种演绎。概率论与数理统计的关系同样适用于概率时间地理学和空间统计学。

传统的数理统计方法在解决地理现象的统计规律时形成了空间统计学。经典统计学是以概率论为基础的研究随机现象统计规律的学科,空间统计学是以地理学为应用基础的研究地理现象统计规律的学科。空间统计学主要是从现实的数据和调查入手,对已经发生过的地理现象进行空间统计分析以获得地理现象的运动规律(后验性知识)。

类似地,概率论往往也只针对属性特征,因此也难以直接应用于地理学、时间地理学等具有空间、时间特征的现象。概率论在解决时间地理学的概率分布问题时也就形成了概率时间地理学。概率时间地理学从经典的、先验性的概率知识出发,结合地理信息的时空本质特征,通过概率建模和计算以获得时空现象的运动规律(先验性知识)。这种先验性的时空运动规律,与地理统计学的后验性规律相辅相成,为时空不确定性规律分析和预测预报提供系统、全面的理论基础。

1.3　概率时间地理学的内容

概率时间地理学的内容可分解为:研究对象、学科任务和研究内容。概率时间地理学是时间地理学、地理学的扩展,因而概率时间地理学的内容也是地理学、时间地理学的内容的专门化和深入。

1.3.1　研究对象

概率时间地理学由时间地理学及地理学扩展而来,因而其研究对象与地理学、时间地理学的研究对象一脉相承。

1. 地理相关学科研究对象

1) 地理学的研究对象

地理学主要研究“事物”-“位置”的关系,即事物是否分布在空间位置上[图 1.9(a)]。如果事物(属性)用 A 表示,而位置用 X 表示,则地理事物可表示为 $A(X)$;地理学的研究对象就是 A 与 X 之间的关系,即 $A \propto f(X)$,如空间位置对应的气候带。因此,地理学可以认为是与位置有关的科学,相应地,地理信息是与位置有关的信息。

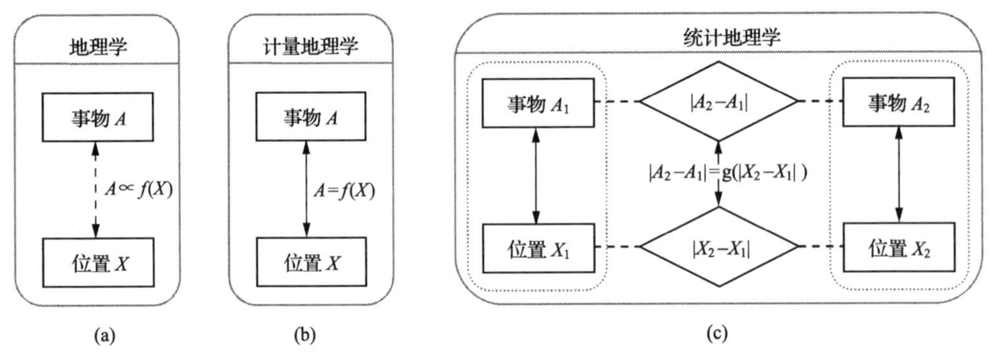

图 1.9　研究对象演化

(a)地理学;(b)计量地理;(c)统计地理学

通常,人地关系视为地理学的研究对象,这与上述的“事物”(人)-“位置”(地)的关系相一致。

2) 计量地理学的研究对象

地理学所研究的“关系”,包括定性关系和定量关系。传统地理学主要是采用文字、图形等方式描述事物与位置之间的关系,如徐霞客的游记等。数学的发展,尤其是数理统计的发展,极大地推动了地理学采用数学的语言进行表达,这为计量地理学的产生及其表达事物与位置之间的数量关系提供了基础(表 1.4)。计量地理学的研究对象是:事物与位置之间的数量关系,即 $A=f(X)$,即事物分布在空间位置上的数量规律[图 1.9(b)]。

表 1.4 研究对象对比

学科	研究对象
地理学	事物-位置之间的关系
计量地理学	事物-位置之间的数量关系
地理统计学	事物-位置之间的统计关系

3) 地理统计学的研究对象

空间相同的事物在属性方面具有相同特点,空间相近的事物在属性方面具有相似特点,因而地理事物之间具有空间相关性。"物以类聚,人以群分",这恰好从自然现象、人文现象角度描绘了地理事物的相关性。为了从定量的角度分析空间相关性,空间统计学应运而生,其研究对象是:事物-位置之间的统计关系,即事物分布在空间位置上的统计规律,如武汉气温的最值、极值、均值等。相关的本质就是相同,相同是极端的相似[图 1.9(c)]。不同事物[$A_1(X_1)$、$A_2(X_2)$]之间存在相同或相似性,其相似性度量:$|A_2-A_1|=A_2\cap A_1$,往往随两个事物之间的空间距离$|X_2-X_1|$的缩小而增强。

从研究对象角度,统计地理学是计量地理学的深化。

2. 时间地理学的研究对象

时间与地理学的结合形成了新的时间地理学分支,最初隶属于人文地理学的范畴,后来扩展至整个地理学及其交叉领域。时间地理学的研究对象是"事物"-"时空位置"的关系(表 1.5),如年最高气温在武汉出现的时间,或大学生在上午 10 点位于教室等。这些"事物"(往往称为移动对象)不是静态的,其空间位置随时间的变化而发生变化。人类社会中个体/群体在地理空间的移动过程反映着纷繁复杂的区域人地关系(陆锋等,2014),即带时间的"事物"(人)-"位置"(地)关系,或"事物"(人)-"位置"(时间、地点)关系。

表 1.5 时间地理学及概率时间地理学的研究对象

学科	研究对象
时间地理学	事物-时空位置之间的关系
概率时间地理学	事物-时空位置之间的概率关系

如果事物用 A 表示,而空间位置和时间位置分别用 X、t 表示,则地理事物(移动对象)可表示为 $A(X, t)$。时间地理学的研究对象:A 与 X、t 之间的关系,即 $A=f(X, t)$,或事物是否分布在时空位置上[图 1.10(a)]。

3. 概率时间地理学的研究对象

概率时间地理学的研究对象:事物-时空位置之间的概率关系,即事物分布在时空位置上的概率[图 1.10(b)],如武汉年最高气温出现在 6 月的概率,或大学生在上午 10 点位于教室的可能性有多大等。

地理事物的相似性测度($|A_2-A_1|$),会随时间距离($|t_2-t_1|$)、空间距离($|X_2-X_1|$)的变化而变化。这里,事物 A 表示"可能"属性,即一个移动对象在任一时刻 t 位于位置 X

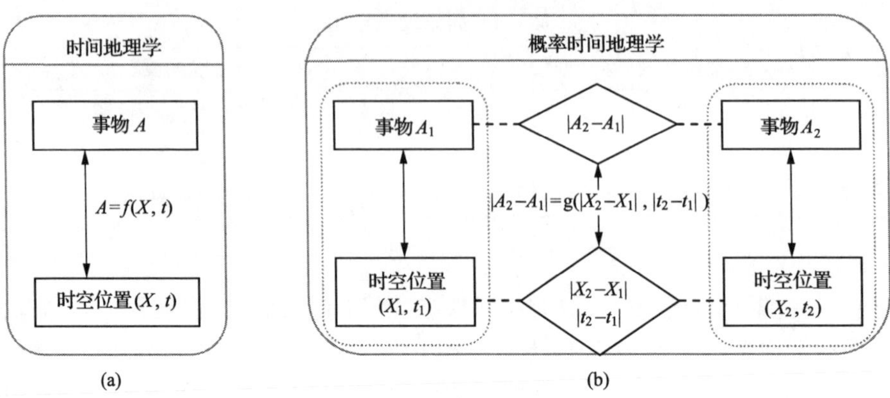

图 1.10 研究对象

(a)时间地理学;(b)概率时间地理学

的可能性 $P(X, t)$。这样,不同可能性 $P(X_2, t_2)$ 与 $P(X_1, t_1)$ 之间存在相似性,这种相似性测度 $|P(X_2, t_2)-P(X_1, t_1)|$ 往往随空间距离 $|X_2-X_1|$ 和时间距离 $|t_2-t_1|$ 的缩小而增强。

4. 相关学科研究对象的比较

地理学、时间地理学主要研究“关系”,而计量/统计地理学、概率时间地理学则主要研究“相关性”,它是“关系”的一种深化。地理学、计量/统计地理学主要研究空间关系,而时间地理学与概率时间地理学则研究时空关系,它是空间关系的一种深化(图 1.11)。

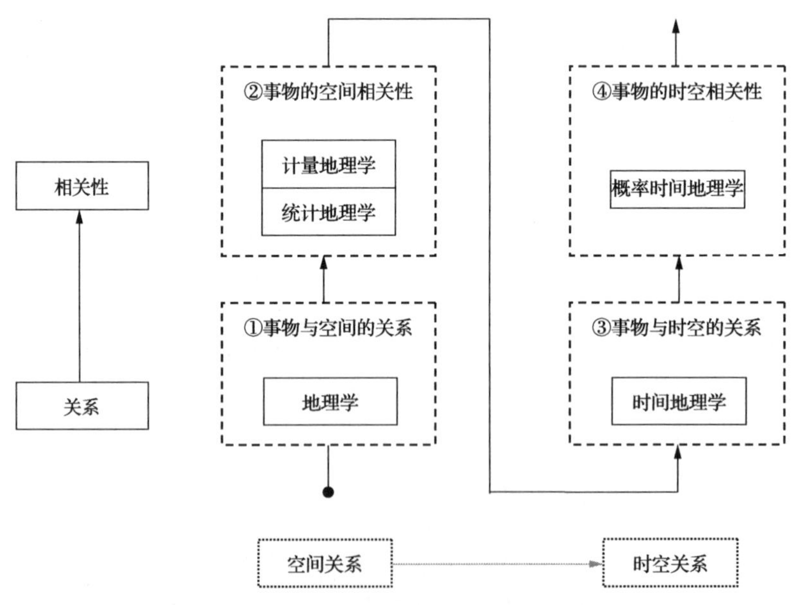

图 1.11 研究对象的演化

地理学主要研究非空间事物与空间位置之间的相互关系;计量/统计地理学则主要研究地理事物之间的空间相关性,往往以统计频率的方式表达。时间地理学及概率时间地理学将时间作为与空间同等重要的成分,前者主要研究非空间事物与时空位置之间的相互关系,后者研究移动对象之间的时空相关性,并以概率方式表达(图 1.12)。

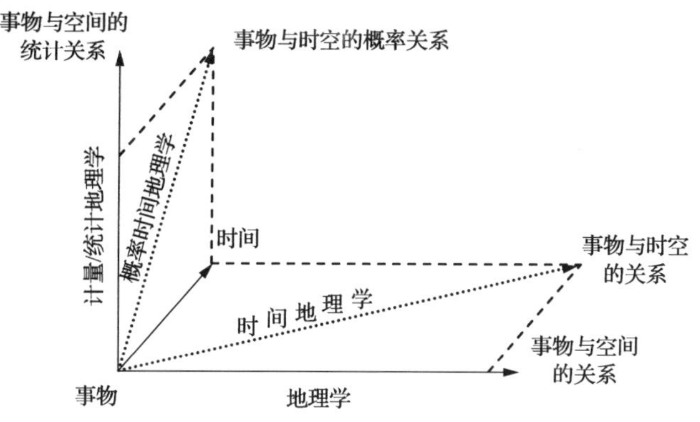

图 1.12 研究对象的多维度比较

由上可知,概率时间地理学的研究对象与传统的地理学、时间地理学、计量/统计地理学等研究对象存在密切的关系,是这些相关学科研究对象的交叉与发展。

1.3.2 研究目标

偶然中隐含着必然,概率时间地理学的目的就是发现随机时间地理事件中的必然规律。

1. 地理相关学科的研究目标

地理学的研究目标:围绕事物-空间位置之间的关系,把握事物空间分布的定性特征,如气候带的水平分布特征。地理学的信息化(如 GIS),一方面通过空间数据库分别存储属性、位置,并利用 ID 进行关联;另一方面通过空间分析推理地理事物的空间分布特征。从这个意义上讲,现代 GIS 在一定程度上实现了古老地理学研究目标(图 1.13),并正实现新地理学(neogeography,即 new geography)在当下的新目标,如根据地理大数据(手机信令数据、公交刷卡、在线地图标注等)挖掘个体出行活动的长期时空行为特征。

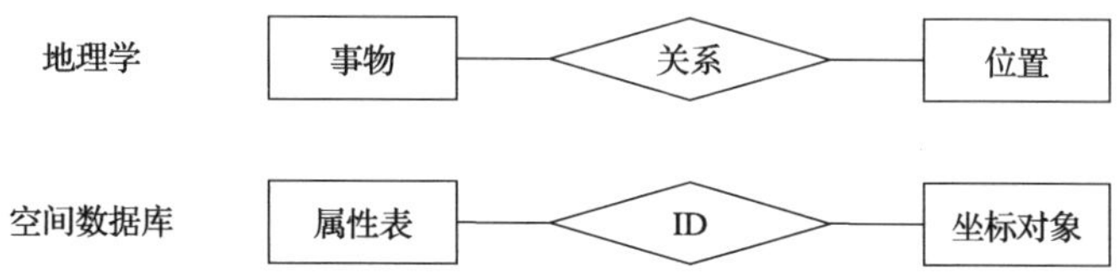

图 1.13 地理学的研究目标及与空间数据库的对应关系

计量/统计地理学的研究目标:围绕事物-位置之间的数量/统计关系,把握事物空间分布的定量特征(如武汉气温的区限为[−5°, 40°]),阐明地理事物之间的空间相关程度。

2. 时间地理学的研究目标

时间地理学的最终目的是通过制约条件的分析来阐明时空路径形成的时间、空间机制(柴彦威,1998),因而其研究目标:围绕事物-时空位置之间的关系,把握事物时空分布不确定性的定性特征(如 40°气温在武汉出现的时间窗口为[6 月, 9 月],或大学生在上午 10 点是否位于教室),通过确立时空约束条件下时空路径或时空体为个体行为时空间特征的预测预报提供最小外包体。

3. 概率时间地理学的研究目标

地理统计学、时间序列分析等在时间地理中的应用,主要是对个体行为的抽样、统计和分析,从而获得时空行为特征的后验知识。概率时间地理学从各种约束条件入手,利用先验性的概率知识来演绎和推理个体行为的时空特征(图 1.14),因而其目标:围绕事物-时空位置之间的概率关系,把握事物时空分布不确定性的定量特征(如 40°气温在武汉出现在 6 月的概率小于 1/10,或大学生在上午 10 点位于教室的可能性为 1/2),阐明地理事物之间的时空相关性,通过确立时空约束条件下时空路径或时空体的概率模型为个体最大可能地找寻提供定量依据。

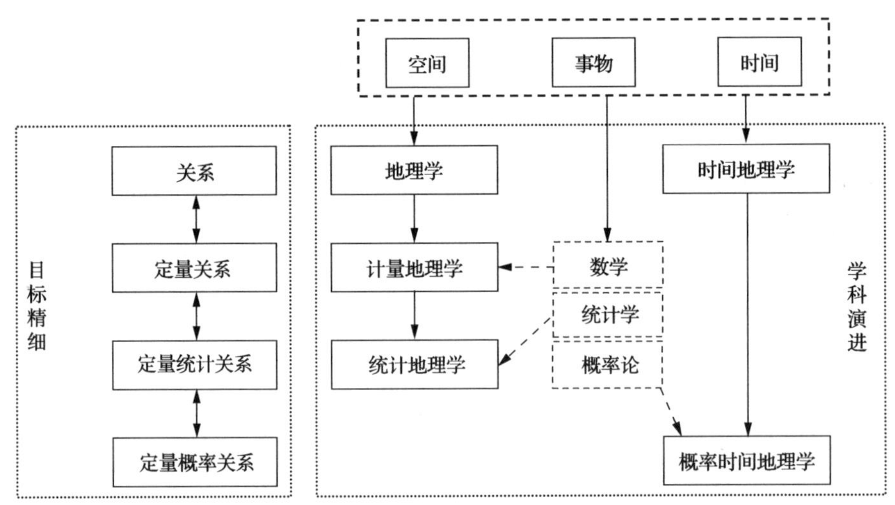

图 1.14　概率时间地理学研究目标的演化

地理学朝着计量地理学、地理统计学的方向发展,使其研究目标越来越精细,先后出现了事物-位置之间的关系、定量关系和定量统计关系的目标。时间地理学朝着概率时间地理学的方向发展,研究目标也由事物-时空位置之间的关系目标精细化为定量概率关系的目标。上述目标在精细化的发展中,离不开数学工具的支持。

1.3.3　研究任务

时间地理学的时空可达性分析,可以根据移动速度的能力约束,结合权威约束和组合约束,构建了时空体,但忽略了能力约束的其他因素。时间地理的数理统计方法,在统计个体的时空行为特征基础上,试图揭示时空约束条件与时空特征之间的关系和作用机理,但在统计数据的获取、处理、分析等方面困难。因此,获取个体的时空行为特征是分析约束条件与行为特征关系的前提和时间地理实际应用的基础,而这正是概率时间地理学的研究任务来源。

1. 概率时间地理学的总体任务

概率时间地理学的研究任务，主要是根据时空约束条件利用概率论方法构建个体行为时空间特征的概率模型，分析个体相遇的可能性。该任务可具体分为：

(1) 基本概念，包括随机时间地理试验、事件、变量、过程等概念；

(2) 基本理论，包括概率论应用于时间地理的理论基础及其表述的数学形式；

(3) 基本方法，包括时空概率的建模、分析、模拟(仿真)、应用等技术方法；

(4) 基本系统，包括概率时间地理信息系统的设计和实现；

(5) 基本应用，包括最大可能地找寻或避让的路径规划、会面可能性预测等。

2. 概率时间地理学的基本任务

1) 确立概率时间地理学的基本概念

时间地理学具有时空路径、时空体等基本概念，确立了时间地理方法或科学的基础。时空路径或时空体对应于概率论的随机走或随机过程，因而为概率时间地理学提出随机走与时空路径相交叉的概念、随机过程与时空体相交叉的概念等提供了共性与基础。

2) 建立概率时间地理学的基本理论

概率时间地理学，无论是方法还是学科，都需要不同于其他学科的理论基础。由于作为时间地理学基本手段的时空路径，可由概率论的随机走进行模拟和数学表述，因而概率时间地理学的理论基础主要是随机走原理应用于时空路径的不确定性分析。在概率论中，与随机走相关的概率方法有：

(1) 随机走，其概念接近于布朗运动，是布朗运动的理想数学状态。

(2) 随机走，与马尔可夫链同属于统计模型，且是马尔可夫链的例子。通常，我们可以假设随机走是以马尔可夫链或马尔可夫过程的形式出现。

(3) 随机走，本身就是一随机过程，因而适于随机过程分析。

(4) 在步数趋于无穷大时，由中心极限定理可知，随机走趋于正态分布。

(5) 随机走随时间推移的概率演化，可由卷积直接计算。

由于随机走与时空路径的关系，因而基于随机走的概率原理、方法可应用于时空路径、时空体，从而为概率时间地理学理论及其体系框架的形成提供了基础。

3) 研制概率时间地理学的建模、分析与可视化方法

概率时间地理学的核心任务之一是依据时空约束条件，建立个体时空行为特征的概率模型。然而，由于时间、空间、对象、随机性等多维尺度与效应的存在，给概率论与时间地理学的结合造成了困难。例如，随机走模拟时空路径时，如何定义随机走的步长(空间尺度)、时长(时间尺度)、离散点大小(离散概率分布中离散点的大小趋于0时，其概率值也趋于0)？又如，正态分布描述时空可达域的概率分布时，正态分布的期望、方差等数字特征如何界定？概率分布如何顾及障碍物等的影响？等等。因此，在概率时间地理学的基本理论体系下，研制随机走以及基于随机走推理出的概率模型应用于时空路径、时空体的概率建模方法，分析概率时空体或时空路径之间的相遇概率算法，探索概率时间地理的

可视化手段，为概率时间地理的应用提供一系列方法和手段。

4）开发概率时间地理学的软件应用系统

利用 GIS 的二次开发工具，根据概率时间地理学的基本理论和方法，开发概率时间地理信息系统。利用 GIS 的三维空间数据模型和可视化手段，组织、存储和管理时间地理的时空路径数据，(统计)分析和可视化个体的时空可达范围。在此基础上，应用概率时间地理学的建模方法和手段，构建表征个体时空行为特征的概率模型。

5）基本应用

个体概率时空体的应用，包括最大可能地找寻个体或避让个体的路径规划、相遇可能性预测等。由于连续型概率分布在任一位置点的概率为 0，因而两个体在同一时刻位于同一位置点的概率也为 0。这就意味着，相遇概率问题不是简单的概率相乘的问题，需要借助两连续型概率相乘的会面问题，或考虑离散型概率的空间尺度与效应等问题。

本书将主要探索个体概率时空体的模型问题和两个体概率时空体的相遇概率问题。

1.4　概率时间地理学的应用与发展

1.4.1　概率时间地理学的应用

概率时间地理学主要表达个体行为的时空间概率特征以及个体相遇行为的时空间概率特征，前者可用于行为时空间特征的定量描述，后者则可用于会面问题、救援问题的优化。

1. 个体行为的时空间特征方面的应用

时间地理学主要探索个体行为的时空间特征及其与时空约束条件之间的作用关系。概率时间地理学则依据时空约束条件，利用概率理论建立个体行为时空间特征的概率模型。涉及行为特征定量描述的领域有：人类行为、交通物流、应急疏散管理、动物习性和市场营销等(龚玺等，2011)。个体行为特征的时空概率模型，为个体最大可能地找寻和差异化特征分析提供定量依据。

2. 个体相遇行为的时空间特征方面的应用

时空路径详尽地记录了个体活动的时空属性，不同个体能见面需要他/她们的时空路径有交集(刘钊，2014b)。然而，时空路径的交集是见面的非充分必要条件，概率时间地理学给出见面的可能性。

1）应用领域

通常情况下，一些社会活动需要人与人之间的会面才能完成，如应急救灾中的物资发放、物流运输中的货物交接、校车接送学生、医疗救护车接收病人、教师与学生的教学、朋友聚会、客户会面等。这些活动都有一个活动发起者(如物资车、送货员、校车等)和至少一个活动参与者(如灾民、顾客、家长等)，为使活动顺利展开往往需要对会面的时间、地点提前预约(刘钊等，2014b)。概率论中的会面问题也属于此类，如两人约定 7 点到 8 点之间在食堂门口会面,先到者等待20分钟后离去,假定他俩在7点到8点之间到达的时刻是任意的,则这两人能会面的概率是多少?这种会面问题既是考虑组合约束的时间地理学现象,又是计算相遇概率的技术方法,因而能为概率时间地理学的相遇应用提供基础。

2) 应用实例

1943年以前,在大西洋上英美运输船队常常受到德国潜艇的袭击。当时,英美两国实力受限,又无力增派更多的护航舰艇。一时间,德军的"潜艇战"搞得盟军焦头烂额。为此,一位美国海军将领专门去请教了几位数学家。数学家们运用概率论分析后发现,舰队与敌潜艇相遇是一个随机事件。从数学角度来看这一问题,它具有一定的规律:一定数量的船编队规模越小,编次就越多;编次越多,与敌人相遇的概率就越大。美国海军接受了数学家的建议,命令舰队在指定海域集合,再集体通过危险海域,然后各自驶向预定港口,结果盟军舰队遭袭被击沉的概率由原来的25%下降为1%,大大减少了损失(http://www.pep.com.cn/xxsx/xxsxxs/xsxsth/201010/t20101012_930377.htm)。

这里,英美舰队和德国潜艇都是一个移动对象,相对于彼此而言都是随机的;英美舰队由一国驶向另一国的过程是一时间地理现象,与德国潜艇的相遇则是一会面问题。

3) 应用发展

时间地理学的相遇问题,可以分为三种类型。

(1) 偶遇,即两个移动对象在没有事先预约条件下的相遇,它是在能力约束、权威约束条件下移动对象间的相遇。偶遇不追求移动对象间的相遇。

(2) 会面,也就是提前预约的相遇,如概率论的会面问题。由于预约在实质上是时间地理学的组合约束,因此会面是在能力约束、权威约束和组合约束条件下移动对象间的相遇。这样,从约束类型的角度来看,会面是巧遇的一个特例,主要是组合约束给会面带来了新的已知信息,即会面的时间和位置信息。会面追求特定时间特点位置的相遇。

(3) 巧遇,一个移动对象寻找另一个可移动的对象的活动。涉及巧遇的问题是这样的:一个对象如何以最大的概率找到另一随机运动的移动对象,最大的概率是多少,需要多长时间,相应的时空路径如何规划等。如果是多个个体找寻一个个体,还需要设计一条或多条时空路径以最大可能地找到对方,即时空路径的最优化问题。巧遇则追求时间上最短的相遇。值得一提的是,与巧遇对应的应用是合理避让,即设计时空路径以避开与其他对象的相遇。

概率论中的会面问题解决了同一空间位置上的相遇概率,这将为概率时间地理学分析偶遇、巧遇的概率提供了基础。

1.4.2 概率时间地理学的发展

1. 研究现状

1) 国际研究进展

概率时间地理学(probabilistic time geography)自2009年由Winter提出之后,"Directed movements in probabilistic time geography"(Winter and Yin, 2010)和"The elements of probabilistic time geography"(Winter and Yin, 2011)两篇论文先后发表在 *International Journal of Geographical Information Science*、*Geoinformatica* 杂志上,开启了概率时间地理学的新时代。

(1) 论文"Directed movements in probabilistic time geography"主要表达了基于正态分布的时空概率模型。随后,Downs 和 Horner(2012)提出了概率潜在路径树模型(probabilistic potential path trees);Song 和 Miller(2014)构建了基于布朗运动的时空概率模型。

(2) 论文"The elements of probabilistic time geography"主要表达了移动对象的相遇概率特征。

2) 国内研究进展

1997 年,柴彦威和王恩宙(1997)引入了 20 世纪 60 年代提出的时间地理学,并在城市规划、交通规划等领域逐步得到应用。2012 年,概率时间地理学引入国内,先后出现了基于布朗桥(尹章才等,2012)、基于全概率公式(尹章才等,2013)的概率时空模型。2014 年,陆锋等(2014)将人类移动性研究归纳为两个方向:面向人和面向地理空间。面向人的研究侧重探索人类移动特性的统计规律,并建立模型解释相应的动力学机制,或分析人类活动模式,并预测出行或活动。面向地理空间的研究侧重从地理视角分析人类群体在地理空间中的移动,探索宏观活动和地理空间的交互特征。

2015 年,在上海举办的"大数据与时空行为规划研讨会暨第十次空间行为与规划研讨会"涉及大量时间地理学方面的内容。伴随着个人移动终端、互联网、物联网等信息技术的普及,"大数据"成为一种新的"矿藏"。它以细密的时间和空间尺度精确地记录个体的行为过程,提供了前所未有的研究城乡空间、个体行为、行为与空间关系的巨大可能性,也为概率时间地理学研究提供了重要数据源。然而,从中文期刊网上看,时间地理学方面的论文数量仍然偏少,主要停留在人文地理学领域,GIS 与时间地理学相结合的发展尚不多见(林广发和黄永胜,2002)。

总之,概率时间地理学的发展目前还处于萌芽阶段,主要是时间地理学与概率模型(如正态分布、布朗运动等)的结合。目前,概率时间地理学研究,①只考虑单一的移动速度,缺乏对其他约束条件的关注;②缺乏基本概念、基本原理、基本方法的系统研究;③缺乏实证分析,对移动对象的最大可能地找寻或避让缺乏路径规划、路径优化和决策等方面的研究;④缺乏概率时间地理学理论表述的数学形式和原型系统。

2. 发展趋势

地理信息系统作为一门空间科学,以其独特的空间观点和空间思维,从空间相互联系和相互作用出发,揭示各种事物与现象的空间分布特征和动态变化规律(周成虎,2015)。GIS 在当前的发展方向,涉及体育 GIS、时空轨迹大数据等,而这些正是时间地理学研究和应用的范畴,如时间地理学在足球运动(Moore et al., 2003)、城市规划等领域应用。因此,在 GIS 学科背景下,作为时间地理学定量化发展的概率时间地理学将主要从 3 个方面进一步发展:

1）概率时间地理学的理论体系

目前，概率时间地理学针对具体时空约束条件进行了理论分析，深化了人们对于自身空间运动行为的理解。但是，人类行为本身是高度复杂的，基于各种假设建立的模型往往过于简化。提出的假设是否合理，是否具有普适性，在人类独特的空间运动模式背后是否还有更为本质的机制尚未被触及，仍有待于深入探索（陆锋等，2014），并形成具有普适性的概率时间地理学理论体系。

2）概率时间地理学的系统

GIS已经成为地理学的横断性信息组织、存储和表达工具，因而能为概率时间地理信息的组织、存储和分析提供基础。这预示着，概率时间地理学需要进一步借助GIS工具研制概率时间地理学应用模块。

3）概率时间地理学的应用示范

当前，概率时间地理学的研究还处于理论探索阶段，实际应用尚未涉足。这样，在理论研究推动下的概率时间地理学，尚缺乏应用需求拉动，制约了概率时间地理学自身的发展。因此，应用示范将是概率时间地理学未来发展的最大亮点之一。

4）大数据时代的概率时间地理学

过去人类移动性研究多基于观察、访问、调查问卷和出行日志等信息获取方式，信息获取成本高、样本量小、时间跨度短，且易受到问卷设计和主观判断的影响，难以大规模、长时间地观测和记录人的空间移动行为（陆锋等，2014）。进入大数据时代，人们的思维将发生巨大的变革（赵慬等，2014）：①人们可得的数据不再是随机样本，而是样本空间；②人们不再追求事物的因果关系，即确定性关系，转而关注数据之间的相关关系。大众是大数据来源的主要贡献者，这些大众往往称为地理信息的志愿者（尹章才和李霖，2011，2013）。借助大样本、乃至全样本统计分析，有助于发现隐含的、稳健的规律，最大程度上减少小样本随机性带来的不确定性（陆锋等，2014）。

概率时间地理学形成于21世纪10年代，这也正是大数据酝酿和发展的时期。目前，大数据时代已经来临，如何从大数据中发现知识，寻找隐藏在数据中的模式、趋势和相关性，揭示社会现象与预知社会发展规律，需要我们拥有更好的数据洞察力（锐研中国，2015）。概率时间地理学为个体行为大数据的时空间模式、趋势和相关性分析提供了新的方法和视角，因而与大数据的有机结合将是概率时间地理学新的发展趋势，如应用大数据带来的数据源，应用大数据科学带来的理论、方法等。

第二部分　概率时间地理学的建模

“人类行为 93%是可预测的”(锐研中国,2015),人类的空间移动具有较强的规则性和可预测性,如有学者认为人类同时具有探索未知地点和返回之前熟悉地点的倾向(陆锋等,2014)。哺乳动物也有类似的规律,如老鼠总会沿着熟悉路径返回,并为捕食者留下可跟踪其位置的气味。人类行为的规律性,为概率时间地理学建模的合理性和可行性提供了理论基础。预测人类出行或活动对于个性化推荐和交通管理具有十分重要的作用,其中概率模型方法是预测人类出行或活动的主要方法之一(陆锋等,2014)。本部分分为三章,第 2 章阐述概率时间地理学的基本概念;第 3 章引入概率论的基本原理与方法及其在时间地理学的扩展,为概率分布云建模提供理论基础;第 4 章利用概率论结合时空约束条件建立移动对象随时间变化的概率分布云。

第 2 章　概率时间地理学的基本概念

概率时间地理学的基本概念主要是概率论基本概念在时间地理学的扩展，包括时间地理学的随机试验、随机事件、随机变量等。

2.1　时间地理学的随机试验

随机试验是概率论的基础性概念，它是一种随机性试验的统称，如“醉汉”的随机走。时间地理学的随机试验是在随机试验基础上将时间、空间作为独立维度的一种扩展。

1. 随机地理试验

具有下述三个特点的试验称为随机试验(random experiment)：

(1) 可以在相同的条件下重复进行；

(2) 每次试验的可能结果不止一个，并且能事先确定试验的所有可能结果；

(3) 每次试验前不能确定哪个结果会出现。

从概率论的角度，不确定性空间现象可视为一种随机试验，如落入小区的炸弹。这种随机性与空间位置有关的试验可称为随机地理试验。它是带空间位置约束的随机试验，是随机试验的子集；具有随机试验(结果可重复性、结果非单一性、结果的不确定性)和地理位置的双重特征。这样，随机地理试验的表征，如随机事件、随机变量、样本空间等也具有空间性，如随机事件、样本空间占据一定的空间位置或范围，随机变量是随机事件所在空间的距离度量等(图 2.1)。

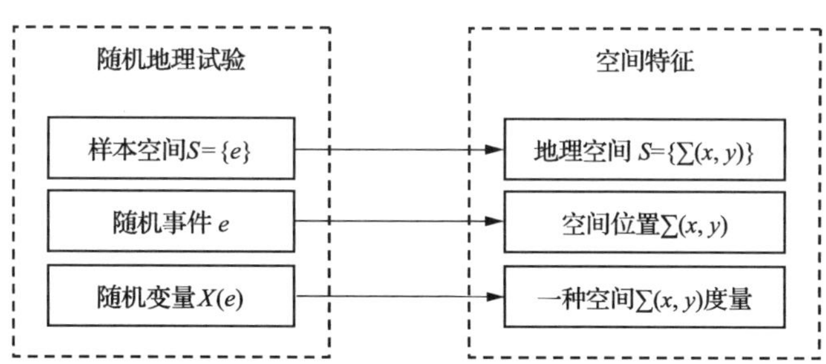

图 2.1　随机地理试验的空间特征

样本空间可视为地理空间的抽象，地理空间继承了样本空间的分类特性，如连续型与离散型、可数空间与不可数空间、有限空间与无限空间等。

2. 随机时间地理试验

随机性与时间地理有关的试验可称为随机时间地理试验。它是带时间、空间约束的随机试验,是随机地理试验的子集(图 2.2)。

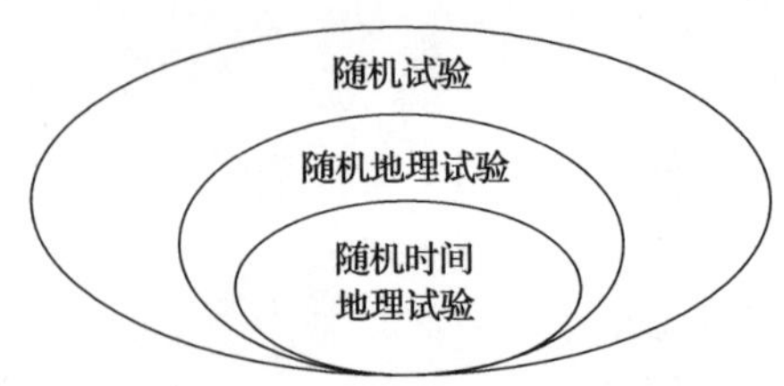

图 2.2　随机地理试验与随机时间地理试验的关系

图 2.3　时间地理的一种随机试验

一个移动对象在给定时间 T 内由起点 A 至目的地 B 的活动,是一典型的时间地理现象,它可看成是一个随机试验 E。一方面,E 具有随机试验的 3 个条件:①从 $A \rightarrow B$ 可以在相同的条件下重复进行;②每次试验可选择的路径不止一条,并且在时间 T 和地理空间双重约束下能事先确定所有可能的路径(图 2.3),即{建材路→广场西二路,广场西一路→理工大道};③每次试验前不能确定选择哪条路径。另一方面,E 具有时空特性:①它发生在时间 T 内,是一时间过程;②它是一从 $A \rightarrow B$ 的活动,是一地理现象。

2.2　时间地理学的随机事件

采用随机事件描述时间地理现象的方法,是概率测度时间地理不确定性的基础和前提。

2.2.1　随机事件

1. 随机事件的概念

随机试验 E 中的每一个可能出现的试验结果称为 E 的一个样本点,记为 e 或 ω;全体样本点组成的集合称为 E 的样本空间,记为 S 或 $\Omega = \{e_1, e_2, \cdots\}$。随机事件是试验 E 所对应的样本空间 Ω 的子集,简称为事件,常用大写字母 A、B、C 等表示。在随机试验的结果中,属于随机事件 A 的样本点出现,则称事件 A 发生。或者说,事件 A 的发生意味着至少有

一个属于事件 A 的样本点出现，但并不意味着所有属于事件 A 的样本点都出现。

根据样本点的数量，可将一个试验中的随机事件分为两类：一是基本事件或单位事件，它仅含一个样本点；另一是复合事件，它含有多个样本点。根据事件发生的可能性，可将一个试验中的随机事件分为三类：必然事件，每次试验中必定有 Ω 中的一个样本点出现，因而 Ω 必然发生，即可能性为 1；不可能事件，不含任何样本点的空集 Φ 在每次试验中都不发生，即可能性为 0；随机事件，不确定发生的事件，即可能性属于开区间(0，1)。

2. 随机事件的集合表示

集合是一组对象的全体，具有确定性(集合中的元素属于该集合)、互异性(集合中的各元素不同)和无序性(集合中各元素的排序与集合无关)等特征。

1) 事件类型与集合类型的对应性

相对于必然事件(样本空间)、不可能事件、基本事件、随机事件，集合具有相应的类型(表 2.1)。事件是一种客观存在，而集合是事件的一种表示，但不是唯一的，如事件可采用自然语言表示。

表 2.1　事件的集合表示

	事件	集合
Ω	样本空间，必然事件	全集
Φ	不可能事件	空集
ω	样本点(基本事件)	元素
A	事件(随机事件)	子集

2) 事件特性与集合特性的对应性

同集合一样，事件也具有确定性、互异性和无序性：事件空间中的每个事件确定地属于该事件空间，各单位事件互不相同，事件与次序无关。

3) 事件表示与集合表示的对应性

集合表示方法有列举法(如集合 $X=\{0,1,2,\cdots\}$)、描述法(如集合 $X=\{x\mid x$ 为小于 5 的自然数$\}$)、韦恩图(Venn，采用封闭曲线的内部区域表示集合及其关系的图形)和数轴法。这些表示方法也能应用于事件表示。例如，在韦恩图中，常用平面上某个矩形区域来表示样本空间 Ω，用其中的一个点或子域(如圆)来表示单位事件或样本点。韦恩图的矩形及其点或圆能分别表示随机试验测度模型的样本空间及其事件。类似地，作为集合描述方法的数轴，也能表示样本空间及其事件。

3. 随机事件的计算

由于事件可采用集合进行形式化描述，从而可以把事件的计算转换为集合的计算。

随机事件的主要计算方法有交(积)、并(和)、补、包含、差等，这些都可以采用集合的运算方法(如交、并、补等)进行表示(表 2.2)。其中，交、并、差分别对应于四则运算的乘(×，・)、加(＋)、减(－)。

表 2.2　事件关系与集合关系的对应

计算类型	计算公式	事件语义	集合语义	四则运算
子事件	$A \subset B$	事件 A 发生必有事件 B 发生	A 是 B 的真子集	
	$A=B$	事件 A 与事件 B 等价	A 与 B 相等	
	$A \subseteq B$	事件 A 发生必有事件 B 发生	A 是 B 的子集	
和事件	$A \cup B$	事件 A 发生或事件 B 发生	A 与 B 的并集	+
差事件	$A-B$	事件 A 发生而事件 B 不发生	A 与 B 之差	−
	$\bar{A}$	A 的对立事件	A 的余集	
积事件	$A \cap B \neq \Phi$	事件 A 与 B 同时发生	A 与 B 的交集	×
	$A \cap B = \Phi$	事件 A 与事件 B 互不相容	A 与 B 没有公共元素	

(1) 子事件 $(A \subseteq B)$，事件 A 是事件 B 的子集，即事件 A 的所有样本点都属于 B；这样，事件 A 发生意味着同属于事件 B 的事件 A 的样本点出现，因而必然导致 B 发生。

(2) 和事件$(A \cup B)$，事件 A 与事件 B 的并集，即事件 A 与事件 B 的所有样本点的集合。这样，和事件发生意味着属于事件 A 或事件 B 的一个样本点出现，因而事件 A 发生或事件 B 发生。

(3) 差事件($A-B$ 或 $A \backslash B$)，事件 A 与事件 B 的差，即由属于事件 A 但不属于事件 B 的样本点组成的事件。这样，差事件发生意味着事件 A 发生且事件 B 不发生。事件 A 的对立事件 $\bar{A}$，是样本空间 Ω 与 A 的差事件，即 $\bar{A}=\Omega-A$。

(4) 积事件($AB \neq \Phi$ 或 $A \cap B \neq \Phi$)，事件 A 与事件 B 的交集，即事件 A 与事件 B 的公共样本点组成的集合。这样，积事件发生意味着同属于事件 A 和事件 B 的一个样本点出现，因而事件 A 和 B 同时发生。互斥事件或不相容事件是具有空集关系的事件，$A \cap B = \Phi$，即两个事件没有公共元素。A 与 $\bar{A}$ 是一特殊的互斥事件，即 $A \cap \bar{A} = \Phi$，$A \cup \bar{A} = \Omega$，因而也是一个只有 2 个划分的完备事件组。其中，完备事件组 $\{A_1, A_2, \cdots, A_n\}$，是样本空间 Ω 的一个划分，即 $A_i \cap A_j = \Phi$，$A_1 \cup A_2 \cup \cdots \cup A_n = \Omega$。

上述事件的计算结果是由两个或多个事件构成的复合事件。这种复合事件中的各事件可以同属于一个随机试验，也可以来自于不同随机试验。

4. 样本空间的笛卡儿积

复合事件的样本空间需要借助笛卡儿积进行计算。

(1) 一维-一维的笛卡儿积形成二维的样本空间。

X 轴、Y 轴上的位置点所构成的集合 $X=\{x_1, x_2, x_3\}$ 和 $Y=\{y_1, y_2\}$ 的笛卡儿积(Descartes，又称直积)为[图 2.4(a)]

$$
\begin{aligned}
X \times Y &= \{\langle x, y\rangle \mid x \in X \wedge y \in Y\} \\
&= \{(x_1, y_1), (x_1, y_2), (x_2, y_1), (x_2, y_2), (x_3, y_1), (x_3, y_2)\}
\end{aligned}
$$

(2) 一维-二维的笛卡儿积形成三维的样本空间[图 2.4(b)]，Z 轴与 XOY 面的笛卡儿积形成 XYZ 体。设：$Z=\{Z_1\}$，则

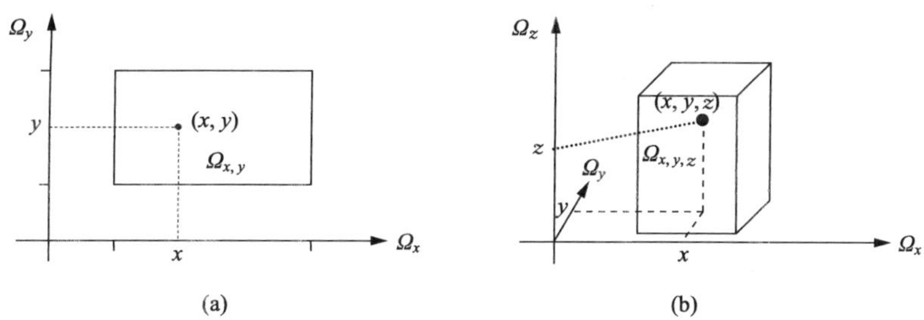

图 2.4　(a)一维-一维样本空间和(b)一维-二维样本空间的笛卡儿积

$$X \times Y \times Z = \{\langle x, y, z\rangle \mid x \in X \wedge y \in Y \wedge z \in Z\}$$
$$= \{(x_1, y_1, z_1), (x_1, y_2, z_1), (x_2, y_1, z_1), (x_2, y_2, z_1), (x_3, y_1, z_1), (x_3, y_2, z_1)\}。$$

(3) 二维-二维,二维-三维,三维-三维等的笛卡儿积可形成超高维样本空间。

2.2.2　随机地理事件

随机地理试验的所有可能出现的结果可视为随机地理事件,是随机事件在地理空间领域的一种延伸。

1. 基本概念

随机地理事件将随机地理试验的结果抽象为事件,是与空间位置相关的随机事件。例如,乐山地震就是一与空间位置有关的随机地理事件。随机事件与空间位置具有相随变动的关系,包括确定性的函数关系[图 2.5(a)]和不确定性的统计关系[图 2.5(b)]。其中,函数关系是一种完全的相关。

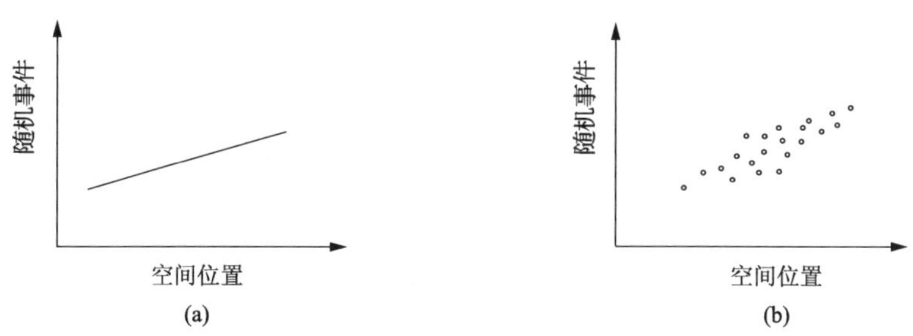

图 2.5　随机地理事件与空间位置的关系
(a)函数关系;(b)统计关系

随机地理事件可视为随机事件在地理空间的实例化或扩展。作为实例化,随机地理事件是将表示随机事件的数轴实例化为地理空间轴[图 2.6(a)]。作为扩展,随机地理事件是在表示随机事件的数轴基础上新增空间位置轴[图 2.6(b)],从而使随机事件具有空间维度。

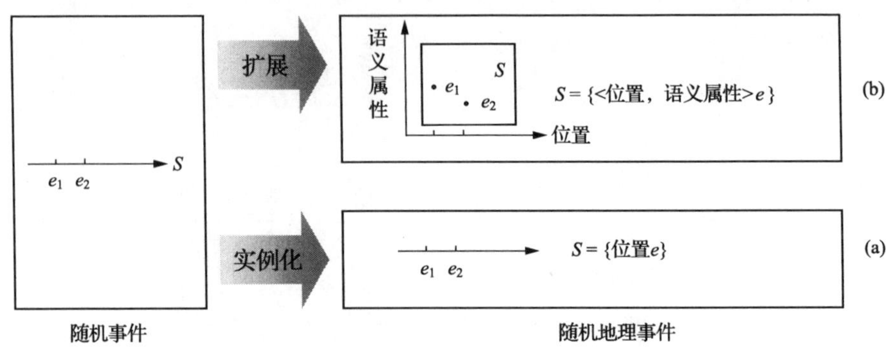

图 2.6 随机事件基于空间的实例化(a)或扩展(b)

2. 基本类型

随机地理事件区别于一般随机事件的本质是具有空间特征。按照空间信息的空间、时间、属性成分可将随机地理事件分为 3 类：

(1) 基于空间位置的事件，e_{I} ={专题属性的空间位置}。例如，在“学生坐落位置”的随机试验中，样本空间={前排座位，后排座位}。当无偏选择座位时，则事件 e_{I} ={前排座位}服从均匀分布或几何概型。

(2) 基于语义属性的事件，e_{II} ={位于空间位置上的语义属性}。例如，在“中间座位上是否有学生”的随机试验中，样本空间 S={有，无}。显然，e_{II} ={有}是一伯努利事件。

(3) 基于时态特征的事件，e_{III} ={位于空间位置上的语义属性的时态特征}。例如，{旅客进机场的时间间隔}，显然，e_{III} ={旅客进机场的时间间隔}服从指数分布。

在不同类型的随机地理事件中，空间位置的特征是不同的：在 e_{I} 中，空间位置是随机的；在 e_{II} 和 e_{III} 中，空间位置是确定的。

3. 随机地理事件的表示

地理事件是事件与地理的交叉，一方面具有事件的特点，因而可通过列举法、描述法、韦恩图和数轴法等方式描述。例如，{x|小张工作地点位于房价高的一线城市} = {北京，上海，广州，深圳}；地理坐标系是一种表达地理事物的数轴法。另一方面具有地理空间特性，因而可采用地图表达。

1) 随机地理事件的符号表示

作为图形的表达方式，韦恩图与地图具有共性：都是对地理事件利用图形符号以综合、缩小的方式进行表达(图 2.7)。但两者也存在差异。

(1) 在符号类型方面，韦恩图使用的图形包括点、圆或多边形，而地图使用的图形要素有点、线、多边形。

(2) 在符号与事件的关联性方面，韦恩图的几何形状缺乏与事件的关联性，因而不是严格意义上的符号，也缺乏与地理事件的位置的关联性。地图符号(几何符号和形象符号)与地理事件的位置紧密关联，其中形象符号与地理对象之间具有约定俗成的关联性。

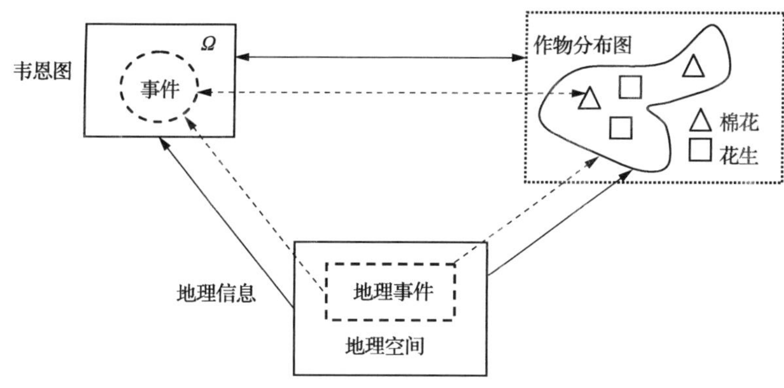

图2.7 地理事件的地图与韦恩图两类表示法

(3) 在符号语义的对应性方面，韦恩图中的圆和矩形分别对应于地图对象及其集合。表示地理事件的位置的集合，我们称为样本地理空间，它是样本空间与空间位置的结合，即样本地理空间＝样本空间＋地理位置。样本空间是事件的集合，具有元素的无序性，而样本地理空间是地理事件的空间位置的集合，则具有位置或次序、方向性。例如，在玉米长势情况[图2.8(a)]的抽样试验中，样本空间＝{长势良好A，长势一般B}中各元素具有无序性[图2.8(c)]；图2.8(b)是样本空间对应的样本地理空间，具有位置性。

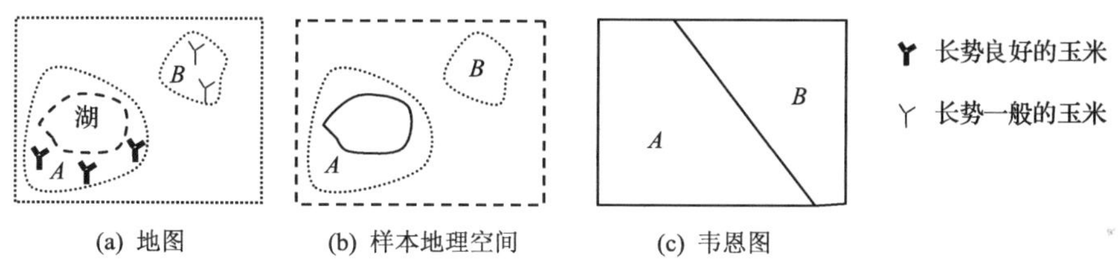

图2.8 地图向韦恩图的转换

2) 随机地理事件的图示表达

韦恩图与地图对地理事件的图示表达，不仅表达了事件本身，还表达了事件之间的关系。韦恩图表达了事件之间的相交、包含、不相交等拓扑关系。地图不仅表达了地理事件之间的拓扑关系，还表达了度量、方向等空间关系。韦恩图是地图的一种抽象表达。地图是从空间分布角度对地理事件的第一次抽象，而韦恩图则是从集合角度对地图的抽象，是地理事件的第二次抽象。这种抽象主要是通过合并、移位等方式对地理事件的空间位置(范围)及其空间关系的改变，从而引起事件及其关系在度量、拓扑和顺次等方面的变化。

(1) 在度量方面，不同地理事件的面积或事件间的欧氏距离在韦恩图中的缩小程度不同，类似于地图的变比例尺；地理事件的空间范围在韦恩图中抽象成几何符号，类似于统计专题地图。

(2) 在顺次(或方向)方面，韦恩图不区分地理事件的方向。

(3) 在拓扑方面，如样本地理空间中两分离的事件A、B[图2.8(b)]，在韦恩图中则邻接[图2.8(c)]。

3) 随机地理事件的图示类型

随机地理事件的地图表示，可分别与韦恩图相对应。

(1) 韦恩图可对应于点值图。点值图是采用点表示地理事物的地图，这种点对应于韦恩图中表示事件的几何图，如圆等。1854 年，英国伦敦爆发了一次大规模霍乱。斯诺到伦敦死亡登记中心要来了所有因霍乱去世者的详细住址，并用黑点标注在绘有道路、房屋、饮用水井等内容的 1∶6500 比例尺地图上。经分析发现，几乎所有的死者都住在离布罗德大街与牛津街交汇处的一个水井不远的地方。在这里，每个死者就是一个随机事件，其住址就是事件的空间位置；这样，黑点不仅表示随机事件，还表示其空间位置。黑点离水井不远就是一种空间度量关系。

(2) 同时发生事件的韦恩图可对应于范围图。范围图具有如下特征：图斑呈散列及片状分布；两两图斑可以重叠以表达两种及以上的对象；所有图斑可以不布满全区。因此，事件空间与相交的事件分别对应于范围图的全域与重叠的图斑。在某区域种植花生和小麦的抽样试验中，样本空间＝{花生 A，小麦 B}的韦恩图[图 2.9(b)]对应于花生和小麦的空间分布图[图 2.9(a)]。

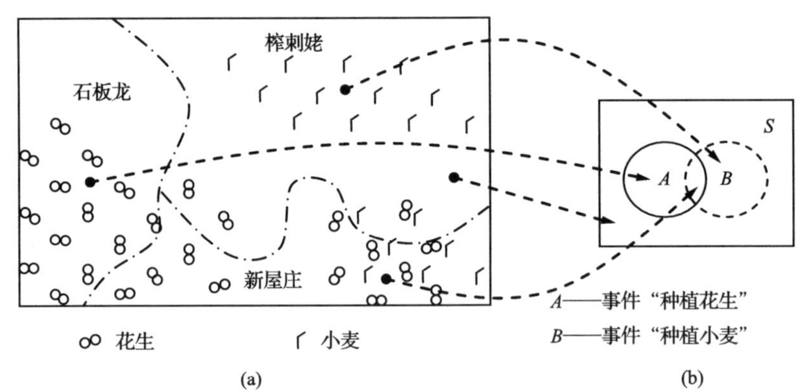

图 2.9　分布图与韦恩图中的非空集关系表达
(a)花生与小麦的分布图；(b)同时发生的事件

(3) 完备事件组的韦恩图可对应于类型图或区划图。类型图的主要特点是图斑互不重叠且无空白区域，类型具排他性。区划图不仅具有类型图的特点，还具有图斑之间没有从属关系(即同级)的特点。事件空间与互斥的事件分别对应于类型图的全域与互不相交的图斑。图 2.10 中，事件 C、D 和 E 可分别表示对象落入榨刺姥、石板龙和新屋庄的事件。

由上分析可知，随机地理事件所具有的事件、地理的双重特性，使其具有韦恩图、地图的双重表达方法。由于事件与地理统一于地理事件中，因而韦恩图与地图也具有差异化的统一性。这种统一性也为地理学与概率论的交叉提供了基础。

2.2.3　随机时间地理事件

时间地理学的不确定性现象可以抽象成随机时间地理事件，为概率论与时间地理学的对接提供了基础。

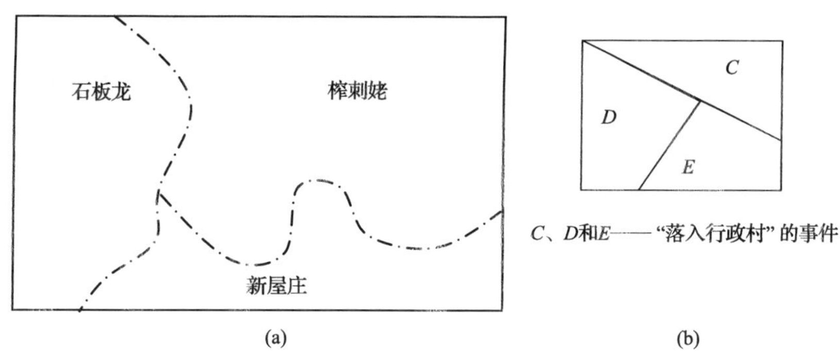

图 2.10　区划图与韦恩图中的空集关系表达
(a)区划图;(b)互斥的事件

1. 基本概念

发生在地理空间上的事件往往具有时间、空间特性,因而能通过时间轴、空间平面联合表示,如“二战留下的世界”(http://news.163.com/special/wwii99/,2015-7-17)。

随机时间地理事件将时间、地理空间作为随机事件的两个平等的维度来看待,它将随机时间地理试验的结果抽象为事件,是与时间地理相关的随机事件。事件向地理事件、时间地理事件的发展过程,是一般性事件的具体化过程。例如,下雨是事件[图 2.11(a)];武汉市下雨是地理事件[图 2.11(b)];经过武汉市的梅雨将继续向北移动是时间地理事件[图 2.11(c)]。

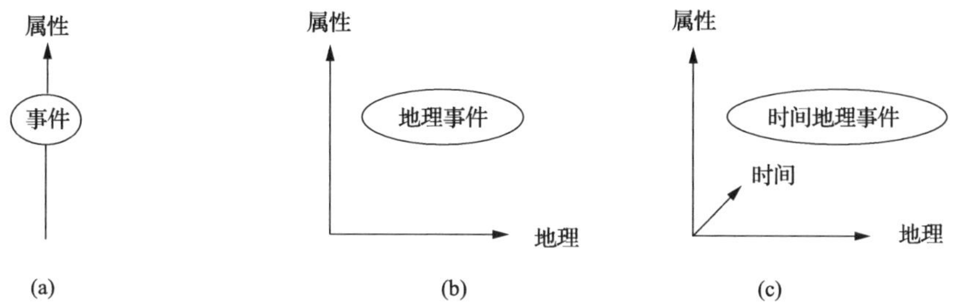

图 2.11　事件(a)、地理事件(b)与时间地理事件(c)

在本质上,事件是事物或现象所固有的特征或属性,不同的事件是属性的具体化或实例化。地理事件是在一般事件基础上增加了位置维度;这样,地理事件具有二维特征,即属性维和地理位置维度。时间地理事件是在地理事件(空间维度、专题维度)基础上增加了时间维度。

随机时间地理事件可视为随机地理事件基于新增时间的扩展,因而具有随机地理事件的特性,如可采用地图表达。又由于新增了时间,因而具有动态性,这意味着随机时间地理事件的表达需要利用动态地图,如基于动画的地图表达。

2. 随机时间地理事件类型

时间的基本类型可分为:时间点(时刻)和时间段(通常的时间),相应地,时间地理事

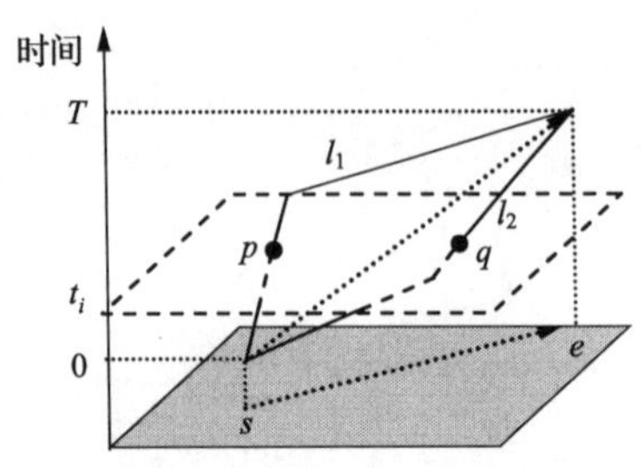

图 2.12　随机时间地理事件

件可分为：基于时刻的状态型和基于时间段的过程型。设随机试验 E：由 s 点出发的移动对象沿着路径 l_1 或 l_2 在时间 T 内到达 e 点。样本空间：$\Omega=\{l_1, l_2\}$，其中 l_1，l_2 分别表示两条连接 s、e 的线路(图 2.12)。

1) 过程型事件

过程型事件是基于时间段的时间地理事件，如 $A=\{$位于 s 的移动对象在时间 T 内沿路径 l_1 到达终点 $e\}$，$B=\{$位于 s 的移动对象在时间 T 内沿路径 l_2 到达终点 $e\}$；样本空间 $\Omega=\{A, B\}$。

2) 状态型事件

状态型事件是基于时刻点的时间地理事件，如 $A_i=\{$位于 s 的移动对象沿路径 l_1 在时刻 t_i 所到达的位置$\}$，$B_i=\{$位于 s 的移动对象沿路径 l_2 在时刻 t_i 所到达的位置$\}$，$i=0, 1, 2, \cdots, n$；样本空间 $\Omega_i=\{A_1<l_1, t_i>, B_1<l_2, t_i>\}=\{A_1<p, t_i>, B_1<q, t_i>\}$。其中，$p$，$q$ 是时间平面 t_i 分别与路径 l_1、l_2 的交点。

显然，状态型事件的 Ω_i 是过程型事件的 $\Omega=\{l_1, l_2\}$ 与时刻 $\{t_i\}$ 的笛卡儿积，即

$$
\begin{aligned}
\Omega_i &= \Omega\times\{t_i\}=\{l_1, l_2\}\times\{t_i\} \\
&= \{<l_1, t_i>, <l_2, t_i>\}=\{A_i, B_i\}
\end{aligned}
$$

这意味着，时间地理事件的两种类型之间是互为联系的，也可以相互转化。

2.3　时间地理学的随机变量与过程

2.3.1　随机时间地理变量

随机时间地理变量是采用随机变量描述随机时间地理事件的方法，为随机时间地理事件的形式化描述和数理计算提供了数学基础。

1. 随机变量

1) 基本概念

随机变量是采用函数变量的形式描述随机事件的方式。变量是相对于常数而言的，即可以发生变化的数，可以分为自变量与因变量。随机变量是一种因变量。

设随机试验 E 的样本空间 $S=\{e\}$，若对于任一 $e\in S$ 都有一函数 $X(t_1, t_2, \cdots, t_n, e)$ 与之对应($t_1\in T_1$, $t_2\in T_2$, $\cdots$, $t_n\in T_n$)，其当各自变量 $t_1, t_2, \cdots, t_n$ 取固定值时函数 X 为一随机变量，则称 X 为定义在 $\{T_1, T_2, \cdots, T_n\}$ 上的一个随机函数。当随机函数中只有一个自变量 t_1 时称为随机过程。当随机函数依赖于多个自变量时，称为随机场。

随机变量：设 E 是随机试验，它的样本空间 $S=\{e\}$，如果对于每一个 $e\in S$，都有一个实数函数 $X(e)$ 与之对应，则 X 为定义在 S 上的随机变量(图 2.13)。

在随机变量定义中，X 是 e 指向实数值 $X(e)$ 的映射，因而是一函数或因变量，即对每

一个输入都有唯一的输出值与之对应。随机变量可分为连续型和离散型两类。

2) 概率论与 GIS 的三层抽象模型的相似性

概率论中的随机试验、随机事件和随机变量，与 GIS 中的地理现象、数据和信息，都是对现实的三级抽象(图 2.14)。例如，在概率论中，扔硬币、考试及格等不同随机试验的样本点都可抽象成伯努利事件，每个伯努利事件通过随机变量 X 的抽象都可与一个实数对应；在 GIS 中，气温、降雨等不同地理现象都可抽象成数据，每个数据都可以提取出信息。每一级屏蔽了下一级的具体细节。

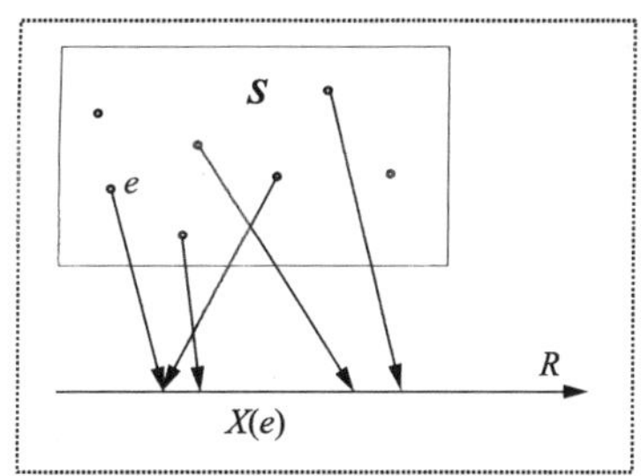

图 2.13　实数坐标轴上的随机变量

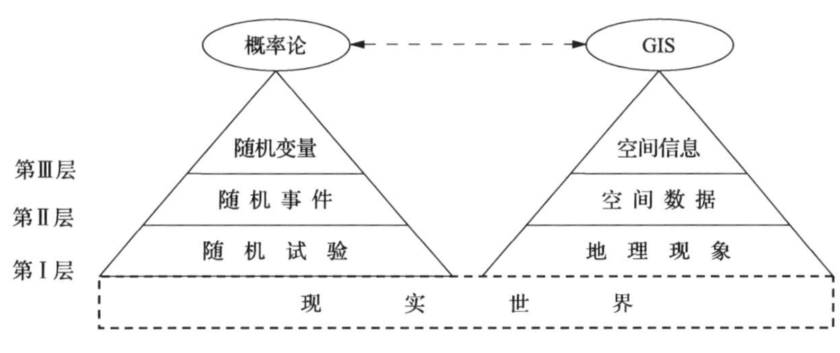

图 2.14　概率论与 GIS 的三层抽象模型比较

在第Ⅰ层，地理现象和随机试验都具有不确定性。

在第Ⅱ层，随机事件是对随机试验结果的描述，空间数据是对地理现象基于文字、数字、图像等形态的描述。

在第Ⅲ层，随机变量是随机事件的函数和抽象，空间信息是空间数据的提炼和抽象，随机变量和空间信息分别独立于随机事件、空间数据的描述形态。

空间信息可通过概率进行不确定性测度，如信息熵，概率论与 GIS 都是认识现实世界的工具和手段。作为最高级的随机变量，建立起了抽象的现象与具体的实数的联系，为统计计算与概率测度提供了理论依据。

2. 随机地理变量

随机地理事件可进一步抽象成随机地理变量，即具有空间位置特征的随机变量，如“醉汉”随机走的位置。

1) 定义

随机地理变量 $X(e)$ 是随机地理事件 e 的实值函数，是在随机地理事件 e 与实数 R 之间建立起的一种映射，即实现定性化的、通常为文字的随机地理事件转换为定量化的、形式化的数学变量。随机地理变量可以取空间值和属性值，是一种广义的区域化变量。区域化变量是以空间点 x 的三个直角坐标 (x_1, x_2, x_3) 为自变量的随机场 $Z(x_1, x_2, x_3, \omega)$，具有随机性和结构性，是地理统计学的理论基础(张景雄，2008)。随机变量函数只有一个自变量 ω，而区域化变量作为一种随机场可以具有多个自变量。

2) 特点

(1) 随机地理变量的取值具有多样性：①统计方面：如 $X(e)$ = 地理事件 e 发生的次数；② 地理要素的非空间属性方面：如 $X(e)$ = 地理事件 e 所在地的降水量、气温等；③ 空间测度方面：如 $X(e)$ = 地理事件 e 所在位置与起点之间的距离；④ 量表法方面，如 $X(e)$ 可采用定名、顺序、间隔和比率等量表方法表示。

(2) 同一地理事件能构建不同的随机地理变量。由于随机变量 X 是随机事件 e 到一个实数 $X(e)$ 的一一映射，这意味着随机变量只能是一个事件的单方面描述。为了从多角度、多方面描述同一个随机事件 e，需要构建多个随机变量，如 $X(e)$，$Y(e)$，$Z(e)$ 等。

3. 随机时间地理变量

随机时间地理变量 X 是随机时间地理事件的变量描述，具有时空特性。根据 e 和 X 的时空性特点，可将随机时间地理变量分为两类：随机变量与随机过程。

当事件 e 是时间地理事件时，$X(e)$就是一类随机时间地理变量。例如，在旅客进机场的随机试验中，定义样本空间={第 1 个旅客进入机场的时刻，第 2 个旅客进入机场的时刻，…}，则事件 e={在未来 1 小时内进入机场的旅客}，我们可构建随机变量 $X(e)$=进入机场的人次数。

当地理事件 e 与确定性时间变量 t 联合成为 X 函数的自变量时，$X(e, t)$ 是另一类随机时间地理变量(即随机过程)。

2.3.2 随机时间地理过程

1. 随机过程

过程是时间的函数。

随机过程是一种在过程基础上新增随机性样本点的函数，是过程在概率论中的应用和延伸。设 E 是随机试验，它的样本空间 $S = \{e\}$，如果对于每一个 $e \in S$，都有一个实数函数 $X(t, e)$ 与之对应，则 X 为定义在 S 上的带时间标签 t 的随机变量，或随机过程。

实数函数 $X(t, e)$ 是对应于每一个 $e \in S$ 的时间 t 函数。这样，对于所有 $e \in S$ 就可得到一族时间 t 的函数，称为随机过程；族中的每一个函数称为这个随机过程的样本函数。

2. 随机地理过程

由于时间是现象发生的普遍因子，因此随机变量将时间从随机试验的众多条件因子中独立出来，形成了定义在时间域的随机过程。类似地，空间是地理现象发生的普遍因子，因此地理领域的随机变量需要将空间因子独立出来，以形成定义在空间域的随机过程。这样，作为两个自变量的随机过程 $X(\tau, e)$ 函数，是在给定时间域或空间域 τ 条件下的 e 与实数的一种映射 X。我们将 τ 定义在空间域上的随机过程 $X(\tau, e)$ 称为随机地理过程。

3. 随机时间地理过程

过程 $X(\tau)$ 是一种函数，其自变量 τ 可以定义在时间域，也可在空间域。因此，由过程 $X(\tau)$ 与随机变量 $X(e)$ 相合而成的随机过程 $X(\tau, e)$ 是一随机时间地理过程，在如下条件下：τ、e 分别表示时间、空间，或者 τ、e 分别表示空间、时间。由于过程可以是时间的函数，因此随机时间地理过程包含两个“时间”：一是过程中的确定性时间变量；另一是时间地理中的“时间”。随机时间地理过程是一种过程性时间地理变量 $X(e, t)$，具有时空特性的随机过程。

时间地理与随机过程都是包含了时间的过程，且都是研究不确定性，因此两者具有相似性(图 2.15)：路径对应于样本；时空轨迹，对应于样本函数；作为全部样本函数集合的随机过程，对应于时空体(所有时空轨迹的集合)。

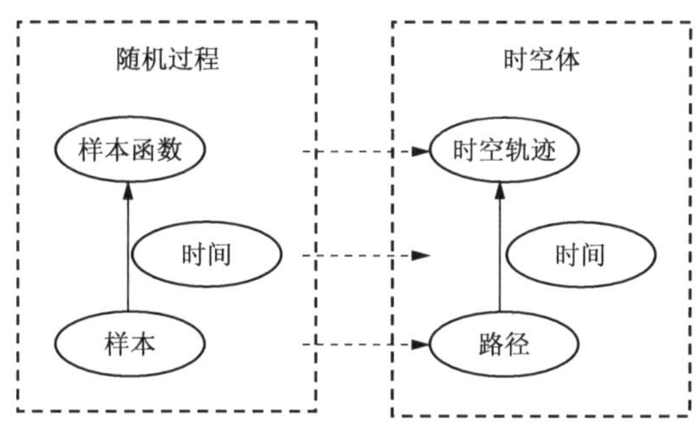

图 2.15　随机过程与时间地理的对应性

4. 随机时间地理过程实例

从南郊某地乘车前往北区火车站有两条路：一条路线穿越市区，路程较短，但交通拥挤，需要时间(单位为分)服从正态分布 N(50,100)；一条绕环城公路走，路程较长，但意外阻塞较少，所需时间服从正态分布 N(60,16)。假如有 70 分钟时间可用，则应走哪一条路(http://wenku.baidu.com/view/f4e9048acc22bcd126ff0c0d.html，2013)？

(1) 在概率论方面：①随机试验 E：移动对象从 $n(=2)$ 条路径中随机选择一条，并在给定时间 $T(=70$ 分钟$)$ 内由 A(南郊某地) 至 B(北区火车站)；② 样本空间 $\Omega=\{e\}=\{e_j \mid j=1,\cdots, n\}$，样本点 e_j 表示第 j 条路径；③ 样本函数 $X(e, t)$。

(2) 在时间地理方面：①时间地理现象：移动对象在给定时间 $T(=70$ 分钟$)$ 内由 A(南郊某地) 沿着 $n(=2)$ 条路径中的一条前往 B(北区火车站)；② 路径集 $\Omega=\{e\}=\{e_j \mid j=1,\cdots, n\}$，路径 e_j 表示第 j 条路径；③$X(e, t)$ 表示位于路径 e 上的移动对象在时刻 t 的位置[图 2.16(a)]，全部时空轨迹构成了时空体[图 2.16(b)]。

(3) 在概率时间地理方面：设随机变量 ξ 表示行车时间，则

$$P_1\{\xi \leqslant 70\}=\Phi\left(\frac{70-50}{10}\right)=\Phi(2)=0.9772$$

$$P_2\{\xi \leqslant 70\}=\Phi\left(\frac{70-60}{4}\right)=\Phi(2.5)=0.9938$$

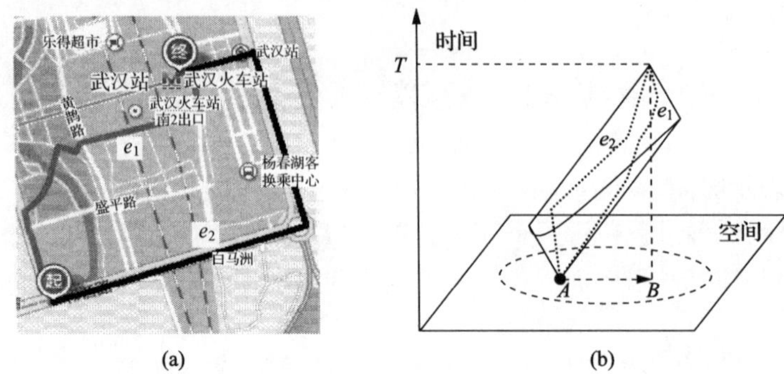

图 2.16　随机时间地理过程实例(a)及其可视化(b)

由于 $P_1\{\xi \leqslant 70\} < P_2\{\xi \leqslant 70\}$，因此选择第二条路线合适。

第 3 章　概率时间地理学的建模原理

概率时间地理学的建模主要是利用概率论的基本定律(如公理和定理)、基本模型(如布朗运动、正态分布、随机走)等在时间地理学的扩展与应用,以形成表征时间地理时空位置不确定性的概率模型。

3.1　随　机　走

概率时间地理学可视为概率论的随机走模拟时间地理学的时空路径的交叉性学科。随机走是一种随机性的游走,其中随机性和游走可分别对应于概率时间地理学的概率和时间地理学两个成分,因此随机走与概率时间地理学的相似性为两者的联合与交叉提供了基础。

3.1.1　概率时间地理学中的随机走

时间地理学中的任何运动都是一种游动,包括确定性的和非确定性的。非确定性的游动就是随机走,而确定性的游动则是随机走的一种特例。因此,时间地理学中描述移动对象运动轨迹的时空路径就可以采用随机走进行模拟。

1. 随机走

1) 基本定义

随机走(random walk,有时又称为随机漫步、随机游走、随机徘徊、无规行走等)于1905 年首次提出。它是一种数学统计模型,由一连串的轨迹所组成,其中每一轨迹都是随机的(无规则随机性走)。随机走能用来表示不规则的变动形式,如同一个人酒后乱步所形成的随机过程记录。

每个人的一生相对于人类社会,都只是短暂的一瞬间,这样的一生都是一个随机行走过程,无数的随机行走过程构成了整个人类社会。人一生必须经历各种各样的“随机性”,在这样的随机与无序中变化自我,使人生经历的样本足够多才能构成人与社会稳定的系统的反馈。随机的样本是人与人之间的差异性,足够多的差异性就构成多样性;当多样性超过阈值,便可在反馈系统积累有序性,进而形成复杂的耗散结构。在这个原理指导下,人生的态度应积极的追求,使之最大限度随机行走接触更多的事物,而丰富人生经历的样本;这就是成长,经历使人成长。人生要把握各种随机和选择,经历都是随机的,但一个人对事物作出选择的根本思想(类似于概率)却是稳定的,这取决于他对世界的反馈——他的世界观(自我与无规则行走之人生哲学,http://blog.renren.com/share/222202420/12031750844,2015)。

2）形式描述

一维空间的随机走是一个粒子在直线上的逐步移动。其中，每步以概率 p 向左移动，以概率 1-p 向右移动；每步与其他步次无关。若以 X_n 记 n 步后粒子的位置，则 $X_n = X_{n-1} + I_n = X_0 + \sum_{i=1}^{n} I_i$，$X_0$ 为初始位置点或起点，$I_i = \begin{cases} 1, \text{若第 } i \text{ 步向右移动} \\ -1, \text{若第 } i \text{ 步向左移动} \end{cases}$。我们称随机变量序列 $X = \{X_n : n \geqslant 1\}$ 为一个(一维) 简单随机徘徊，当 $p = 1/2$ 时，称之为(一维)简单对称随机徘徊。

2. 随机走与时间地理学

移动对象的自由运动可构模为随机走(Winter and Yin，2010)。当缺乏任何信息时，这种随机走是无偏的。长久以来，由于缺乏精确数据和统计工具，生物迁移被认为是无序的随机游走过程(陆锋等，2014)。无偏随机走构模连续扩散过程，如布朗运动，这能足够近似表达目标明确的理性移动对象在大时间范围内的行为。在小时间范围内，这种行为更多地表现为定向的，并常常是定时的。我们将通过有偏随机走构模这种行为。在已有随机走模型(Winter，2009)基础上应用有偏转移概率易于构建有偏随机走模型，但是有偏随机走在现有研究中并未引起重视。

随机走也已用于建模大量移动对象的行为，如交通研究、传感器网络等。相比之下，这里的随机走用于模拟单一移动对象的多路选择。大量随机走的模拟提供了在特定时间被访问位置的频率，并可归一为概率。一种可获得时空概率分布的方法是通过对行程数据进行机器学习，也是我们对随机走模型的预测结果进行验证的方法。

随机走在任意尺度上的相似结构(无规则随机性走，互动百科，2015)，意味着随机走模拟时空轨迹具有跨尺度特性。因此，将时间地理学的连续轨迹离散成格网路径(图 3.1)，即路径采用格网的边表示，不影响随机走的模拟。事实上，离散型数据是连续型数据的特例，在粒度极小时根据极限原理就是连续型数据。格网在一维空间退化为数轴上的格点模型。在时间地理学中，时空轨迹都是基于时间序列的样本点位置构成的，因此随机走能模拟这种被抽样的时空轨迹。

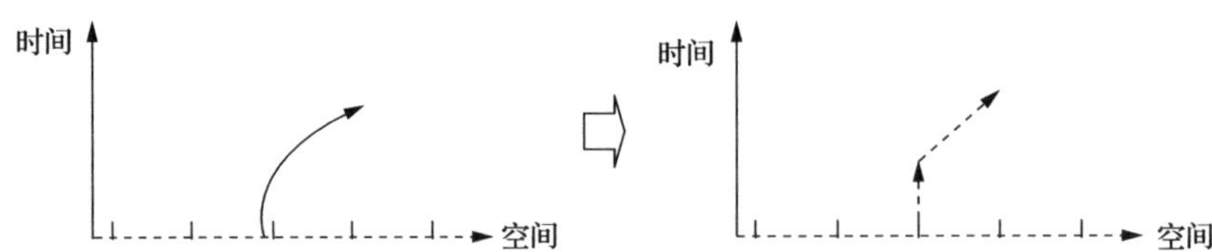

图 3.1　连续轨迹到离散轨迹的转变

随机走产生的时空轨迹，在时间地理学中对应于时空路径。大量随机走的时空轨迹的全集，则对应于时空路径全集的时空体。在离散空间，一维地理空间的随机走与时间地理学的时空轨迹、时空体相对应[图 3.2(a)]。类似地，二维地理空间的随机走与时间地理学也存在对应性[图 3.2(b)]。

由上可知，随机走与时间地理学中的时空轨迹、时空体等经典概念相对应，从而为随

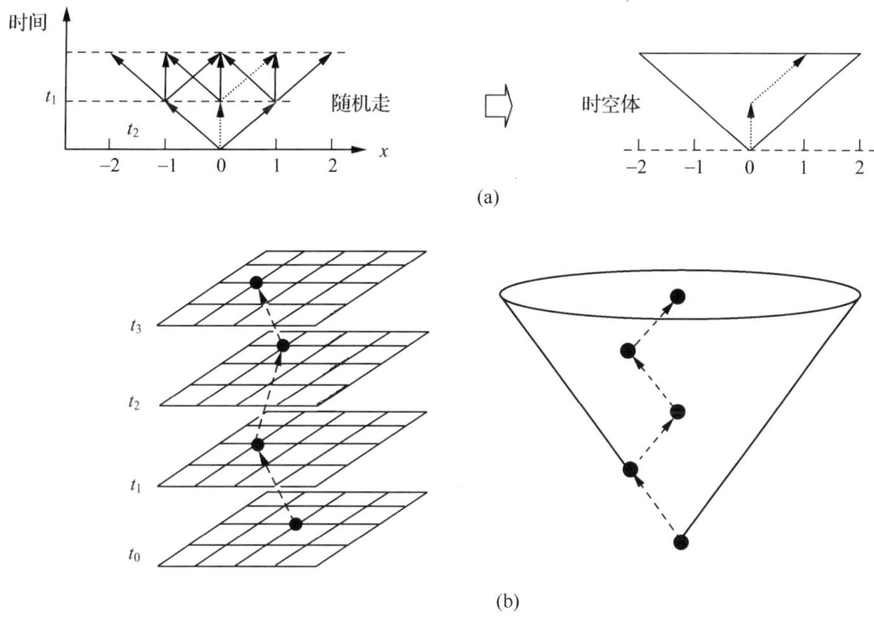

图3.2　随机走与时间地理的关系

(a) 一维空间的对应性；(b) 二维空间的对应性(Winter and Yin，2010)

机走模拟时间地理学中的时空不确定性提供了基础。

3. 随机走与概率时间地理学

随机走中的随机性与游走分别对应于概率时间地理学的概率与时间地理学成分。其中，随机走的可达位置点的集合对应于时间地理学的潜在路径区域，随机走位于各可达位置点的频次对应于移动对象在潜在位置点的可能性或概率。

1) 随机走的频次统计

单一个体在一维空间的随机走，对不同位置点的访问频次不总是相同的。例如，在三次随机行走中，个体在相同时间内访问各位置点的频次不总相同，在同一位置点个体在不同时间内访问的频次也不同[图3.3(a)]。在时间地理的随机走试验中，在从起点时刻至终止时刻的时期内，一个基本事件或样本点可以是个体途径的位置点的一个序列；其中，相邻时刻的位置点之间的距离刚好为1个步长或者停留原地。在两次随机行走中，任一随机事件是9条时刻路径中的一条[图3.3(b)]。设每条路径出现的频次分别为 $n_i(i=1,\cdots,9)$，则路径 i 的频率 $f_i = n_i\Big/\sum_i n_i$。

如果各路径的频次相同，则随机走具有无偏性，如 $n_i=1, f_i=1/9$。①一步随机走可达的位置点，$x=-1,0,1$ 的频率分别为 $3\times1/9$，或 $1/3$；②二步随机走可达的位置点，$x=-2,-1,0,1,2$ 的频率分别为 $1\times1/9, 2\times1/9, 3\times1/9, 2\times1/9, 1\times1/9$。

如果不同路径出现的频次不同，则随机走具有有偏性。例如，$n_4=2, f_4=2/10$；$n_i=1, f_i=1/10, (i\neq4)$。

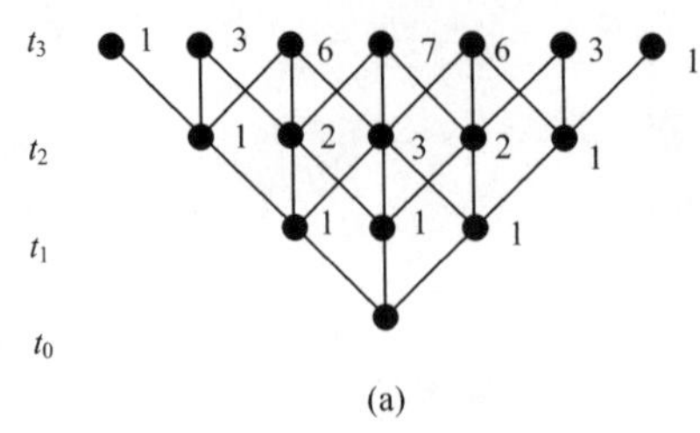

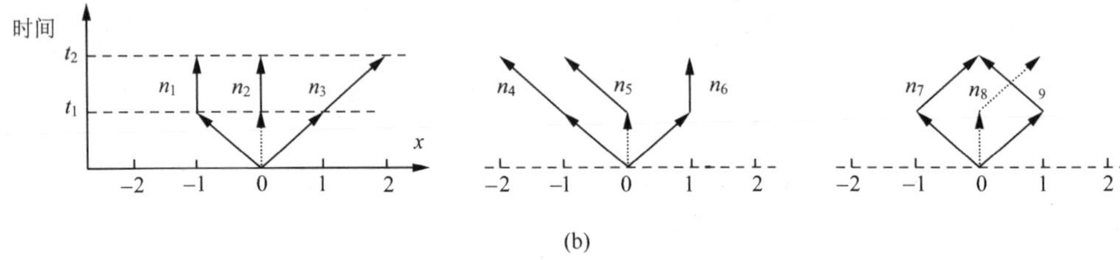

图 3.3　多次运动中的时空路径

(a) 三次运动中的时空路径(Winter and Yin, 2011);(b)两次运动中的时空路径

上述频率的计算属于统计学的范畴。频次在时间足够长的条件下可转换为概率,即统计概率。频次或概率的大小采用灰度表达,则灰度填充的时空体可表达概率时空体(图 3.4)。

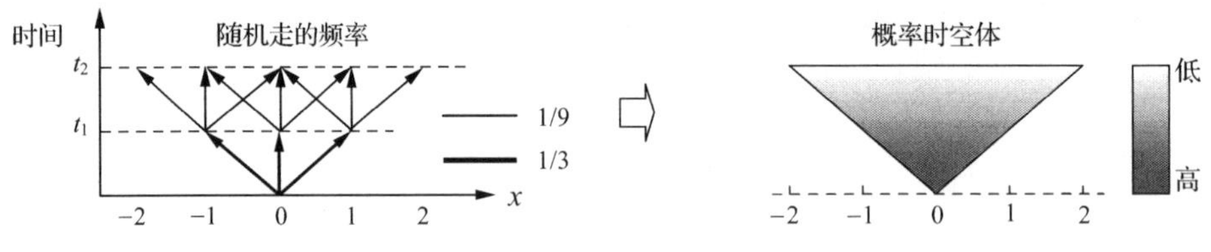

图 3.4　随机走与概率时间地理的关系

2) 随机走的概率计算

在获得个体行为的时空间特征基础上,可以利用卷积算子连续计算不同时刻的空间概率分布。假设个体向左、向右或停留的概率均为 1/3,则,①一步随机走可到达三个位置点,$x=-1$, 0, 1,各点的概率均为 1/3;②二步随机走可到达五个位置点,$x=-2$, −1, 0, 1, 2,各点的概率依次为 1/9, 2/9, 3/9, 2/9, 1/9。

3.1.2　基于随机走的时空概率模型

卷积是随机走的数学形式,因而随机走能通过卷积表达和计算。卷积是通过两个函数 f 和 g 生成第三个函数的一种数学算子。如果将结果函数作为 f,则卷积可以连续计算随机走的概率。

1. 卷积

1) 基本概念

在概率论中,两个统计独立变量 X 与 Y 的和的概率密度函数是 X 与 Y 的概率密度函

数的卷积。设 X、Y 是相互独立的随机变量，其分布律分别为

$$P(X=k)=p(k),k=0,1,2,\cdots$$
$$P(Y=r)=q(r),r=0,1,2,\cdots$$

则 $Z=X+Y$ 的分布律为

$$\sum_{k=0}^{i}P(X=k)P(Y=i-k)$$

由于，Z 的所有可能取值为 $0,1,2,\cdots$。

$$\begin{aligned}P(Z=i)&=P(X+Y=i),\\&=P(\bigcup_{k=0}^{i}\{X=k,Y=i-k\}),\{X=k,Y=i-k\}\\&\quad \text{与}\{X=j,Y=i-j\},k\neq j\text{ 不相容}\\&=\sum_{k=0}^{i}P\{X=k,Y=i-k\},X、Y\text{ 相互独立}\\&=\sum_{k=0}^{i}P(X=k)P(Y=i-k)\end{aligned}$$

此结果称为离散型卷积公式：

$$P(X+Y=i)=\sum_{k=0}^{i}P(X=k)P(Y=i-k) \tag{3.1}$$

2) 卷积与随机走

卷积是一种计算，是两个函数（f、g）的卷积算子 $\otimes$ 生成一个函数 $f\otimes g$ 的运算方法。其中，f、g 作为计算的输入，$f\otimes g$ 是计算的输出[图 3.5(a)]。函数 f、g、$f\otimes g$ 分别对应于随机走的不同状态：f 对应于移动对象所在的空间位置，或初始状态；g 作为卷积核，对应于随机走行为的时空模式或特征；$f\otimes g$ 对应于一步随机走的可达位置区域，或者当前状态[图 3.5(b)]。

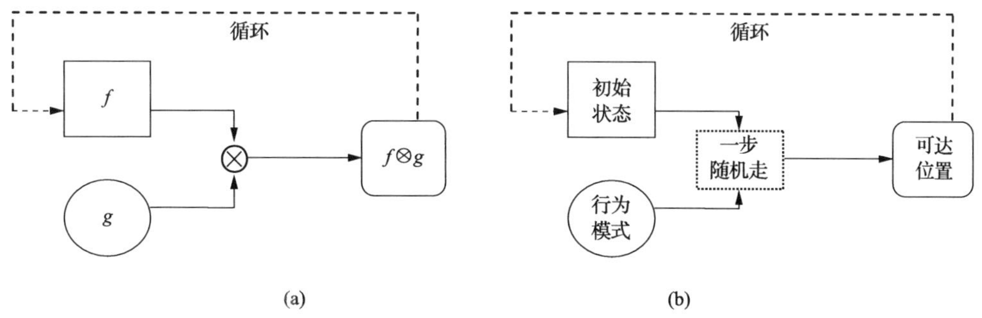

图 3.5　卷积与随机走的关系
(a)卷积；(b)随机走

多步随机走可以采用多个一步随机走的循环嵌套计算来完成。通常情况下，固定行

为模式的特征，即表示行为模式的函数 g 始终不变，且将输出结果 $f \otimes g$ 作为一种输入，即将当前状态 $f \otimes g$ 作为初始状态 f。这样，在时间地理学中多步随机走可由循环嵌套卷积表达：

$$f(t+1) = f(t) \otimes g$$
$$f_{x,y}(t+1) = f_{x,y}(t) \otimes g = \sum_{i=-\infty}^{\infty} \sum_{j=-\infty}^{\infty} g_{i,j} \cdot f_{x-i,y-j}(t) \tag{3.2}$$

显然，式(3.2)是式(3.1)基于循环嵌套和二维空间的一种扩展。这里，$f_{x,y}(t+1)$ 表示时刻 t 的下一步随机走的结果频次分布。在地理空间中，空间位置点(x, y) 是无限制的 $(-\infty, \infty)$，然而在实际应用中中心点对周边的影响范围可以限制到一个小的邻域，这与地理学第一定理是一致的(Winter and Yin, 2010)。一种典型的卷积核大小仅仅是 3×3，描述中心点 (x, y) 的影响范围：从左下角$(x-1, y-1)$ 到右上角$(x+1, y+1)$。

2. 卷积与概率时间地理学的对应性

1) 卷积的数学空间与地理空间的对应性

卷积是一种数学计算，要用到地理学中就需要建立卷积与空间位置之间的关联性，主要是将卷积的数学空间映射到地理空间，从而实现地理空间对卷积数学空间的实例化。从数学空间或函数类型上，卷积可以分为离散型卷积与连续型卷积，它们分别对应于连续型[图 3.6(a)]与离散型地理空间[图 3.6(b)]，因而可以分别采用 GIS 的矢量、栅格模型表达。以 3×3 的离散型卷积核，或者参与卷积计算的一个函数 f、g、$f \otimes g$ 为例，它由 9 个数字构成。在地理空间，卷积的每个数字可以作为空间子域上的一个属性；这样，需要将现实地理空间进行离散化，并建立卷积的“数字”属性与离散单元格之间的映射关系，从而完成卷积的数学空间到现实地理空间的映射，为卷积模拟随机走等时间地理现象提供了空间参考。

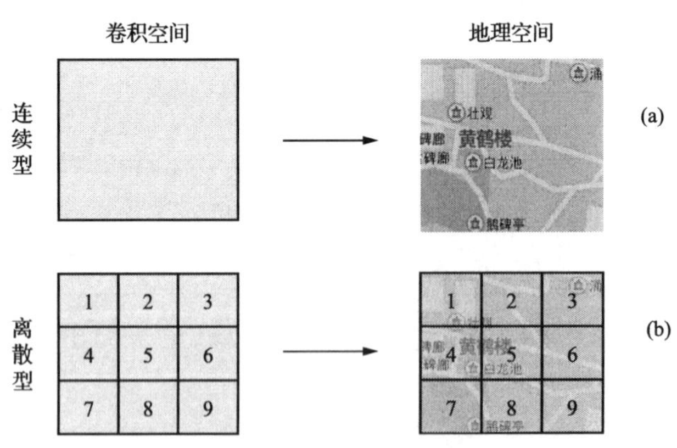

图 3.6 卷积空间与地理空间的对应性

(a)连续型空间；(b)离散型空间

由于地理空间具有方向关系、拓扑关系和度量关系，因此卷积与地理空间的对应性意味着构成卷积的元素具有空间位置及其空间范围特点，不同元素位置之间就具有空间方向关系、空间拓扑关系和空间度量关系。

(1) 卷积能表达空间方向关系。卷积在模拟随机走时，一步卷积是位于起点处的移动对象将会朝着各方向移动。在连续型卷积空间中，这种方向可由区间［0°，360°］表示。在离散型卷积空间，移动方向可以采用 4-邻域(4-connected region)、8-邻域、16-邻域、32-邻域等模式表达(XU and Lathrop，1995；Collischonn and Pilar，2000；Miller and Bridwell，2009；Alexandre，2010)。对于 4-邻域和 8-邻域，离散空间的一步随机走可采用 3×3 离散卷积核表达(图 3.7)。①对于 4-邻域［图 3.7(a)］与离散空间的结合，可形成在位置点 2、4、6 和 8 处非空值的卷积核，它们分别表示移动对象向北、西、东和南的移动方向［图 3.7(b)］。由于在随机走中，移动对象可以停留在起点或原地，这种“停留”的特殊移动在卷积核中可以通过在起点位置 5 处的非空值来表示［图 3.7(c)］。②由于 8-邻域［图 3.7(d)］是 4-邻域的扩展，因此 8-邻域与离散空间的结合所形成的卷积核是在 4-邻域基础上新增西北、东西、西南和东南的方向［图 3.8(e)、图 3.8(f)］。类似地，16-邻域、32-邻域空间也可以采用卷积核表达，只是卷积核不再是 3×3 结构。

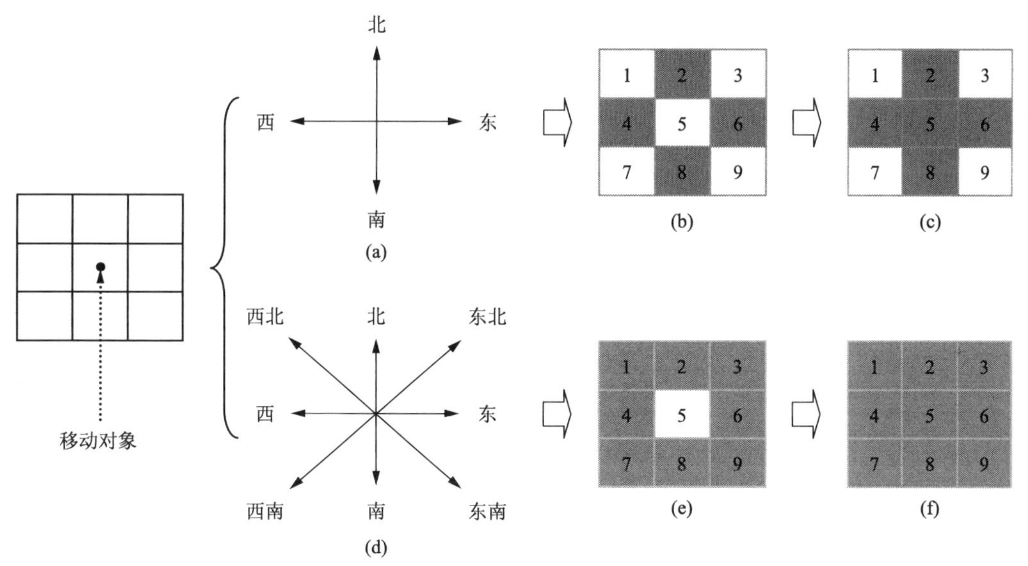

图 3.7　卷积核的方向表示

4-邻域(a)的卷积核(b)及其扩展(c)；8-邻域(d)的卷积核(e)及其扩展(f)

(2) 卷积能表达空间拓扑关系。经过一步随机走，移动对象在 t_1 时刻所在的起点与在 t_2 时刻的可达点之间存在拓扑关系。在连续空间中，如果可达点与起点重合则是一种重合关系，否则是相离关系。在离散空间中，由于起点、可达点对应于栅格单元，因此两单元之间只存在两类关系：重合、邻接。例如，在 4-邻域空间中，停留在原地就是一种重合关系［图 3.8(a)］，位于东、南、西、北等方向的可达栅格单元与起点栅格单元之间就是一种邻接关系，即存在公共边的关系［图 3.8(b)］。又如，对 8-邻域空间中，位于东南、西北、西南、东北等方向的可达栅格单元与起点单元之间存在公共点［图 3.8(c)］，因而也是一种邻接关系。

(3) 卷积能表达空间度量关系。经过一步随机走，移动对象在时间粒度 $\Delta t(=t_2-t_1)$

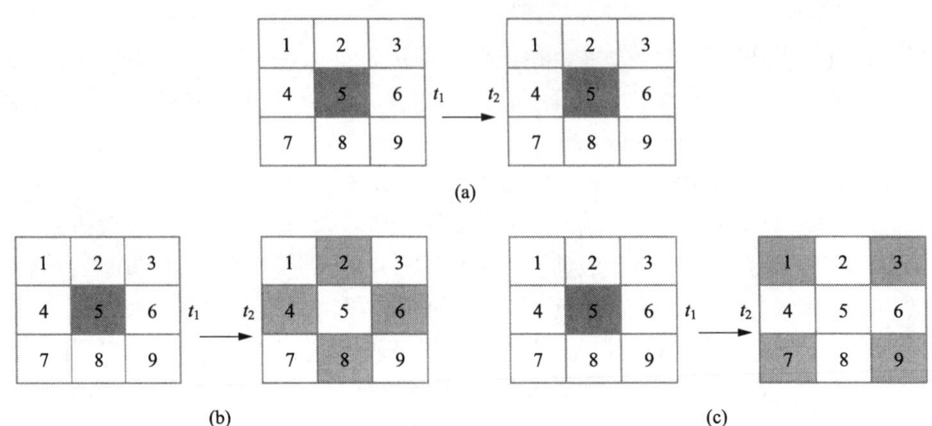

图 3.8　卷积的拓扑表示

(a)重合；(b)公共边的邻接；(c)公共点的邻接

内空间位置可能发生变化，因而起点与可达点之间存在度量关系。由于受最大移动速度(个体的能力约束)的限制，在 Δt 内的最大移动距离是可测度的，时间地理学应用 GIS 进行的时空可达性分析就属于此类。在连续空间中，一步随机走的距离(步长)是连续的，即从 0 到最大距离之间的任何数值。在离散空间中，一步随机走的可达范围被离散成网格单元：4-邻域含 5 个单元，8-邻域含 9 个单元。相应地，离散空间的步长也被离散成有限的类型：①停留，可达距离是 0；②正北、东、西、南移动，可达距离是单位 1，即网格单元的边长(图 3.9)，在最大速度 $v_{\max}=1$ 和一步时间消耗 $\Delta t=1$ 时步长可以定义为单位 1；③东北、东南、西南、西北移动，可达距离是$\sqrt{2}$，即网格单元边长的$\sqrt{2}$倍；④对于 16-邻域、32-邻域则步长的长度更长。这意味着，步长在一次随机走中不是固定的数值，是集合$\{0, 1, \sqrt{2}, \cdots\}$中的一个元素，与方向有关。

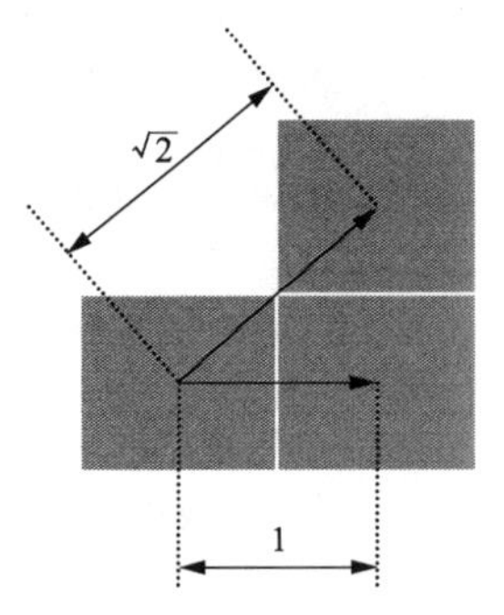

图 3.9　卷积的度量关系表示

2) 卷积与时间的对应性

卷积的一次计算对应于一步随机走，因此一次卷积运算可以赋予一步随机走的时间间隔 Δt。在时间地理学中，随机走在一定时间 T 内可以划分为多步：$n=[T/\Delta t]$；每一步对应的时刻为：$t_1, t_1+\Delta t, t_1+2\times\Delta t, \cdots, t_1+(n-1)\times\Delta t$。设，一个表达离散空间随机走的 3×3 卷积核 g：

$$g=\begin{bmatrix}0 & 1 & 0\\ 1 & 1 & 1\\ 0 & 1 & 0\end{bmatrix} \tag{3.3}$$

又设，离散函数 f 是一冲激函数，即在 t_1 时刻仅位于中心单元格 $(x, y)=(4, 4)$ (图 3.10)。这样，根据式(3.3)，应用式(3.2)，可以计算在时刻 t_i 的卷积 $f_{x,y}(t_i)=f_{x,y}(t_{i-1})\otimes g$，它提供了移动对象访问单元格的频次(Winter and Yin，2010)。

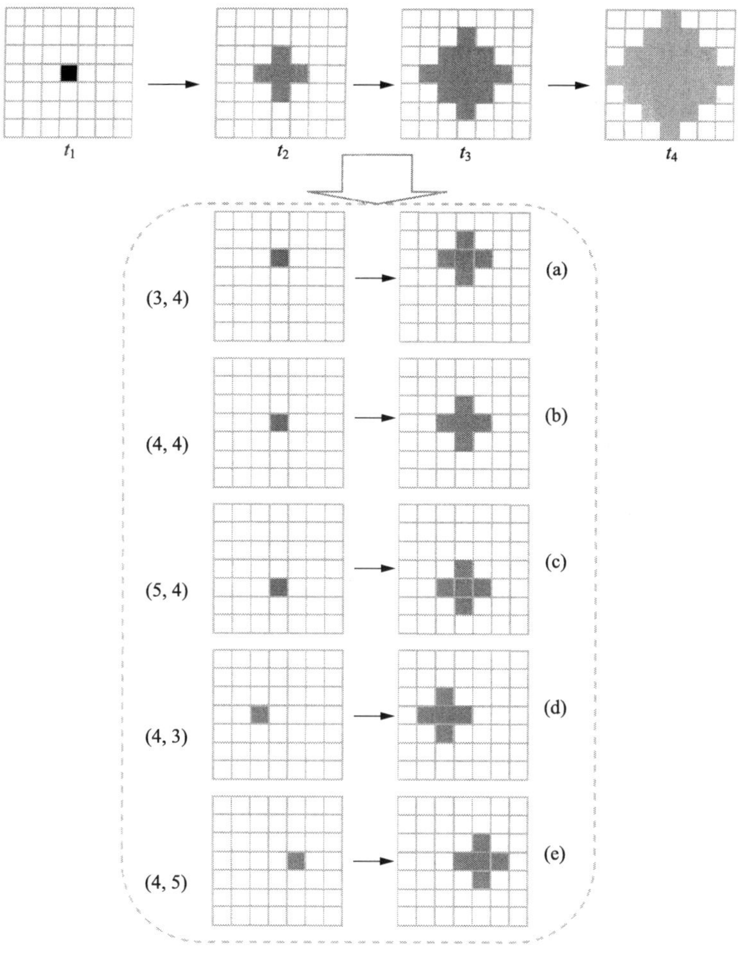

图 3.10　卷积与随机走时间的对应性

(a)～(e)为不同起点的一步随机走

(1) 在 $t_2 = t_1 + \Delta t$ 时刻，结果 $f_{x,y}(t_2) = g$ 等于卷积核 g，表明了移动对象由中心点朝着 4 个方向或停留的可能性相等，且可以到达 5 个单元：(4，4)、(4，5)、(4，3)、(5，4)和(3，4)。这些单元将成为下一步随机走的可能起点。

(2) 在 $t_3 = t_2 + \Delta t$ 时刻，结果 $f_{x,y}(t_3) = f_{x,y}(t_2) \otimes g$，表明了在上一步 t_2 时刻状态基础上通过一步随机走的可达位置及其访问频次(图 3.11)。由 t_2 时刻至 t_3 时刻的一步随机走，根据上一步的 5 个起点单元可以分解成 5 种可能的一步随机走，如图 3.11(a)至图 3.11(e)。每种随机走所能到达的位置点的集合(13 个单元)，就是移动对象在 t_3 时刻的可达域，也是下一步随机走的可能起点位置。

```
...........................
........... 0 ...........
........  0 1 0  ........
.....   0 1 2 1 0   .....
...   0 1 2 3 2 1 0   ...
.....   0 1 2 1 0   .....
........  0 1 0  ........
........... 0 ...........
...........................
```

图 3.11　各位置点的访问频次

(Winter and Yin，2010)

(3) 在 $t_4 = t_3 + \Delta t$ 时刻，一步随机走可以到达 25 个单元格。

3) 卷积与概率的对应性

卷积的两个输入函数，从概率论的角度可以看成是密度函数，包括连续型和离散型密度函数。卷积提供了访问空间位置的频次，通过规范化可以转换为概率密度。例如，卷积核 g 的规范化结果 g'：

$$g' = \frac{1}{5}g \tag{3.4}$$

卷积核在各位置点的数值对应于一个概率值。其中，位置点(1, 2)、(3, 2)、(2, 1)和(2, 3)处的值分别表示移动对象向北、南、西和东的概率 p_N、p_S、p_W 和 p_E，位置点(2, 2)处的值表示停留原地的概率 p_O。根据概率的定义，有 $p_N+p_S+p_W+p_E+p_O=1$。

在图 3.11 中，t_2 时刻的状态正好对应于 4-邻域的卷积核，因此位置点(1, 2)、(3, 2)、(2, 1)、(2, 3)和(2, 2)处的概率值分别为 p_N、p_S、p_W、p_E 和 p_O(表 3.1)。t_2 状态中 5 个位置点都以一定的概率成为下一步随机走的起点，并按照 4-邻域模式以一定的概率分布在 t_3 状态的 5 个位置点中。例如，t_2 状态中位置点(3, 4)以概率 p_N 作为下一步随机走的起点，在 t_3 状态中可到达 5 个位置点，即(2, 4)、(3, 3)、(3, 4)、(3, 5)和(4, 4)，相应的概率分别为 $p_N \cdot p_N$、$p_N \cdot p_W$、$p_N \cdot p_O$、$p_N \cdot p_E$ 和 $p_N \cdot p_S$。这样，在 t_3 状态中，每个位置点的概率值就是 5 种[(a)～(e)]可能随机走概率的累积，如 t_3 状态中位置点(3, 3)的概率值为 $2p_N \cdot p_W$。显然，这种分步计算的结果与利用卷积公式 $f_{x,y}(t_i) = f_{x,y}(t_{i-1}) \otimes g'$ 的结果是一致的，其中 g' 可以是任意卷积核。

表 3.1 卷积的分步计算方法

t_2 / t_3	(a)	(b)	(c)	(d)	(e)	小计
	(3,4)	(4,4)	(5,4)	(4,3)	(4,5)	
	p_N	p_O	p_S	p_W	p_E	
(2,4)	$p_N \cdot p_N$					$p_N \cdot p_N$
(3,3)	$p_N \cdot p_W$			$p_W \cdot p_N$		$2p_N \cdot p_W$
(3,4)	$p_N \cdot p_O$	$p_O \cdot p_N$				$2p_N \cdot p_O$
(3,5)	$p_N \cdot p_E$				$p_E \cdot p_N$	$2p_N \cdot p_E$
(4,2)				$p_W \cdot p_W$		$p_W \cdot p_W$
(4,3)		$p_O \cdot p_W$		$p_W \cdot p_O$		$2p_O \cdot p_W$
(4,4)	$p_N \cdot p_S$	$p_O \cdot p_O$	$p_S \cdot p_N$	$p_W \cdot p_E$	$p_E \cdot p_W$	$p_O \cdot p_O+2p_N \cdot p_S+2p_W \cdot p_E$
(4,5)		$p_O \cdot p_E$			$p_E \cdot p_O$	$2p_O \cdot p_E$
(4,6)					$p_E \cdot p_E$	$p_E \cdot p_E$
(5,3)			$p_S \cdot p_W$	$p_W \cdot p_S$		$2p_S \cdot p_W$
(5,4)		$p_O \cdot p_S$	$p_S \cdot p_O$			$2p_S \cdot p_O$
(5,5)			$p_S \cdot p_E$		$p_E \cdot p_S$	$2p_E \cdot p_S$
(6,4)			$p_S \cdot p_S$			$p_S \cdot p_S$

在 t_1 时刻，移动对象的期望值位于位置点(4, 4)。在 t_2 时刻，如果 $p_E=1$ 则移动对

象以概率 1 位于位置点(4, 5)，即数学期望值位于点(4, 5)；如果 $p_O=1$ 则数学期望值位于点(4, 4)；如果 $p_E>p_W$ 则水平方向的数学期望值：起点的水平分量位置＋步长×(p_E-p_W)；如果 $p_N>p_S$ 则垂直方向的数学期望值：起点的垂直分量位置＋步长×(p_N-p_S)。

3. 概率时间地理学的无偏随机走

卷积与概率时间地理学的对应性，主要是卷积的数学空间、重复次数或幂、频次分别与概率时间地理学的地理空间、时间、概率相对应，为卷积模拟概率时间地理学的随机走提供了基础，如卷积产生的概率或频次分布到地理空间就形成时间地理的概率分布模型。

1) 基本原理

已有的概率时间地理学探讨了在时空圆锥体中利用离散卷积构模移动对象的无偏随机走(Winter, 2009)。无偏随机走是一种数学期望固定的一种随机走。对于 4-邻域的卷积核，移动对象朝北、西、东、南各方向的可能性是相等的，即 $p_E=p_W$，且 $p_N=p_S$。设，移动对象原地停留及移向四邻的可能性都为 0.2，则可得均匀卷积核[图 3.12(a)]。

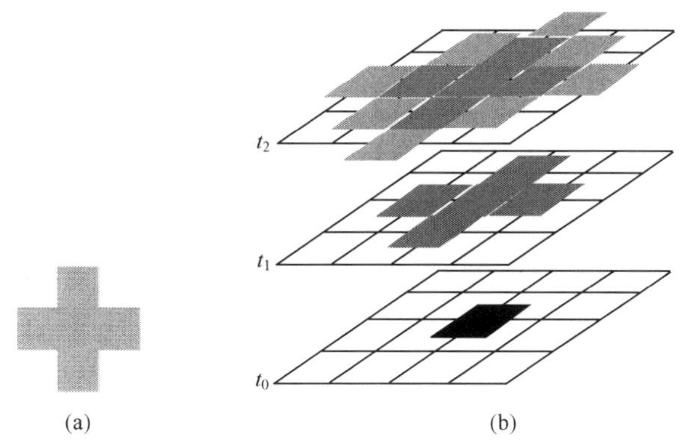

图 3.12　(a)规范化的 4-邻域 3×3 卷积核和(b)移动对象的序列概率分布(Winter and Yin, 2010)

多步随机走是序列一步随机走变量的和，对应地可采用多重卷积(迭代计算)表达。在图 3.12(b)中，灰度表示概率值的比例，其中底层表示移动对象在 t_0 时的已知位置，即该点的概率为 1；中间层表示在 t_1 时一次卷积的均匀概率分布(即卷积核)；顶层表示在 t_2 时二次(重)卷积的非均匀概率分布。这意味着，基于均匀卷积核计算的概率不再是均匀的。因此，移动对象在可达域的分布是不总是均匀的。由于均匀卷积核中移动对象朝各方向的概率相等，因此经多重卷积计算移动对象在初始位置的概率值仍为最大，即期望位置为初始位置。

2) 实例分析

软件 Matlab 有专门的离散型卷积函数 conv2(A, B)，它是二维矩阵 A、B 的卷积算子。其中，矩阵 A、B 分别表示卷积公式的两个输入函数 f、g。表 3.2 是 4-邻域均匀卷积核与已知位置点的多重卷积部分代码。

表 3.2　随机走的卷积计算

```
convolution_kernel=[0 0.2 0;0.2 0.2 0.2;0 0.2 0];       %卷积核,或卷积输入函数 f 的矩阵
sumTime=10;                                              %多步随机走对应的卷积次数
slice=zeros((sumTime+1)*2-1);                            %定义卷积的输入函数 g 的矩阵大小
slice((sumTime+1),(sumTime+1))=1;                        %定义输入函数 g 的初始值
time=1;                                                  %从第一次开始
while time <=4,
    tempN=sumTime-time+1;tempM=tempN+2*time;
    slice(tempN:tempM,tempN:tempM)=conv2(slice((tempN+1):(tempM-1),(tempN+1):(tempM-1)),
convolution_kernel);                                     %卷积运算
    waterfall(slice);                                    %瀑布图,概率密度函数的可视化
    time=time+1;
end
```

4. 概率时间地理学的有偏随机走

1) 基本原理

在有偏随机走中,每一步随机走会使概率分布的数学期望偏向既定的方向。这种偏移的方向和程度直接反映在卷积核中,即卷积核在各方向的概率值不均匀。设,4-邻域卷积核在北、南、西、东的概率分别为 p_N、p_S、p_W、p_E。则,一步卷积计算数学期望的偏移量:

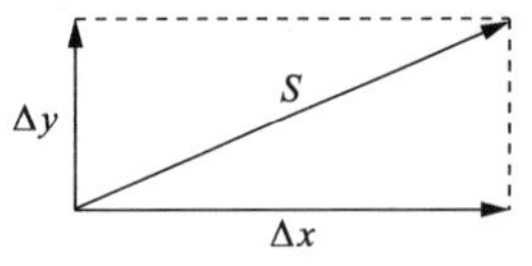

图 3.13　卷积核的偏移量

(1) 东西方向的偏移分量 Δx = 步长 × $(p_E - p_W)$(图 3.13);

(2) 南北方向的偏移分量 Δy = 步长 × $(p_N - p_S)$;

(3) Δx 与 Δy 的复合,形成一步随机走的偏移矢量 S。

在时间地理学中,对于由起点 s 至终点 e 的定向移动,已知点 s、点 e 位于西、东,总移动时间为 T,一步的时间消耗为 Δt,$|se| = 2c$,最大移动速度 v_{max}。则,时间地理学中的随机走可以映射到卷积公式中(表 3.3)。

表 3.3　卷积与时间地理学随机走的映射

卷积	时间地理学中的随机走
f	已知起点(x_s, y_s)
g	卷积核满足:$p_E - p_W = 2c/$ 步数
t_i	$[0, 1, 2, \cdots, T/\Delta t]$
步长	$\Delta t \cdot v_{max}$

这样,经过$[0.5T/\Delta t]$重卷积,移动对象概率分布的期望位置将由起点 s 移动至 s 与 e 的中间位置点。

2) 实例分析

设:总时间 T=120s;一步时长 Δt=1s;$|se| = 2c$=12m;速度 v_{max}=1m/s。则:步长=

1m;步数=120;$p_E - p_W = 2c$/步数=0.1。

上述方法能确定随机走的步长、步数、卷积核在任一方向的概率差,但难以确定卷积核中每个位置点的概率值。此外,步长、步数由 Δt 决定,而 Δt 本身具有很大的随意性,且与具体的应用有关。这样,不确定的步长、步数、卷积核,直接导致概率分布的不确定。

3.2　基本概率模型

随机走或其卷积能够直接模拟时间地理学的运动及其概率演变特征,但存在随机走的步长、步数等敏感因子难以确定的问题,使得时间地理事件的概率模型缺乏稳定性和可靠性。为了实现脱敏,一种可行的方法是采用步长、步数等变量为极限的随机走来表征概率时间地理学,以使时间地理事件的概率模型具有稳定性。当步长、步数为极限时,作为统计学模型的随机走的频率依概率收敛于稳定的概率。例如,一步时长 $\Delta t \to 0$ 时,随机走可以抽象成布朗运动,它与步长、步数无关,因而具有稳定的概率分布。除了布朗运动外,由随机走推导出的概率模型或能表达随机走的概率统计模型,还包括伯努利分布、二项分布、马尔可夫链(随机走通常可以假设是以马尔可夫链的形式出现)、均匀分布、正态分布等,这些概率模型之间存在转换关系(侯文,2005)。

3.2.1　均匀分布

均匀分布是古典的概率分布,与包含无穷样本点的几何空间的结合形成了几何概型,可广泛应用于地理空间。

1. 均匀分布

均匀分布与聚集分布、随机分布一道共同构成了点模式的 3 种基本分布类型。

1) 定义

(1) 点的均匀分布概率:设随机变量 X 的概率密度为

$$f(x;a,b)=\begin{cases}1/(b-a), & a\leqslant x\leqslant b\\ 0, & \text{其他}\end{cases}$$

则称 X 服从均匀分布,记作 $X \sim U[a,b]$,期望值为 $(a+b)/2$。均匀分布的方差,在离散型为 $(n^2-1)/12$,$n=b-a+1$,$a,b\in Z$;在连续型为 $(b-a)^2/12$。

(2) 线的均匀分布概率:若 $X \sim U[a,b]$,则 X 落在 $[a,b]$ 内任一子区间 $[c,d]$ 上的概率:

$$P(c\leqslant x\leqslant d)=F(d)-F(c)=\int_c^d f(x)\mathrm{d}x=\int_c^d \frac{1}{b-a}\mathrm{d}x=\frac{d-c}{b-a}$$

上式表明,均匀分布的概率只与区间长度有关,而与位置无关。

(3) 面的均匀分布概率:将一维均匀分布的长度 $L=b-a$,用面积 S 代替,则形成二维联合均匀密度函数:

$$f(x,y)=\begin{cases}1/S_D, & (x,y)\in D\\ 0, & 其他\end{cases}$$

式中，D 为可度量的平面区域，S_D 为区域 D 的面积，则称 (X, Y) 服从区域 D 上的均匀分布。在 D 内，落在任一面积为 S_G 的子区域 G 上的概率：

$$p\{(x,y)\in G\}=\iint_G f(x,y)\mathrm{d}x\mathrm{d}y=\iint_G \frac{1}{S_D}\mathrm{d}x\mathrm{d}y=\frac{S_G}{S_D}$$

（4）体的均匀分布概率：长度 L 用体积 V 代替，则形成三维联合均匀密度函数：

$$f(x,y,z)=\begin{cases}1/V_F & (x,y,z)\in F\\ 0 & 其他\end{cases},\quad 其中，V_F 为要素 F 的体积$$

2）特征

（1）均匀分布只与几何体的长度、面积、体积等度量有关，而与位置无关。

（2）对于要素 F 中任意度量为 M_f 的子区域 f，有：$p\{(x,y)\in f\mid f\subseteq F\}=M_f/M_F$。

（3）对于离散型均匀分布，当样本空间的样本数为 1 时，均匀分布退化为单点分布。

（4）古典概率与均匀分布都具有等可能性，因而古典概率可视为一种离散型均匀分布，具有有限的样本，而连续型均匀分布则具有无限的样本。

3）应用

如果没有足够的论据来证明一个事件的概率大于另一个事件，那么可以认为这两个事件具有相等的概率值。通常情况下，如果仅知随机变量 X 的最大值 b 和最小值 a，那么可以合理假设 X 近似服从均匀分布，即 $X\sim U[a,b]$。

2. 几何概型

几何概型可视为一种连续型均匀分布，概率的大小只与几何体的测度有关。一个几何体（如点、线、面、体）包含有无限个点，如果将每个点视为一个样本事件，则空间几何体就是样本空间；如果每个样本的可能性（或概率）相等，则这种概率就是几何概型。显然，几何体的点数是无法测度的，即样本数量是未知的，但几何体的点数与几何体的长度、面积等度量存在映射关系，如长度大的线的点数多。这意味着，长度、面积、体积等测度能衡量几何体的点数或样本数量、样本空间大小。

设样本空间 Ω 和事件 A 都是有度量的几何体，则事件 A 的几何概型：

$$p(A)=A\ 的度量\ /\Omega\ 的度量$$

在 Ω 为面状几何且几何体的测度为面积时，如果 A 是一个点或线则由于 A 的面积为 0 因而 $p(A)=0$。这意味着，概率为 0 的事件不一定是不可能事件。几何概型已应用到地理及其相关领域。

（1）等车问题，如公共汽车每隔 5 分钟一趟，如果乘客到达站台的时刻是等可能的，则乘客等候不超过 3 分钟的概率为 3/5。

（2）会面问题。

(3) 布丰问题,如在一间隔为 $d(d>0)$ 的等距平行线上,任意投掷一枚长为 $l(l<d)$ 的针与任一平行线相交的概率的问题。布丰问题及其引出的蒙特卡罗法已用于测度地理现象的概率。

(4) 三角形构成问题,如一条线段被任意分解三段后,可以构成一个三角形的概率的问题。

3. 三角形分布

1) 定义

设随机变量 X 的概率密度为

$$f(x;a,b,c)=\begin{cases}\dfrac{2(x-a)}{(b-a)(c-a)}, & a\leqslant x\leqslant c\\ \dfrac{2(b-x)}{(b-a)(b-c)}, & c<x\leqslant b\end{cases}$$

则称 X 服从三角形分布,期望值为 $(a+b+c)/3$,其中 a、b 和 c 分别为 X 的极小值、极大值和众数(图 3.14)。

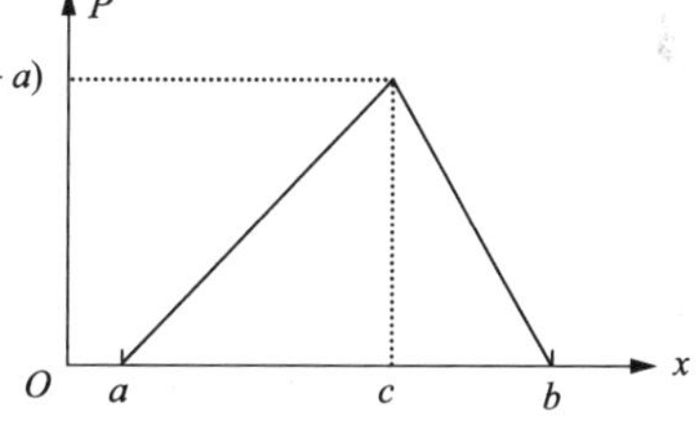

图 3.14　三角形分布

2) 与均匀分布的关系

两个服从标准均匀分布的独立随机变量的均值是一种特殊的三角形分布。

(1) 设:$a=0, b=1$ 和 $c=0.5$,X_1, X_2 是两个服从标准均匀分布的独立随机变量,即 $X_1, X_2\sim U[a,b]$,则 $X=(X_1+X_2)/2$ 服从三角形分布:

$$f(x;a=0,b=1,c=0.5)=\begin{cases}4x, & 0\leqslant x\leqslant 0.5\\ 4-4x, & 0.5<x\leqslant 1\end{cases}$$

该三角形分布的期望为 0.5,正好为标准均匀分布变量的期望。

(2) 根据线性函数 $Z=uX+vY(uv\neq 0)$ 的概率密度函数(周永卫和范贺花,2009):

$$f_Z(z)=\frac{1}{|v|}\int_{-\infty}^{+\infty}f\left(x,\frac{z-ux}{v}\right)\mathrm{d}x, -\infty<z<+\infty$$

式中,X 与 Y 相互独立,$f(x,y)=f(x)f(y)$。这里,$u=v=1/2$,$f(x)=f(y)=1$,$0<x<1, 0<y<1$,代入上式可得

$$f_Z(z)=\frac{1}{|0.5|}\int_{-\infty}^{+\infty}f\left(x,\frac{z-0.5x}{0.5}\right)\mathrm{d}x=2\int_{-\infty}^{+\infty}f(x,2z-x)\mathrm{d}x$$

由于 $0<x<1, 0<y=2z-x<1$,所以 $f(x,2z-x)=1$ 的区域如图 3.15 所示。

若 $0<z<0.5$,则 $f_Z(z)=2\int_0^{2z}f(x,2z-x)\mathrm{d}x=2\int_0^{2z}1\mathrm{d}x=4z$。

若 $0.5<z<1$,则 $f_Z(z)=2\int_{2z-1}^{1}f(x,2z-x)\mathrm{d}x=2\int_{2z-1}^{1}1\mathrm{d}x=4-4z$。

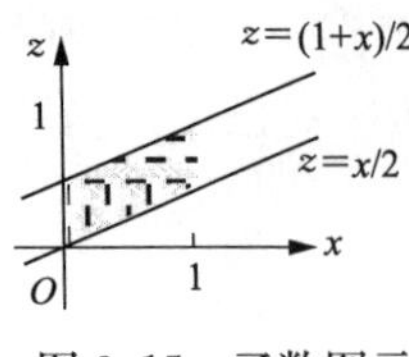

图 3.15　函数图示

从而有，$f_Z(z)=\begin{cases}4z, & 0\leqslant z\leqslant 0.5\\ 4-4z, & 0.5<z\leqslant 1\end{cases}$，得证。

3）应用

通常情况下，如果仅知随机变量 X 的最大值 b、最小值 a 和众数 c，则可以合理假设 X 近似服从三角形分布。

4. 均匀分布的应用

(1) 在空间方面，随着比例尺的增大，地理现象的差异性减小均匀性增加，因此我们总可以假设无穷小空间的地理现象趋于均匀分布。事实上，在栅格数据结构中，单个栅格往往被假设为均质的，其属性（高程）在栅格中处处相等。

(2) 在时间方面，地理现象会随着时间推移趋于均匀分布，如地貌在外力（如风力、流水）等作用下通过削峰填谷实现地势平稳。这是因为随着时间推移事物越趋均匀，熵越来越大，即熵增原理；当达到完全均匀时，这个系统的熵就达到最大值。

(3) 在定向移动中，当仅仅知道移动速度的最大值和最小值条件下，可以认为移动速度近似服从均匀分布。在此基础上，又知移动对象的最可能移动速度（众数）时，可以认为移动速度服从三角形分布。

3.2.2　伯努利分布

伯努利试验是只有两种可能结果的随机试验，一系列独立同分布的伯努利试验形成了伯努利过程。简单随机徘徊的每一步就是一种基于向左、向右两种可能结果的伯努利试验，一段时间内的简单随机徘徊就是伯努利过程。与伯努利过程相关的分布有：二项分布、多项分布等，它们同卷积一样都可以用于描述随机走。例如，二项分布可以描述简单随机徘徊，多项分布可以描述具有向左、停留、向右可能的随机徘徊，二维或多维的随机徘徊。

1. 伯努利分布

设，随机变量 X 的概率密度为

$$f(x;p)=p^{x}(1-p)^{1-x},\ x=0,\ 1$$

则称 X(1 次伯努利试验中正好成功的次数) 服从伯努利分布，记作 $X\sim Bern(p)$，期望值为 p，方差 $p(1-p)$，其中 p 是伯努利事件出现的概率(图 3.16)。

⊥　伯努利试验成功，$x=1$	｜　伯努利试验
⊤　伯努利试验失败，$x=0$	

图 3.16　伯努利事件的一种表示

伯努利分布又名二点分布或 0-1 分布，即对于一个随机变量 X 而言，$f(x=1;p)=p$，$f(x=0;p)=1-p$。当随机变量 X 退化为常数 c 时，则两点分布 $f(x=c;p=1)=1$ 或 $f(x=c)=1$ 退化为单点分布或退化分布。

具有两种可能结果的地理事件(如下雨或不下雨,在交通岗遇到红灯或没有遇到红灯)都服从伯努利分布。

2. 伯努利过程

在伯努利过程中,成功次数服从二项分布;首次成功时所等待的次数服从几何分布;第 r 次成功时所等待的次数服从巴斯卡分布。

1) 二项分布

(1) 设随机变量 X 的概率密度为

$$f(x;n,p) = C_n^x p^x (1-p)^{n-x}, (x = 0,1,2,\cdots,n)$$

则称 X(n 重伯努利试验中正好成功的次数) 服从二项分布(图 3.17),记作 $X \sim B(n,p)$,期望值为 np,方差 $np(1-p)$。二项分布可视为二项式定理或二项展开式 $(a+b)^n = \sum_{r=0}^{n} C_n^r a^r b^{n-r}$ 的通项。

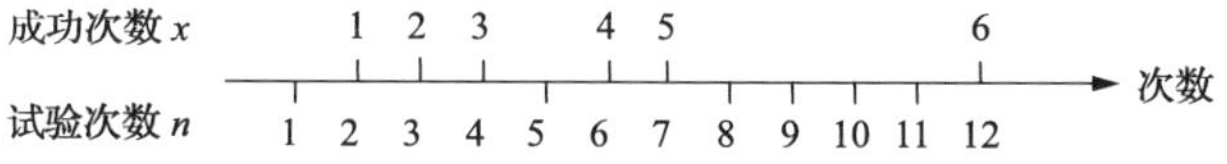

成功次数 x: 1 2 3 4 5 6 (→ 次数)

试验次数 n: 1 2 3 4 5 6 7 8 9 10 11 12

图 3.17　n 次伯努利试验中正好成功的次数 x

二项分布可视为有放回抽样。设随机变量 X 为在包含 m 个次品的 N 个产品中有放回地取出的 n 个产品中包含的次品数,则其概率密度为

$$f(x;N,m,n) = C_n^x \left(\frac{m}{N}\right)^k \left(1-\frac{m}{N}\right)^{n-k}, [x = 0,1,2,\cdots,\min(m,n)]$$

容易验证: $\lim\limits_{N\to+\infty} \frac{m}{N} = p$, 这样二项分布可视为有放回抽样。

(2) 与随机走的关系

简单随机徘徊可以采用二项分布表示。设, $\{X_n\}_{n=0}^{\infty}$ 是一简单随机徘徊, p、q 为向右、左移动的概率,则对任意正整数 n 和 m, 有

$$P(X_{m+n} - X_m = x) = \begin{cases} C_n^{\frac{n+x}{2}} p^{\frac{n+x}{2}} q^{\frac{n-x}{2}}, n,x \text{ 为同奇偶时} \\ 0, \text{其他} \end{cases}$$

证明: 设在第 $m+1$ 步到第 $m+n$ 步的 n 步中,有 k 次右移, $n-k$ 次左移;各步独立,向右为正。则, $(+1)\times k + (-1)\times(n-k) = x$, 有 $k = (n+x)/2$。简单随机徘徊由于是一种伯努利过程,因此服从二项分布。根据二项分布定义, n 重伯努利试验中正好成功的 k 次,有

$$\begin{aligned} f(k;n,p) &= C_n^k p^k (1-p)^{n-k} \\ &= C_n^{\frac{n+x}{2}} p^{\frac{n+x}{2}} q^{\frac{n-x}{2}}, \text{可记为 } f(x;n,p) \end{aligned}$$

这意味着,一维随机走不仅可以采用卷积核 $[q, 0, p]$ 的 n 重计算,也可以采用二项

分布 $f(x;n,p)$ 计算。两者是一致的，即卷积核[$q=f(x=-1;1,p)=C_1^{\frac{1-1}{2}}p^{\frac{1-1}{2}}q^{\frac{1+1}{2}}$，0，$p=f(x=1;1,p)=C_1^{\frac{1+1}{2}}p^{\frac{1+1}{2}}q^{\frac{1-1}{2}}$]。类似地，包含停留的一维随机走以及二维随机走等可以采用与卷积对等的多项分布表示。

(3) 实例：设从学校乘汽车到火车站的途中有 3 个交通岗，在各交通岗遇到红灯是相互独立的，其概率均为 0.4，则途中遇到红灯的概率为 0.78(http://wenku.baidu.com/view/d45c29e09b89680203d825c9.html，2013)。这是因为汽车在每个交通岗是否遇到红灯相当于一次试验，每次试验只有两种可能的结果：遇到红灯，没遇到红灯，即成功或失败。用 X 表示途中遇到红灯的次数，则 X 就是在每次成功概率为 0.4 的 3 重伯努利试验中恰好成功的次数，从而 $X\sim B(n=3,p=0.4)$。于是，所求概率为

$$P(X\geqslant 1)=1-P(X=0)=1-B(x=0;3,0.4)=0.78$$

2) 几何分布

设随机变量 X 的概率密度为

$$f(x;p)=(1-p)^{x-1}p,(x=1,2,3,\cdots)$$

则称 X(伯努利试验中首次成功时已经重复试验的次数)服从几何分布(图 3.18)，记作 $X\sim G(p)$，期望值为 $1/p$，方差 $(1-p)/p^2$。几何分布具有无记忆性，即与起点无关。几何分布是一种特殊的二项分布，即 x 重伯努利试验中前 $(x-1)$ 重是失败的而第 x 次是成功的，有 $(1-p)^{x-1}p,(x=1,2,3,\cdots)$。

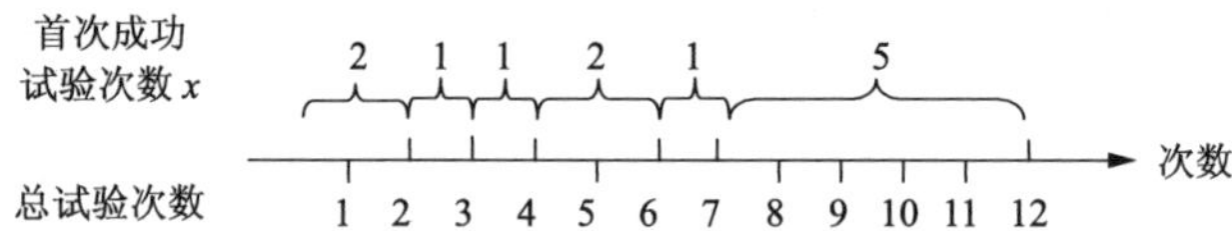

图 3.18 伯努利试验中首次成功时的试验次数 x

事件“首次成功时的试验次数”等价于事件“从第 $i-1$ 次成功之后到第 i 次成功之间的试验次数”，也就是说，第 $i-1$ 次成功之后的第 i 次成功事件可视为首次。

3) 巴斯卡分布与负二项分布

(1) 巴斯卡分布：设随机变量 X 的概率密度为

$$f(x;r,p)=C_{x-1}^{r-1}p^r(1-p)^{x-r},(x=r,r+1,r+2,\cdots),r\text{ 为正整数}$$

则称 X(伯努利试验中第 r 次成功时已经重复试验的次数)服从巴斯卡(Pascal)分布(图 3.19)，期望值为 r/p，方差 $r(1-p)/p$。显然，几何分布是 $r=1$ 时的巴斯卡分布。巴斯卡分布是一种特殊的二项分布，即 x 重伯努利试验中前 $(x-1)$ 重中正好成功 $r-1$ 次且第 x 次也是成功的。其中，事件“$(x-1)$ 重中正好成功 $(r-1)$ 次”服从二项分布 $C_{x-1}^{r-1}p^{r-1}(1-p)^{x-r}$。

(2) 负二项分布：设随机变量 X 的概率密度为

$$f(x;r,p)=C_{x+r-1}^{r-1}p^r(1-p)^x,(x=0,1,2,\cdots),r\text{ 为非负实数}$$

则称 X(伯努利试验中事件第 r 次发生前事件不发生的次数；或者，一事件刚好在第

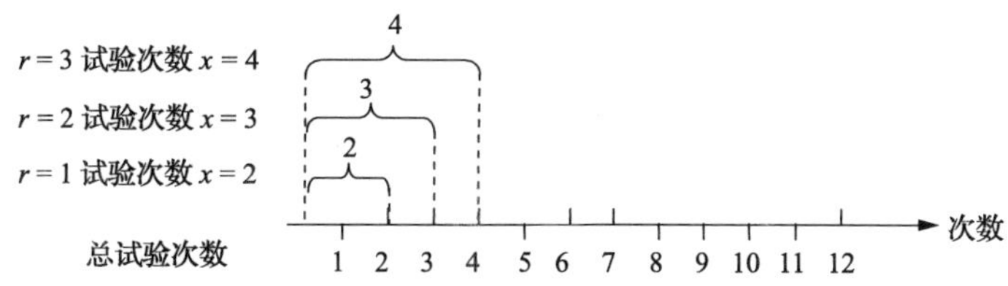

图 3.19　伯努利试验中第 r 次成功时的试验次数

$r+x$ 次伯努利试验中出现第 r 次；或者，事件在第 r 次发生时伯努利试验失败的次数）服从负二项分布，记作 $X \sim NB(r,p)$。期望值为 $r(1-p)/p$，方差 $r(1-p)/p^2$。负二项分布具有记忆性。设 Y 服从巴斯卡分布，令 $X=Y-r$，X 是在伯努利试验中事件第 r 次发生前事件不发生的次数，则 X 服从负二项分布；这样，巴斯卡分布与负二项分布具有变换关系。

3. 超几何分布

设随机变量 X 的概率密度为

$$f(x;N,m,n)=\frac{C_m^x C_{N-m}^{n-x}}{C_N^n},(x=0,1,2,\cdots,\min(m,n))$$

则称 X（在包含 m 个次品的 N 个产品中，取出的 n 个产品中包含的次品数）服从超几何分布，记作 $X \sim H(n,m,N)$，期望值为 $\frac{nm}{N}$，方差 $\frac{n(m/N)(1-m/N)(N-n)}{N-1}$。超几何分布是一种离散型概率分布，是一种无放回抽样。

在 $N \to +\infty$，若 $n=1$，超几何分布还原为伯努利分布，即

$$f(x;N,m,n=1)=\frac{C_m^x C_{N-m}^{1-x}}{C_N^1}=\frac{m(N-m)}{N}=\frac{m}{N}\left(1-\frac{m}{N}\right),(x=0,1),$$

$$\lim_{N\to+\infty}\frac{m}{N}=p=p^x(1-p)^{1-x}$$ 在 $N \to \infty$，超几何分布可视为二项分布。

4. 多项分布

1）定义

设试验 E 中有完备事件组 $\{A_1, A_2, \cdots, A_n\}$，它们发生的概率分别记为 $\{p_1, p_2, \cdots, p_n\}$，即有 $p_1+p_2+,\cdots,+p_n=1$。现将 E 独立重复 N 次试验，而以 X_i 记事件 A_i 在这 N 次试验中出现的次数，则 $(X_1, X_2, \cdots, X_n)$ 为 n 维离散型随机变量，且事件 $\{X_1=k_1, X_2=k_2, \cdots, X_n=k_n\}$ 发生的概率为

$$\begin{aligned}&P\{X_1=k_1,\cdots,X_n=k_n\}\\&=C_N^{k_1}p_1^{k_1}C_{N-k_1}^{k_2}p_2^{k_2}\cdots C_{N-(k_1+,\cdots,+k_{n-2})}^{k_{n-1}}p_{n-1}^{k_{n-1}}C_{N-(k_1+,\cdots,+k_{n-1})}^{k_n}p_n^{k_n}\\&=\frac{N!}{k_1!k_2!\cdots k_n!}p_1^{k_1}p_2^{k_2}\cdots p_n^{k_n},\sum_{i=1}^{n}k_i=N。\end{aligned}$$

则称离散型随机变量 $X=(X_1, X_2, \cdots, X_n)$ 服从参数为 $N, p_1, p_2, \cdots, p_n$ 的多项分布，记为 $X\sim M(N;p_1,\cdots,p_n)$。数学期望 $E(X_i)=np_i$，方差 $\mathrm{var}(X_i)=np_i(1-p_i)$。多项分布可视为多项式展开式 $\left(\sum x_i\right)^n=\sum\limits_{\sum k_i=n}\dfrac{n!}{\prod k_i!}\prod x_i^{k_i}$ 的通项。

例如，一个学生的活动空间＝{A,B,C}，在一天内学生位于各位置概率为{1/3, 1/2, 1/6}，则在 6 天内 X＝{2, 3, 1}的概率服从多项分布：

$$P(X)=P\left(2,3,1;6,\frac{1}{3},\frac{1}{2},\frac{1}{6}\right)=\frac{6!}{1!2!3!}\left(\frac{1}{3}\right)^2\left(\frac{1}{2}\right)^3\left(\frac{1}{6}\right)^1=\frac{5}{36}$$

2）与二项分布的关系

二项分布是多项分布的特例，多项分布的边缘分布是二项分布。

(1) 特例关系

当 $n=2$ 时，$\sum\limits_{i=1}^{2}k_i=N, \sum\limits_{i=1}^{2}p_i=1$，则

$$P\{X_1=k_1,X_n=k_n\}=\frac{N!}{k_1!k_2!}p_1^{k_1}p_2^{k_2}=\frac{N!}{k_1!(N-k_1)!}p_1^{k_1}(1-p_1)^{N-k_1},$$

此时，多项分布退化为二项分布，即 $M(N;p_1,p_2)=B(N,p_1)$。

(2) 变换关系

利用多项展开式，$(x_1+\cdots+x_n)^{N_1}=\sum\limits_{k_1,k_2,\cdots,k_n}x_1^{k_1}x_2^{k_2}\cdots x_n^{k_n}$，可以求得

$$\begin{aligned}P\{X_1=k_1\}&=\sum_{k_2,k_3,\cdots,k_n}\frac{N!}{k_1!k_2!\cdots k_n!}p_1^{k_1}p_2^{k_2}\cdots p_n^{k_n}p_1^{k_1}\\&=\frac{N!}{k_1!(N-k_1)!}p_1^{k_1}(1-p_1)^{N-k_1},k_1=1,2,\cdots,N\end{aligned}$$

即多项分布关于 X_1 的边缘分布是二项分布。进一步，多项分布 $X\sim M(N;p_1,\cdots,p_n)$ 关于 X_i 的边缘分布是二项分布 $B(N,p_i)$，$i=1,2,\cdots,n$。

3.2.3 泊松过程

泊松分布是二项分布的一种近似，而二项分布能表达随机走，这意味着泊松分布能近似表达随机走。与泊松过程相关的随机分布有：指数分布、泊松分布、伽马分布等，它们主要用于描述与事件发生的次数（包括总次数、第 i 次等）和时间（包括时间间隔、时刻等）相关的分布。例如，在泊松过程中，来到数服从泊松分布，首次来到所等待的时间服从指数分布，第 r 次来到所等待的时间服从埃尔兰分布。

1. 泊松过程

泊松过程是以事件的发生时间来定义的，它是 Lévy 过程中最有名的过程之一。时间齐次的泊松过程也是时间齐次的连续时间 Markov 过程的例子。随机过程 $N(t)$ 是一个时间齐次的一维泊松过程，它满足：

(1) 在两个互斥(不重叠)的区间内所发生的事件数是相互独立的随机变量；

(2) 在区间$[t,\ t+\tau]$内发生的事件数的概率分布为

$$p[(N(t+\tau)-N(t))=x;\lambda]=\frac{(\lambda\tau)^x}{x!}\mathrm{e}^{-\lambda\tau},x=0,1,2,\cdots$$

也就是说，事件数$(N(t+\tau)-N(t))\sim Pois(\lambda\tau)$。其中，$N(t),\ t\geqslant 0$表示在时间间隔$(0,t]$内事件发生的次数，频率参数$\lambda\geqslant 0$是单位度量内随机事件的平均发生率。

2. 与泊松过程相关的分布

1) 泊松分布

(1) 定义：设随机变量X的概率密度为

$$p(x;\lambda)=\frac{\lambda^x}{x!}\mathrm{e}^{-\lambda},x=0,1,2,\cdots$$

则称X(单位度量内事件出现次数)服从泊松分布，记作$X\sim\pi(\lambda)$，或$X\sim\mathrm{Pois}(\lambda)$，期望和方差均为$\lambda$(图 3.20)。

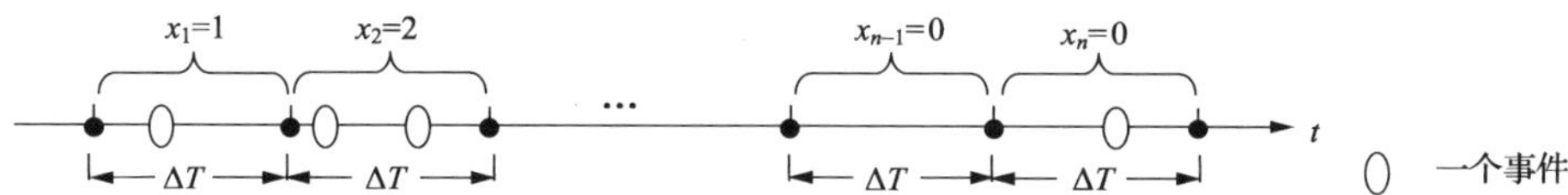

图 3.20　单位时间ΔT内随机事件发生的次数

泊松定理：在n重伯努利试验中，事件A在每次试验中发生的概率为p，出现A的总次数k服从二项分布$B(n,\ p)$；当n很大p很小，$\lambda=np$大小适中时，二项分布可用参数为$\lambda=np$的泊松分布来近似。即，$f(x=k;n,p)=C_n^x p^x(1-p)^{n-x}$近似于$p(x=k;\lambda)=\frac{\lambda^x}{x!}\mathrm{e}^{-\lambda}$，有

$$\lim_{n\to\infty}C_n^x p^x(1-p)^{n-x}=\frac{\lambda^x}{x!}\mathrm{e}^{-\lambda},\lambda=np$$

(2) 应用：泊松分布适合于描述单位度量(如时间、距离、面积、空间)内随机事件发生的次数的概率分布，比如汽车站台或机场的候客人数、小区内落入的炮弹数(图 3.21)等地理现象。在统计方面，如果一个随机事件在单位度量内发生的次数的概率分布能通过泊松分布拟合，则可判断该事件是独立的。

2) 伽马分布

设，随机变量X的概率密度为

$$f(x=t;\alpha,\lambda)=\frac{\lambda^\alpha}{\Gamma(\alpha)}t^{\alpha-1}\mathrm{e}^{-\lambda t},t>0$$

则称X(第α件事发生所需的等候时间)服从伽马分布，记作$X\sim\Gamma(\alpha,\lambda)\equiv\mathrm{Gamma}(\alpha,\lambda)$，期望值为$\alpha/\lambda$，方差为$\alpha/\lambda^2$。其中，$\alpha>0$称为形状参数(shape parameter)；

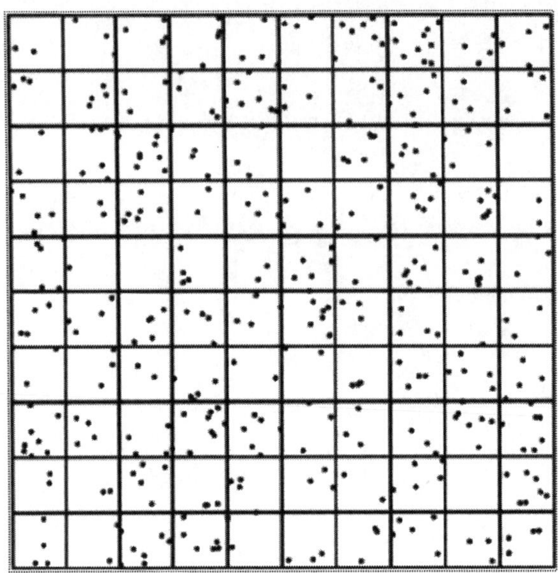

图 3.21　小区内落入的炮弹数(http://blog.sina.com.cn/s/blog_4c6ae18e0102v1pw.html)

$\lambda>0$称为频率参数,它是尺度参数(scale parameter)的倒数。伽马分布适合于描述第 α 件事发生所需的等候时间的概率分布,如降水量等。

设在时刻 $t_1, t_2, \cdots, t_\alpha, \cdots$ 依次重复出现的事件是强度为 λ 的泊松流,$\{N(t), t\geqslant 0\}$ 为相应的泊松过程(http://www.doc88.com/p-881687904498.html)。记:$x_0=0, x_\alpha=t_\alpha, \alpha=1, 2, \cdots$,则 x_α 是随机变量,表示事件在第 α 次出现的等待时间(图 3.22)。

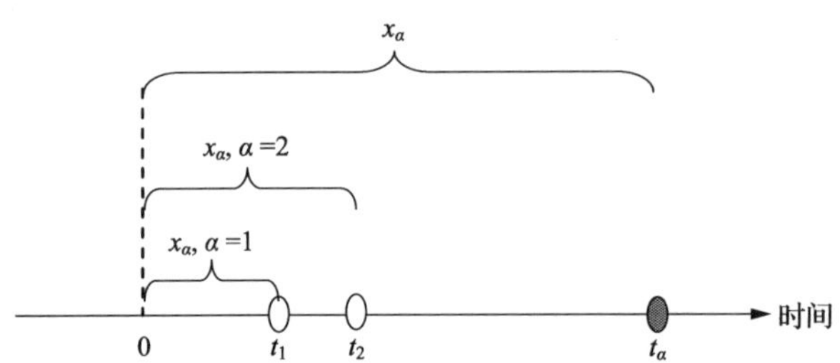

图 3.22　第 α 件事发生所需的等候时间

由于 $\{x_\alpha>t\}=\{\alpha>N(t)\}=\{N(t)<\alpha\}$,因此,$x_\alpha$ 的分布函数:

$$\begin{aligned}F(t)&=P\{x_\alpha\leqslant t\}=1-P\{x_\alpha>t\}=1-P\{N(t)<\alpha\}=P\{N(t)\geqslant\alpha\}\\&=P\{N(t)=\alpha, N(t)=\alpha+1,\ N(t)=\alpha+2,\cdots,\ \}\\&=P\{N(t)=\alpha\}+P\{N(t)=\alpha+1\}+P\{N(t)=\alpha+2\},\cdots\qquad\text{泊松过程}\\&=\sum_{k=\alpha}^{\infty}\mathrm{e}^{-\lambda t}\frac{(\lambda t)^k}{k!}, t\geqslant 0\end{aligned}$$

对时间 t 求导,可得 x_α 的概率密度为 $f(x=t;\alpha,\lambda)=\dfrac{\lambda^\alpha}{\Gamma(\alpha)}t^{\alpha-1}\mathrm{e}^{-\lambda t}, t>0$。在伽马分布

中，α 为任意正数；当 α 为正整数，伽马分布又称为埃尔兰分布。

3）指数分布

设，随机变量 X 的概率密度为

$$f(x;\lambda)=\begin{cases}\lambda e^{-\lambda x}, & x\geqslant 0\\ 0, & x<0\end{cases}$$

则称 X（随机事件发生的时间间隔；或者，首次随机事件发生所需的等待时间；或者，相邻两次随机事件之间的时间间隔）服从指数分布，记作 $X\sim\exp(\lambda)$，期望值为 $1/\lambda$，方差为 $1/\lambda^2$，其中频率参数（rate parameter）$\lambda>0$（图 3.23）。

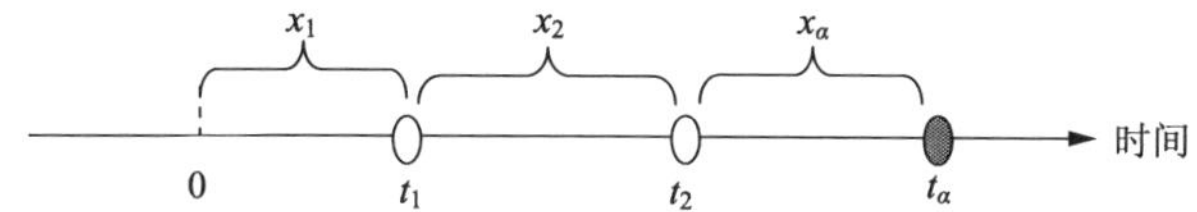

图 3.23　事件发生的时间间隔 x

如果随机事件在任意长为 $\tau(>0)$ 的时间 $[0,\tau]$ 内发生次数 $N(\tau)$ 服从参数为 $\lambda\tau$ 的泊松分布，则第 x 次随机事件与第 $x+1$ 次随机事件出现的时间间隔 T 服从参数为 λ 的指数分布。以第 x 次随机事件出现的时刻记为 0，在时间 $[0,\tau](\tau<T)$ 内第 $x+1$ 次随机事件不可能发生，因此，“事件 $\{T>\tau\}$”等价于“在时间 $[0,\tau]$ 内发生次数 $N(\tau)=0$”，即 $\{T>\tau\}=\{N(\tau)=0\}$。

$$\begin{aligned}F(\tau)&=P(T\leqslant\tau) && \text{概率累积分布}\\ &=1-P(T>\tau) && \text{事件}\{T\leqslant\tau\}\text{与事件}\{T>\tau\}\text{互逆}\\ &=1-P(N(\tau)=0)=1-p(0;\lambda,\tau)=1-\frac{(\lambda\tau)^0}{0!}e^{-\lambda\tau} && \text{泊松过程}\\ &=1-e^{-\lambda\tau}\end{aligned}$$

所以，第 x 次随机事件之后长度为 τ 的时间段 $[0,\tau]$ 内，第 $x+1$ 次随机事件出现的概率等于 1 减去这个时间段内没有随机事件出现的概率，$1-e^{-\lambda\tau}$，即指数（累积）分布。这还表明了泊松过程的无记忆性（维基百科，指数分布，2013-7-22）。对 $F(x)=1-e^{-\lambda x}$ 求导，可得指数分布。

指数分布缺乏“记忆”性，即与起点无关。一随机事件在发生前已经等候的一段时间，独立于后续等候的时间，$P(X>s+t\mid X>s)=P(X>t)$。指数分布可用来表示独立随机事件发生的时间间隔的概率分布，如旅客进机场的时间间隔等。

3. 泊松过程及其相关分布的关系

频率参数 λ 是泊松分布、指数分布的唯一参数，也是伽马分布尺度参数的倒数。若单位时间内到达的人数服从参数为 λ 的泊松分布，那么个体到达的时间间隔序列服从参数为 λ 的指数分布，第 α 个人到达时刻服从参数为 α、λ 的埃尔兰分布。泊松分布与埃尔兰分布具有可加性，而指数分布不具有这一特性。伽马分布也用于多级泊松回归模型的误差构模。

3.2.4 布朗运动

随机走的宏观观测就是布朗运动，无规则行走只是布朗运动的理想状态。布朗运动是一正态随机过程。

1. 正态分布

随机走的概率分布在步数趋于无穷大时由中心极限定理可得正态分布。

1) 定义：若二维连续随机变量 (X,Y) 的联合概率密度为

$$f(x,y)=\frac{1}{2\pi\sigma_x\sigma_y\sqrt{1-r^2}}e^{-\frac{1}{2(1-r^2)}\left[\frac{(x-\mu_x)^2}{\sigma_x^2}-\frac{2r(x-\mu_x)(y-\mu_y)}{\sigma_x\sigma_y}+\frac{(y-\mu_y)^2}{\sigma_y^2}\right]}$$

$$(-\infty<x<+\infty,-\infty<y<+\infty)$$

则称 (X,Y) 服从二维正态分布，记作$(X,Y)\sim N(\mu_x,\mu_y,\sigma_x^2,\sigma_2^2,r)$。其中 $\mu_x,\mu_y,\sigma_x>0,\sigma_y>0,|r|<1$ 都是分布的参数。

2) 边缘分布：随机变量 X 的边缘概率密度为

$$f_X(x)=\int_{-\infty}^{+\infty}f(x,y)\mathrm{d}y=\frac{1}{2\pi\sigma_x\sigma_y\sqrt{1-r^2}}\int_{-\infty}^{+\infty}e^{-u(x,y)}\mathrm{d}y$$

其中，

$$u(x,y)=\frac{1}{2(1-r^2)}\left[\frac{(x-\mu_x)^2}{\sigma_x^2}-\frac{2r(x-\mu_x)(y-\mu_y)}{\sigma_x\sigma_y}+\frac{(y-\mu_y)^2}{\sigma_y^2}\right]$$

$$=\frac{(x-\mu_x)^2}{2\sigma_x^2}+\frac{1}{2(1-r^2)}\left[\frac{y-\mu_y}{\sigma_y}-\frac{r(x-\mu_x)}{\sigma_x}\right]^2$$

设 $\frac{1}{2\sqrt{1-r^2}}\left[\frac{y-\mu_y}{\sigma_y}-\frac{r(x-\mu_x)}{\sigma_x}\right]=t$，则有

$$f_X(x)=\frac{1}{2\pi\sigma_x}e^{-\frac{(x-\mu_x)^2}{2\sigma_x^2}}\int_{-\infty}^{+\infty}e^{-\frac{t^2}{2}}\mathrm{d}t=\frac{1}{\sqrt{2\pi}\sigma_x}e^{-\frac{(x-\mu_x)^2}{2\sigma_x^2}}$$

由 X 与 Y 的对称性可求得 Y 的边缘密度为

$$f_Y(y)=\frac{1}{\sqrt{2\pi}\sigma_y}e^{-\frac{(y-\mu_y)^2}{2\sigma_y^2}}$$

由此可见，二维正态分布的两个边缘分布都是正态分布，并且可以知道

$$\mu_x=E(X),\mu_y=E(Y);\sigma_x=\sqrt{D(X)},\sigma_y=\sqrt{D(Y)}$$

3) 与其他分布的关系

(1) 与瑞利分布关系

某人向平面靶射击，假设靶心位于坐标原点。若弹着点 M 的坐标(X,Y) 服从二维正态分布：$f(x,y)=\frac{1}{2\pi\sigma^2}e^{-\frac{x^2+y^2}{2\sigma^2}}$，试确定弹着点到靶心距离的概率密度。

求 $Z=\sqrt{X^2+Y^2}$ 的分布函数。显然，当 $z\leqslant 0$ 时，$F_Z=0$；当 $z>0$ 时，

$$F_Z(z)=P\{Z\leqslant z\}=P\{\sqrt{X^2+Y^2}\leqslant z\}=\frac{1}{2\pi\sigma^2}\iint\limits_{\sqrt{X^2+Y^2}\leqslant z}\mathrm{e}^{-\frac{x^2+y^2}{2\sigma^2}}\mathrm{d}x\mathrm{d}y$$

$$=\frac{1}{2\pi\sigma^2}\int_0^{2\pi}\mathrm{d}\theta\int_0^z\mathrm{e}^{-\frac{\rho^2}{2\sigma^2}}\rho\mathrm{d}\rho=1-\mathrm{e}^{-\frac{z^2}{2\sigma^2}}$$

对 z 求导，即得 Z 的概率密度：

$$f_Z(z)=\begin{cases}\dfrac{z}{\sigma^2}\mathrm{e}^{-\frac{z^2}{2\sigma^2}},z>0;\\ 0,z\leqslant 0。\end{cases}$$

即 Z 服从参数为 σ 的瑞利分布。

(2) 与二项分布的关系

德莫佛(De Movire)-拉普拉斯(Laplace)中心极限定理：当 n 充分大时，服从二项分布 $B(n,\ p)$ 的随机变量将近似地服从正态分布 $N[np,\ np(1-p)]$。当 $n\to\infty$ 且 p 固定时，$\dfrac{X-np}{\sqrt{np(1-p)}}$ 趋于标准正态分布。

4) 应用

中心极限定理指出：大量相互独立随机变量的均值的分布以正态分布为极限。如果一个变量可以看作是许多很小独立因子的和，则这个变量近似服从正态分布。如果一个变量可以看作是许多很小独立因子的乘积，则这个变量近似服从对数正态分布。例如，在时间地理学中，作自由移动的移动对象位于可达位置的可能性可以采用正态分布进行表达。

由于正态分布在区间 $(\mu-\sigma,\mu+\sigma)$ 内的概率值约 68.3%，在区间 $(\mu-2\sigma,\ \mu+2\sigma)$ 内的概率值约 95.4%，在区间 $(\mu-3\sigma,\ \mu+3\sigma)$ 内的概率值约 99.7%。因此在实际应用中如果一个概率分布具有这种性质，则可认为该分布具有近似于正态分布的特征。这是一种“68-95-99.7 法则”或“经验法则”。

2. 布朗运动

在对称随机游动中，假设每隔 Δt 的时间等概率地向左或向右走 $\Delta x>0$ 大小的位移。若以 $X(t)$ 记 t 时刻的位置，则 $X(t)=\Delta x(X_1+X_2+\cdots+X_{[\frac{t}{\Delta t}]})$，其中，$X_i=\begin{cases}1,若步长\ \Delta x\ 的第\ i\ 步向右\\ -1,若步长\ \Delta x\ 的第\ i\ 步向左\end{cases}$，且诸 X_i 相互独立，$P(X_i=1)=\dfrac{1}{2}=P(X_i=-1)$ (林元烈，2002)。

显然，$EX_i=0,DX_i=EX_i^2=1$，故 $EX(t)=0,DX(t)=(\Delta x)^2\cdot\left[\dfrac{t}{\Delta t}\right]$。

令 $\Delta x=C\sqrt{\Delta t}(C>0$ 为常数)，则 $EX(t)=0,\lim\limits_{\Delta t\to 0}DX(t)=\lim\limits_{\Delta t\to 0}(\Delta x)^2\left[\dfrac{t}{\Delta t}\right]=C^2\cdot t$。

根据中心极限定理，布朗运动 $X(t)\sim N(0,C^2t)$。

3. 随机走与概率模型的关系

1）随机走与均匀分布

在随机走中，均匀分布的卷积核可以生成非均匀的概率函数。

2）随机走与伯努利分布

随机走是一种统计学模型，可以采用分析数学的卷积运算。简单随机走可以看成伯努利试验，其概率分布可以采用二项分布表达。多维随机走或者包含向左、向右、停留的随机走可以采用多项分布表达。伯努利分布及其伯努利过程，同卷积一样，对随机走的表达仍属于统计学模型，与随机走的时长、步长等敏感因子有关。

3）随机走与泊松分布

泊松分布是二项分布的一种近似，因而能近似表达随机走，也是一种统计学模型。伽马分布是统计学的概率函数。

4）随机走与布朗运动

布朗运动是随机走在时长趋于无穷小时的概率模型，摆脱了随机走的时长、步长等敏感因子，因而在描述随机走的不确定性时具有稳定性。

3.3　基本概率定律

概率论的基本公理和定理是对随机事件的概率分析，如互补事件的概率法则，不可能事件的概率法则，任意事件的加法、减法、乘法法则，完全概率等。这些概率公理、定理同样适用于概率时间地理学，包括相遇概率计算等。

3.3.1　基本公理

概率公理是概率论的公理，任何事件发生的概率的定义均满足概率公理。

1. 概率公理

如果一个函数 P，有

$$P: S \to R$$
$$A \to P(A)$$

这里，$A \in S, P(A) \in R$，是指事件空间 S 中的每个事件 A 都有一个实数 $P(A)$，则函数 P 作为概率函数需满足下面 3 个公理。

1）公理 1：$0 \leqslant P(A) \leqslant 1, (A \in S)$

事件 A 的概率 $P(A)$ 是一个 0 与 1(含 0 与 1)的非负实数。在时间地理学中，移动对象位于可达域中任一位置点或样本点的可能性为非负实数。

2）公理 2：$P(S) = 1$

事件空间的概率值为 1，或者说在事件空间之外不存在基本事件了。公理 2 指出全集事件的概率一定为 1，可作为归一化的依据。在时间地理学中，可达域往往是有限的空间范围。当利用正态分布、布朗运动等无穷空间的概率模型模拟移动对象分布在可达域上的可能性时，就需要利用有限的空间范围对无穷空间的概率分布进行裁剪；这样，有限空间上的可能性的累积值会小于 1。由于可达域是移动对象全部可能位置的集合，因此对裁剪后的概率分布需要引入归一化处理。裁剪后的正态分布，经归一化可形成截断正态分布。

3）公理 3：$P(A \cup B) = P(A) + P(B)$，如果 $A \cap B = \Phi$

互斥事件的加法法则：两个互不相容事件的和的概率等于这两个事件概率的和。公理 3 可以将复杂事件的概率分布分解为互斥事件的概率来计算。在时间地理学中，在将可达域划分为互斥的子空间基础上，根据公理 3 能将可达域上的概率分布简化为子空间上的概率计算。

2. 概率公理与随机事件的关系

1）公理 1 与事件关系

公理 1：$0 \leqslant P(A) \leqslant 1 (A \in S)$ 可以转变为：$P(\Phi) \leqslant P(A) \leqslant P(S)$。这一关系不等式与随机事件的集合关系一致：$\Phi \subseteq A \subseteq S$。

空集 Φ 有性质：空集的概率为 0；$\Phi = \sum_n \Phi, n > 1$；任意两个空集为空集关系。由公理 1 可知，$P(\Phi) \geqslant 0$。由公理 3 可知，$P(\Phi) = \sum_n P(\Phi) = n \cdot P(\Phi)$，即 $(n-1) \cdot P(\Phi) = 0$，故 $P(\Phi) = 0$。

事实上，对于任意事件 A、B，若 $A \subseteq B$，则有 $P(A) \leqslant P(B)$。由于 $A \subseteq B$，因而 $B = A \cup (B-A)$，其中 A 与 $(B-A)$ 互不相容，则，$P(B) = P(A) + P(B-A)$。根据公理 1，即概率的非负性，有 $P(B-A) = P(B) - P(A) \geqslant 0$，即 $P(A) \leqslant P(B)$。

2）公理 2 与事件关系

公理 2，$P(S) = 1$ 将不确定性规范为 1，因而概率可视为相对值。以随机事件为自变量的随机变量，可取任意实数值，因而随机变量则可视为绝对值。

3）公理 3 与事件关系

公理 3，$P(A \cup B) = P(A) + P(B) (A \cap B = \Phi)$，表明在同一样本空间中，随机事件包含的样本点越多则随机事件的概率越大，有 $P(A) \leqslant P(A \cup B)$，$P(B) \leqslant P(A \cup B)$。这些关系不等式与随机事件的集合关系一致：$A \subseteq \{A \cup B\}$，$B \subseteq \{A \cup B\}$。

3.3.2　基本定理

概率论中 9 个基本定理完全由概率论的 3 个基本公理推导出来，与事件的计算无关。

1. 定理 1：互补法则

事件 A 的概率与其互补事件 $\bar{A}$ 的概率之和为 1，即互补事件的概率之和为 1：

$$P(\bar{A}) = 1 - P(A), A \in \Omega$$

2. 定理 2:不可能事件的概率法则

不可能事件的概率法则,表达了“不可能事件”是“概率为 0”的充分条件。

在古典概型或可数有限样本空间中,“不可能事件”是“概率为 0”的充要条件,即

$$P(\Phi)\langle==\rangle 0, P(\Omega)\langle==\rangle 1$$

然而,在几何概型或无限样本空间中,“不可能事件”是“概率为 0”的充分条件,而不是必要条件。这是因为一个随机试验所包含的单位事件在古典概型中是有限的,而在几何概型或连续型概率中是无穷的。

(1) 在连续型概率分布(如几何概型)中,“概率为 0”的事件不仅包括不可能事件(定理 2),还包括由有限数量的点、线所表示的可能事件。由于这些表示可能事件的有限点、线的面积为 0,因此连续型概率密度函数分布在这些点、线上的概率的积分为 0,相应的可能事件的概率也就为 0(图 3.24)。然而,理论上任一可能事件的概率不小于 0。因此,概率为 0 并不意味着相应的随机事件不发生。

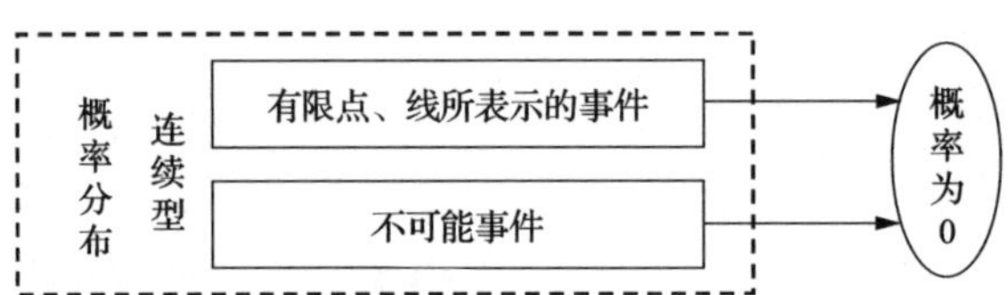

图 3.24 “不可能事件”是“概率为 0”的充分条件

(2) 在连续型概率分布(如几何概型)中,“必然事件”是“概率为 1”的充分条件,而不是必要条件。在连续型概率分布中,“概率为 1”的事件不仅包括必然事件 Ω(公理 2),还包括非必然发生的可能事件 A。设 $B=\{$有限个点、线所表示的可能事件$\}$,$A=\Omega-B$,则 $P(A)=P(\Omega)-P(B)=P(\Omega)-0=P(\Omega)=1$(图 3.25)。

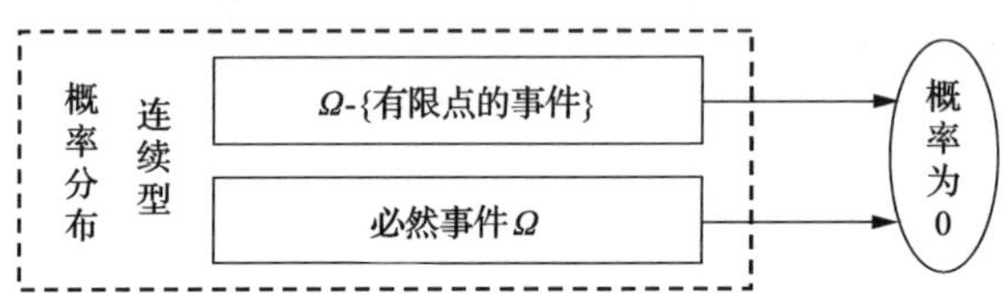

图 3.25 “必然事件”是“概率为 1”的充分条件

显然,命题“‘不可能事件’是‘概率为 0’的充分条件”与命题“‘必然事件’是‘概率为 1’的充分条件”等价。

3. 定理 3:系列互斥事件的加法法则

有限个互不相容事件的和的概率,等于这些事件的概率之和:

$$P(\bigcup_{i=1}^{n} A_i)=\sum_{i=1}^{n} P(A_i)$$

由于互斥事件的和的概率等于各事件的概率的和,因此可以将复杂事件的概率问题

转换为互斥事件的概率问题。

4. 定理 4:任意事件的减法法则

如果事件 A、B 是差集关系,则有

$$P(A\backslash B)=P(A)-P(A\cap B)$$

5. 定理 5:任意事件的加法法则

对于事件空间 Ω 中的任意两个事件 A 和 B,有

$$P(A\cup B)=P(A)+P(B)-P(A\cap B)$$

任意有限个事件的和的概率公式为

$$P\left(\bigcup_{i=1}^{n}A_i\right)=\sum_{i=1}^{n}P(A_i)-\sum_{1\leqslant i<j\leqslant n}P(A_iA_j)+\sum_{1\leqslant i<j<k\leqslant n}P(A_iA_jA_k)-\cdots+(-1)^{n-1}P(A_1A_2\cdots A_n)$$

6. 定理 6:任意事件的乘法法则

事件 A、B 同时发生的概率是

$$P(A\cap B)=P(A)\cdot P(B\mid A)=P(B)\cdot P(A\mid B)$$

$A\cap B$ 为表示两个事件 A 和 B 同时发生,可以有两种等价的解释:

(1) 事件 A 发生,且在事件 A 发生的时候事件 B 也发生了。

$P(A)$ 为事件 A 发生的概率;$P(B\mid A)$ 为在事件 A 发生的时候事件 B 也发生的概率;$P(A\cap B)=P(A)\cdot P(B\mid A)$ 为在事件 A 发生的时候事件 B 也发生的概率。

(2) 事件 B 发生,且在事件 B 发生的时候事件 A 也发生了。

7. 定理 7:无关事件的乘法法则

两个不相关的事件 A、B 同时发生的概率是

$$P(A\cap B)=P(A)\cdot P(B)$$

值得一提的是,不相关与空集关系没有联系。不相关的事件 A、B 有:$P(A\cap B)=P(A)\cdot P(B)$,而具有空集关系的事件 A、B 有:$A\cap B=\Phi$,$P(A\cap B)=P(\Phi)=0$。

8. 定理 8:完全概率

n 个事件 $H_1,H_2,\cdots,H_n$ 两两独立并构成事件空间 Ω(图 3.26),则 A 的概率:

$$P(A)=\sum_{i=1}^{n}P(A\mid H_i)\cdot P(H_i)$$

完全概率公式可以把复杂的事件的概率化为简单事件的概率来计算。

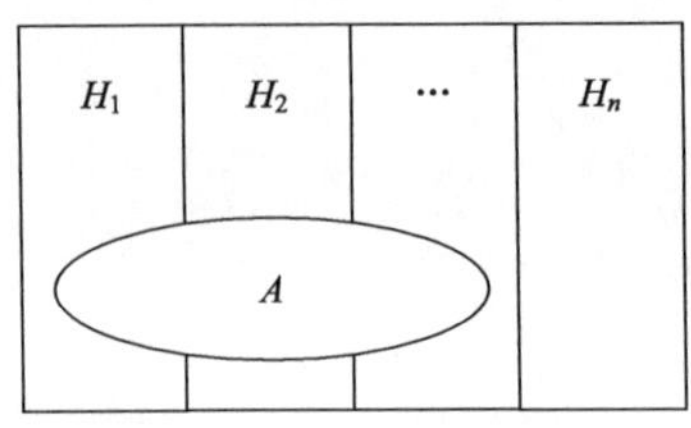

图 3.26　全概率公式

9. 定理 9：贝叶斯定理

贝叶斯定理由英国数学家贝叶斯(Thomas Bayes)发展，用来描述两个条件概率之间的关系。按照概率乘法法则，$P(AB)=P(A)P(B\mid A)=P(B)P(A\mid B)$，可得贝叶斯定理：

$$P(A\mid B)=\frac{P(B\mid A)\cdot P(A)}{P(B)}$$

已知各原因下的条件概率，求事件发生的概率需要借助全概率公式；反之，已知事件发生的概率，求任一原因的条件概率需要借助贝叶斯定理。

第 4 章　概率时间地理学的建模方法

概率时间地理学的建模方法是利用概率论的概率模型与定律构建时间地理不确定性的方法。这里，主要考虑能力约束中的速度因子引起的时空不确定性。

4.1　基本概念

概率时间地理学的计算，不仅涉及概率论的基于原理与方法，还需要考虑时间地理学的移动对象、时空可达域等基本概念。其中，时空可达域直接与概率论的样本空间对接。

4.1.1　移动对象

个体在地理空间的移动有多种表现形式。交通运输工具的位置变化、随身携带设备的位移过程、频率及规模等都是个体/群体空间移动特征的真实写照(陆锋等，2014)。时间地理学的移动对象可以从时间特征与空间特征两个方面进行阐述。

1. 时间特征

通常意义的时间，可以分为线状的时间段和点状的时刻点。时间段表示事件持续的时间，两时间段之间存在时间关系，包括拓扑、度量和方向关系等。时间点表示事件发生的时刻，如事件开始、结束的时刻。时间地图是一种有节点与边的图论，其中节点表达事件开始或结束的时刻，边表示这些事件间的关系，包括事件持续的时间段长度、事件的演化进程等(尹章才等，2003)。时间不仅具有线性特点，还具有分支、循环(如日、周、月、年)等特点。

2. 空间特征

移动对象的空间特征从几何的角度可以分为点、线、面、体等四种，它们之间存在组合关系(图 4.1)。

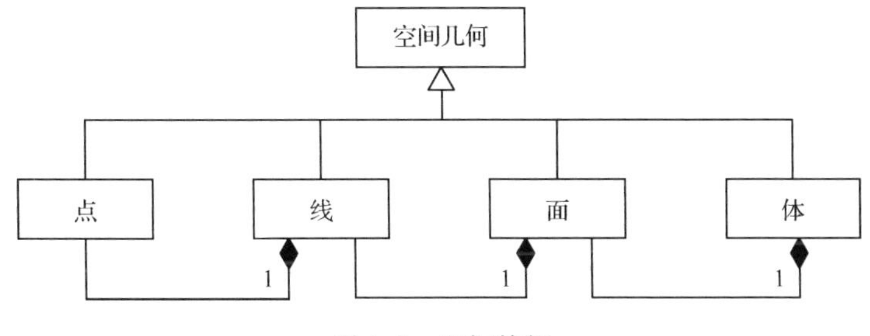

图 4.1　空间特征

(1) 线是点的集合，线的两端是点。

(2) 面是线的集合，面的边界是线；面也是点的集合。

(3) 体是面的集合，体的外围是面；体可以是点或线的集合。

3. 时空特征

时空对象是具有时间、空间特征的一种对象。时间、空间是两个独立的维度，两两组合可形成 8 种基本类型，每种类型可以形成 1 种或多种时空对象(表 4.1)。例如，锋面的移动就是一种空间线的时间过程。

表 4.1　时空特征的类型

空间	时间	
	时刻点＝状态	时间段＝过程
点	对象：在时刻 t 的点对象 实例：在时刻 t 的台风中心 事件：台风中心在 t 位于(x, y)	对象：在时间段 t_2-t_1 的点对象 实例：在 t_2-t_1 期间的台风中心路径 事件：台风中心在 t_2-t_1 内的路径为 L
线	对象：在时刻 t 的线对象 实例：在时刻 t 的长江中轴线 事件：长江中轴线在 t 是一曲线 L	对象：在时间段 t_2-t_1 的线对象 实例：在 t_2-t_1 期间长江中轴线的变迁 事件：长江中轴线在 t_2-t_1 内由 $L_1\rightarrow L_2$
面	对象：在时刻 t 的面对象 实例：在时刻 t 的湖面 事件：湖面在 t 为正方形	对象：在时间段 t_2-t_1 的面对象 实例：在 t_2-t_1 期间湖面的变迁 事件：湖面在 t_2-t_1 内由正方形→长方形
体	对象：在时刻 t 的体对象 实例：在时刻 t 的气团 事件：气团在 t 为球体	对象：在时间段 t_2-t_1 的体对象 实例：在 t_2-t_1 期间气团的变迁 事件：气团在 t_2-t_1 内由球体→椭球体

在时间地理学中，移动对象(如个体)往往被抽象成一个质点，即没有大小、形状、面积或体积的理想模型。这种质点，在地理空间中可对应于连续空间的位置点或离散空间的离散单元；在概率空间中可对应于样本空间的样本点或单位事件。时间地理学中的时空路径可以看成是质点或点状空间对象与时间段的复合体。

4.1.2　时空可达域

地图，在表达地理事物的空间分布时具有极强的可视化效果，但难以表达移动对象的时空三维现象。哈格斯特朗在利用传统的地图表示时空轨迹时引出了时间地理学(柴彦威，1998)，他把人口统计学的生命线(life line)概念加上空间轴后得到了生命路径(life path)，这为时间地理学的提出提供了契机。时间地理学的基本概念之一是时空可达域，即移动对象在一定时间内的可达位置集合，反映了时空轨迹的空间方面的特征。下面对时空可达域的分析主要针对点状空间对象，设移动对象的最大移动速度为 v_{max}。

1. 点对象的点状可达域

点对象的点状可达域，即点状空间几何对象在时间段 T 内的可达位置区域是一位置点；这意味着移动对象在时间 T 内停留原地。

约束条件：在时刻 t_s 位于位置(x_s, y_s)的对象 α，在任一时刻 $t \in [t_s, t_s+T]$的位置为(x_s, y_s)。

时空轨迹：在三维空间是一直线段$[(x_s, y_s, t_s), (x_s, y_s, t)]$。

潜在区域：时空轨迹在空间平面的投影，是几何形状为点的可达域(x_s, y_s)(图 4.2)。

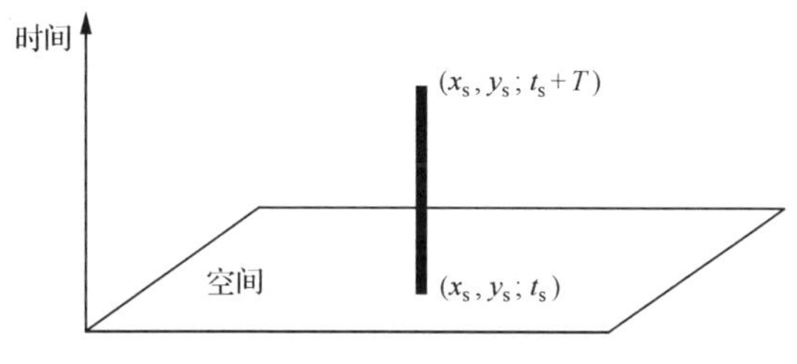

图 4.2　停留的时空轨迹

2. 点对象的线状可达域

点对象的线状可达域，即点状空间几何对象在时间段 T 内的可达位置区域是一线。线状可达域上各点之间连续，但不一定可导。移动方式可以分为随机移动和定向移动两类。

1）随机移动

约束条件：在时刻 t_s 位于位置(x_s, y_s) 的移动对象 α，在任一时刻 $t \in [t_s, t_s+T]$ 的位置为(x, y)，$(x, y) \in S$。

时空轨迹：在三维空间是一纵剖面[图 4.3(a)]。

潜在区域：时空轨迹在空间平面的投影，是几何形状为线的可达域 S。

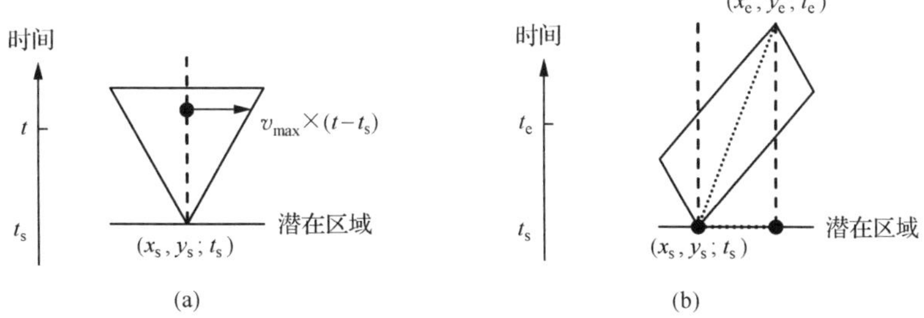

图 4.3　(a)随机移动的线状可达域；(b)定向移动的线状可达域

在任意时刻 t，移动对象的可达位置(x, y) 是，以初始位置点(x_s, y_s) 为中心，以线 S 上的路径半径不超过 $v_{max} \times (t-t_s)$ 的范围。

2）定向移动

约束条件：在随机移动基础上，又知对象 α 在终止时刻 t_e 的位置 (x_e, y_e)[图 4.3(b)]。

时空轨迹：在三维空间是一纵剖面（图中平行四边形）。在时刻 t 移动对象的可达位置 (x, y) 是，以初始位置点 (x_s, y_s) 为中心以线 S 上的路径半径不超过 $v_{max}\times(t-t_s)$ 的范围，且以终止位置点 (x_e, y_e) 为中心以线 S 上的路径半径不超过 $v_{max}\times(t_e-t)$ 的范围。

潜在区域：时空轨迹在空间平面的投影，是几何形状为线的可达域。

3. 点对象的网状可达域

点对象的网状可达域，即点状空间几何对象在时间段 T 内的可达位置区域是一网络。

1）随机移动

约束条件：在时刻 t_s 位于位置 (x_s, y_s) 的对象 α，在任一时刻 $t\in[t_s, t_s+T]$ 的位置为 (x, y)，$(x, y)\in$ 网络 W[图 4.4(a)]。

时空轨迹：在三维空间是一纵剖面的集合。设在任意时刻 t，移动对象的可达位置 (x, y)，是以初始位置点 (x_s, y_s) 为中心，以网络 W 上的路径半径不超过 $v_{max}\times(t-t_s)$ 的范围。

潜在区域：时空轨迹在网络空间的投影，是几何形状为网络的可达域。

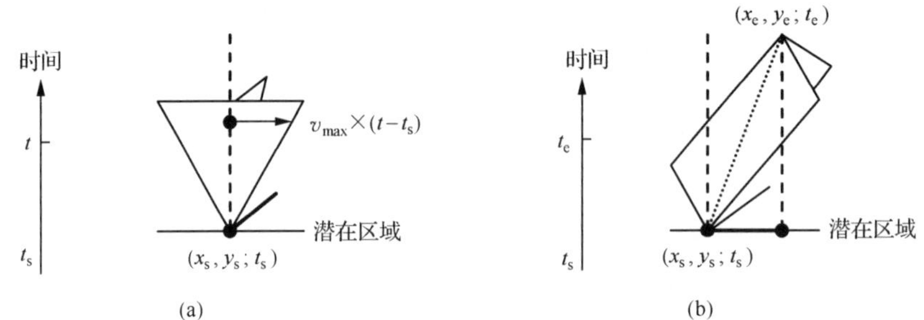

图 4.4　(a)随机移动的网络可达域；(b)定向移动的网络可达域

2）定向移动

约束条件：在随机移动基础上，又知对象 α 在终止时刻 t_e 的位置 (x_e, y_e)[图 4.4(b)]。

时空轨迹：在三维空间是一纵剖面的集合。在时刻 t 移动对象的可达位置是，以初始位置点 (x_s, y_s) 为中心以网络 W 上的路径半径不超过 $v_{max}\times(t-t_s)$ 的范围，且以终止位置点 (x_e, y_e) 为中心以网络 W 上的路径半径不超过 $v_{max}\times(t_e-t)$ 的范围。

潜在区域：时空轨迹在空间平面的投影，是几何形状为网络的可达域。

4. 点对象的面状可达域

点对象的面状可达域，即点状空间几何对象在时间段 T 内的可达位置区域是一面域。

1）随机移动

约束条件：在时刻 t_s 位于位置（x_s，y_s）的对象 α，在任一时刻 $t\in[t_s, t_s+T]$ 的位置为（x，y），（x，y）$\in$ 面 D[图 4.5(a)]。

时空轨迹：在三维空间是一圆锥体。在任意时刻 t 移动对象的可达位置（x，y）是距离初始位置点（x_s，y_s）的半径不超过 $v_{max}\times(t-t_s)$ 的范围。

潜在区域：时空轨迹在空间平面的投影，即，几何形状为面的可达域。

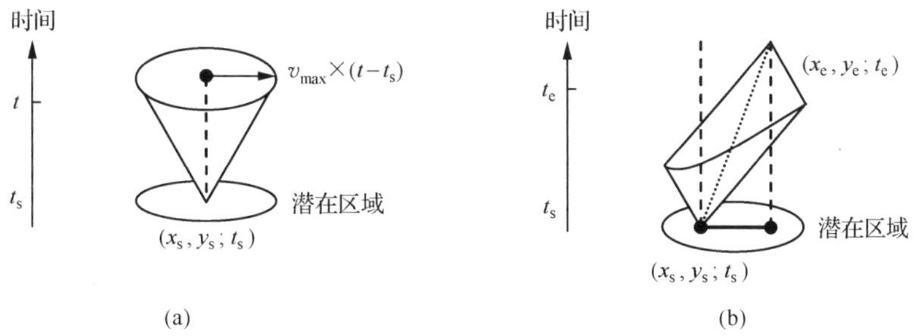

图 4.5　(a)随机移动的面状可达域；(b)定向移动的面状可达域

2）定向移动

约束条件：在随机移动基础上，又知对象 α 在终止时刻 t_e 的位置（x_e，y_e）[图 4.5(b)]。

时空轨迹：在三维空间是一棱柱体。在时刻 t 移动对象的可能位置（x，y）是，距离初始位置点（x_s，y_s）的半径不超过 $v_{max}\times(t-t_s)$ 的范围，且距离终止位置点（x_e，y_e）的半径不超过 $v_{max}\times(t_e-t)$ 的范围。

潜在区域：时空轨迹在空间平面的投影，是几何形状为面的可达域。

4.2　基于正态分布的建模方法

根据中心极限定理，许多实际问题中出现的随机过程可近似地视为正态过程，这为正态过程表征时间地理学的随机走过程提供了理论依据。

4.2.1　建模方法

随机走在步数为无穷大时的概率趋于正态分布，因而移动对象位于可达点的可能性能采用正态分布进行描述。这样，事件“移动对象位于可达点”是一正态过程。构建正态过程的关键是如何确立任一时刻正态分布的数字特征（如数学期望、方差等）。

1. 时空体

移动对象生成的轨迹是连续的,但在数据库中则由基于离散时刻观测的位置样本组成。移动对象在两个样本点之间的位置是不确定的,而且是定向和定时的。其中,定向是由起始样本点位置 F_1 指向下一个样本点 F_2 的方向;定时是移动对象从 F_1 到达 F_2 所花费的总时间 T[图 4.6(a)]。根据定时、定向的约束条件,利用时间地理学原理能计算移动对象可达位置的范围。

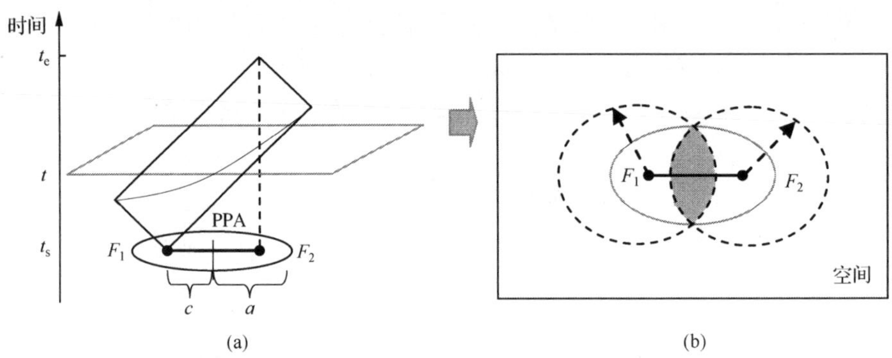

图 4.6　(a)时空棱柱体与时间切片;(b)时空棱柱体在时刻 t 的空间范围

定向、定时移动的时空可达范围,在时间地理学中对应于时空棱柱体。棱柱体的形状不仅受起始点位置(F_1、F_2)或方向、总预算时间$[t_s, t_e]$($T=t_e-t_s$)的影响,还受移动对象的最大可能速度 v_{max} 制约,即个体的能力约束。这样,构成棱柱体的圆锥体的中轴线与其母线的夹角的正切就是 v_{max};棱柱体的两个顶点分别是(F_1, t_s)与(F_2, t_e)。棱柱体在二维平面上的投影是一以 F_1、F_2 为两焦点的椭圆,也称为潜在路径区域(potential path area, PPA),焦距 $2c=|F_1F_2|$,长轴 $2a=v_{max}\times T$,即在时间 T 内移动对象的最大行程。PPA 在本质上是时空棱柱体在空间平面的投影,它是在时间$[t_s, t_e]$内移动对象所能到达的可达位置点。

2. 棱镜

PPA 并不能表达移动对象在任一时刻 $t\in[t_s, t_e]$的可达范围,这一范围是 PPA 的子集。时空棱柱体与任一时刻 $t\in[t_s, t_e]$平面的交[图 4.6(a)],是一位于空间平面上的棱镜,即移动对象在时刻 t 的可达空间范围或样本空间。为了简单起见,令 $t_s=0$,则 $T=t_e$,时刻 t 的棱镜是分别以 F_1、F_2 为圆心以 $r_1=v_{max}\times t$、$r_2=v_{max}\times(T-t)$ 为半径的两圆的交集[图 4.6(b)]。棱镜的形状、大小均与 v_{max}、t 有关,如在时刻 $t_1=\dfrac{a-c}{v_{max}}$,$t_2=\dfrac{v_{max}^2\cdot T^2-4\cdot c^2}{2\cdot v_{max}^2\cdot T}$ 和 $t_3=T/2$ (Winter and Yin, 2010)的棱镜分别对应于图 4.7(a)、图 4.7(b)和图 4.6(b)。其中,两圆的半径之和 $r_1+r_2=v_{max}\times T=2a$ 与时间无关;两圆交点,即棱镜的两端点,构成了 PPA 椭圆。

时间$[t_s, t_e]$可以划分出 6 个阶段,{$[t_s, t_1]$, $[t_1, t_2]$, $[t_2, t_3]$, $[t_3, t_4]$, $[t_4, t_5]$,

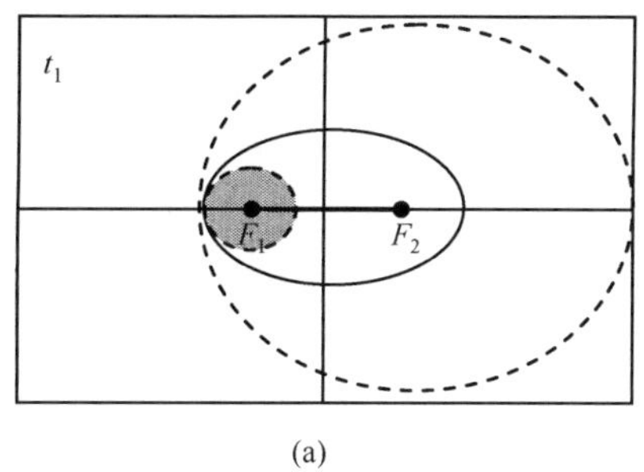

(a)

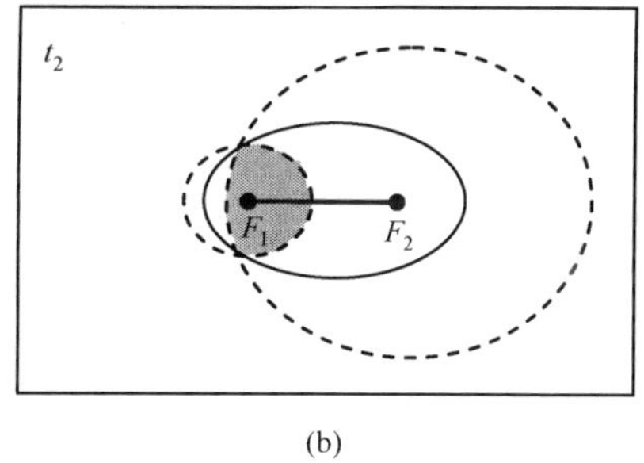

(b)

图 4.7　在时刻(a)t_1、(b)t_2 的棱镜

$[t_5, t_e]\}$：每个阶段内棱镜的形状不同；同一阶段内棱镜的形状相似(图 4.8)。在整个过程中，棱镜具有如下特点：关于中间时刻 $t_3(=T/2)$ 对称的两个时刻对应的棱镜关于椭圆中心点对称；在$[t_s, t_1]$和$[t_5, t_e]$内，棱镜是一个圆；在$[t_1, t_5]$内，棱镜由两个圆弧构成。

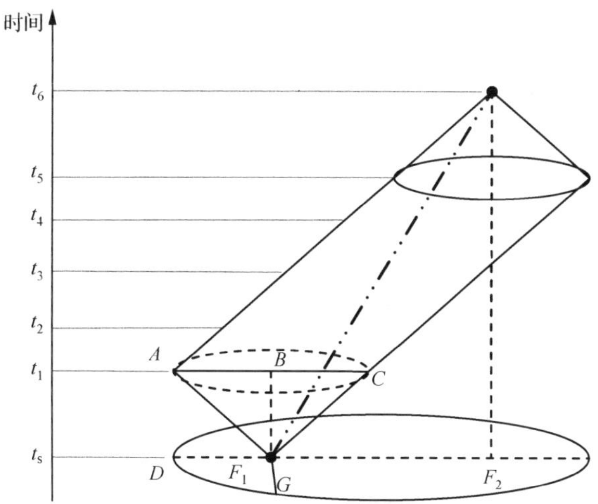

图 4.8　棱镜变化的不同阶段

由于椭圆的半焦距，c，为

$$c = |F_1F_2|/2$$

因此，椭圆的半长轴 a，为

$$a = \frac{v_{\max} \cdot (t_e - t_s)}{2}$$

$|AB|$等于$|DF_1|$，即

$$|AB| = |DF_1| = a - c$$

由于 $\tan(\angle AF_1B) = \dfrac{|AB|}{|BF_1|} = \dfrac{a-c}{t_1} = v_{\max}$，因此，有

$$t_1 = |BF_1| = |AB|/\tan(\angle AF_1B) = \frac{a-c}{v_{\max}}$$

由于时空棱柱体关于中间时刻 t_3 的对称性，因而有 $t_5=t_s-t_1$。在$[t_1, t_5]$内，构成棱镜的两个圆弧的弧度不断变化。在$[t_1, t_2]$，棱镜中来自于顶点为 F_1 的圆锥体的圆弧大于 π；在时刻 t_2 焦点 F_1 刚好落在棱镜两端点（设其中一个端点 G）的连线上。对称地，在$[t_4, t_5]$，棱镜中来自于顶点为 F_2 的圆锥体的圆弧大于 π；在时刻 t_4 焦点 F_2 刚好落在棱镜两端点的连线上。在$[t_2, t_4]$，棱镜的两条弧的弧度小于 π。在 t_3，棱镜的两条弧的弧度相同。

对于时刻 t_2，线段 GF_1 垂直于线段 F_1F_2，有

$$|GF_1|^2+|F_1F_2|^2=|GF_2|^2$$

由于 t_2 时刻的棱镜端点同时位于两个圆上，即分别以 F_1、F_2 为圆心以 $r_1=v_{\max}\times t$、$r_2=v_{\max}\times(T-t)$ 为半径的两圆。其中，圆心为 F_1 的圆的半径为 GF_1；圆心为 F_2 的圆的半径为 GF_2。这样，$GF_1=v_{\max}\times t_2$，$GF_2=v_{\max}\times(t_e-t_2)$，从而有

$$t_2=\frac{v_{\max}^2\cdot T^2-4\cdot c^2}{2\cdot v_{\max}^2\cdot T}$$

3. 样本空间

PPA 可视为移动对象在时间$[t_s, t_e]$内的样本空间，而时刻 $t\in[t_s, t_e]$的棱镜则可视为任一时刻的样本空间。椭圆 PPA 是移动对象的最大边界范围，移动对象在整个时间$[t_s, t_e]$内最多只能到达一个边界点，不可能同时到达两个边界点（图 4.9）。这是因为：一旦移动对象到达椭圆的一个边界点（如 P），则存在 $|F_1P|+|F_2P|=2a$；如果先后两次进入椭圆边界点（如 P、Q），则 $|F_1P|+|F_2Q|+|QF_2|>|F_1P|+|F_2P|>2a$，这超出了移动对象在时间$[t_s, t_e]$内的最大行程。

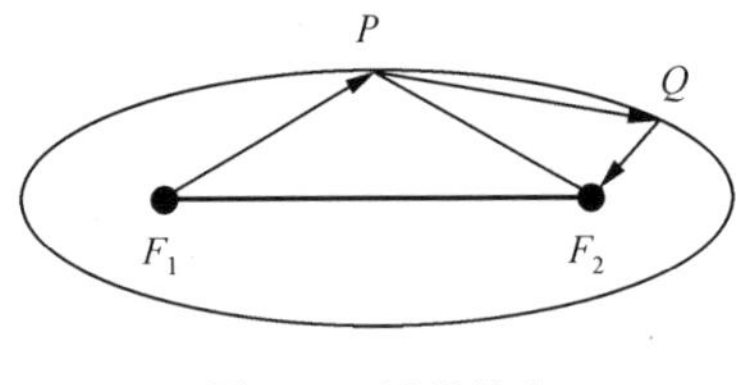

图 4.9 行程特点

4. 基于正态分布的时空概率模型

随机走与步数有关，当步数趋于无穷大时，随机走的概率分布趋于正态概型；这样，随机走建立了定向移动与正态过程的联系，也就架起了统计模型与概率模型的桥梁。因此，定向移动对象在平面空间的可能性能通过二维联合正态分布进行描述（图 4.10）。

$$f(x,y)=\frac{1}{2\pi\sigma_x\sigma_y}e^{-\frac{1}{2}\left[\frac{(x-\mu_x)^2}{\sigma_x^2}+\frac{(y-\mu_y)^2}{\sigma_y^2}\right]}$$

1）数字特征

我们只考虑 F_1F_2 位于 X 轴的情形；当 F_1F_2 偏离 X 轴时，可以通过旋转坐标系，确保 F_1F_2 位于 X 轴。这样，定向移动的方向始终为 0，从而简化了计算。

数学期望 $\mu_x(t)$ 是在时刻 t 移动对象位于直线段 F_1F_2 上的期望位置，有 $\mu_x(t)=t\cdot F_1F_2/T=\bar{v}\cdot t$。由于起止点 F_1、F_2 在 Y 轴上没有位移，因此 $\mu_y(t)=0$。这样，当 $t=T/2$ 时，移动对象位于 F_1F_2 中间点的概率最大。

由于正态分布的约 99.7%概率分布在横轴区间 $(\mu-3\sigma,\mu+3\sigma)$ 内，因此标准差 σ_x 和

σ_y 分别定义为棱镜最小边界盒(图 4.11)的宽度和高度的 1/6。最小边界盒是对圆的一种简化和抽象。棱镜最小边界盒包含于两圆最小边界盒的交集(矩形)中,其中棱镜最小边界盒与两圆最小边界盒的交集矩形之间在 x 方向重合。

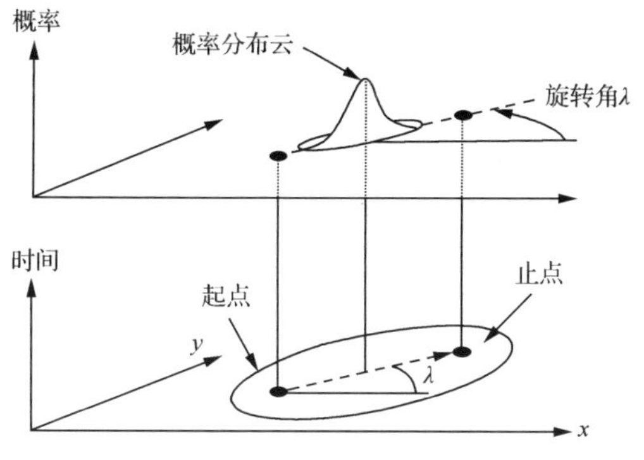

图 4.10　定向移动的正态分布
(Winter and Yin, 2010)

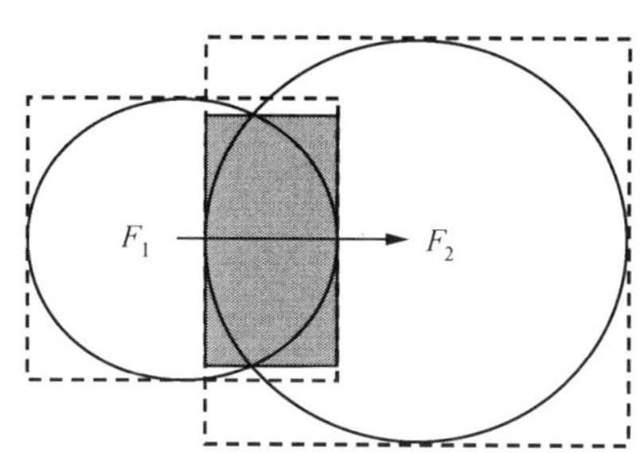

图 4.11　棱镜的最小边界盒

对于 σ_x,在时刻 $t \in [t_s, t_1]$, $\sigma_x = v_{\max} \times (t - t_s)$;在时刻 $t \in [t_1, t_3]$, $\sigma_x = v_{\max} \times (t_1 - t_s)$,这是因为构成棱镜的两个圆弧在 F_1F_2 上的移动速度相等,都为 $v_{\max}$。对于 σ_y,在时刻 $t \in [t_s, t_2]$, $\sigma_y = v_{\max} \times (t - t_s)$;在时刻 $t \in [t_2, t_3]$, σ_y 是棱镜两端点到直线段 F_1F_2 的垂直距离,由于棱镜端点位于椭圆上因此 σ_y 曲线是一椭圆弧(图 4.12)。由图可知,斜直线段的斜率由 $v_{\max}$ 唯一确定,椭圆弧则由 $v_{\max}$、总预算时间 T 联合确定。

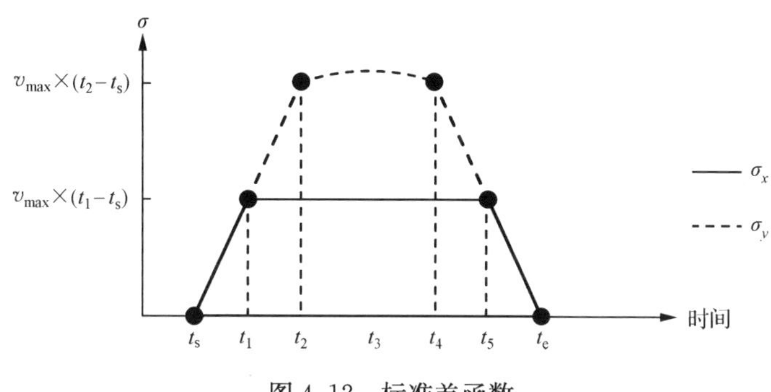

图 4.12　标准差函数

由上可知,标准差 σ_x 和 σ_y 分别如下:

$$\sigma_x = \begin{cases} v_{\max} \cdot (t - t_s), t \in [t_s, t_1] \\ v_{\max} \cdot (t_1 - t_s), t \in (t_1, t_5] \\ v_{\max} \cdot (t_e - t), t \in (t_5, t_e] \end{cases}$$

$$\sigma_y = \begin{cases} v_{\max} \cdot (t - t_s), t \in [t_s, t_2] \\ \sqrt{(a^2 - c^2) \cdot (1 - \dfrac{x^2}{a^2})}, x = \dfrac{v_{\max}^2 \cdot (t_e - t_s) \cdot (t_e - t_s - 2 \cdot t)}{4 \cdot c}, t \in (t_2, t_4] \\ v_{\max} \cdot (t_e - t), t \in (t_4, t_e] \end{cases}$$

当 $t = T/2$ 时,有

$$\sigma_x = \frac{a-c}{3} = \frac{v_{\max} \cdot T - 2c}{6}; \sigma_y = \frac{\sqrt{a^2 - c^2}}{3} = \frac{\sqrt{(v_{\max} \cdot T)^2 - 4c^2}}{6}$$

2) 裁剪

由于正态分布的样本空间是无穷大空域,而在有限的速度与时间约束下移动对象的可达范围(即棱镜)则是有限空域。这意味着,概率时间地理的样本空间是有限的,因而需要采用棱镜对上述正态分布进行裁剪。

3) 归一化

裁剪在减小样本空间的同时,也减小了样本空间上累积的概率值,即小于 1。根据概率的规范性公理,需要对裁剪后的概率分布进行归一化处理。

4.2.2 实例分析

根据基于正态分布的时空概率模型原理,利用实际数据进行测试和分析。

1. 概率分布

在 Matlab 软件中,对定向移动的正态模型进行测试,其中起点:$x_s=30$, $y_s=30$, $t_s=0$ 和止点:$x_e=70$, $y_e=60$, $t_e=100$,最大速度 $v_{\max}=1$。图 4.13 是时间 $t=10$, 30, 50s 时的截断正态分布,其中外围的椭圆表示 PPA。

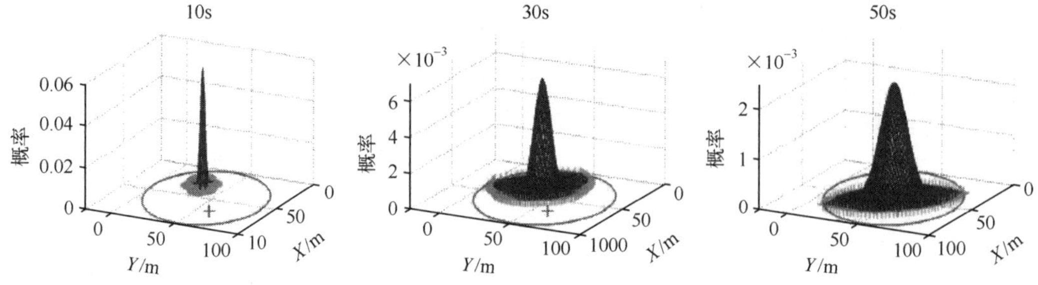

图 4.13 基于正态分布的时空概率模型

2. 特点分析

时空棱镜受 $v_{\max}$ 的影响,并随着 $v_{\max}$ 增大而增大。在 $t = T/2$ 时,设点 I 表示棱镜的一个端点,点 O 为 PPA 的中心点,A、B 分别为棱镜与连接椭圆 PPA 两焦点的直线段的交点(图 4.14),则有

$$\frac{IO}{AO} = \frac{b}{a-c} = \frac{\sqrt{a^2-c^2}}{a-c} = \frac{\sqrt{a+c}}{\sqrt{a-c}} = \frac{\sqrt{1+\frac{c}{a}}}{\sqrt{1-\frac{c}{a}}} = \frac{\sqrt{1+\frac{2c}{v_{\max} T}}}{\sqrt{1-\frac{2c}{v_{\max} T}}}$$

显然，随着 v_{max} 的增大，$|IO|$ 与 $|AO|$ 不断增大，即棱镜大小不断扩大；当 $v_{max} \to +\infty$，$\frac{IO}{AO} \to 1$，即棱镜趋于无穷大半径的圆。由于方差与棱镜的线性关系，棱镜及其方差会随 v_{max} 的增大而增大。

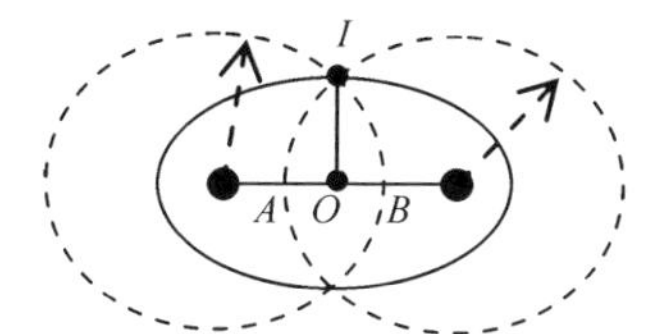

图 4.14　棱镜与最大移动速度的关系

3. 讨论

在基于正态分布的时空概率模型中，标准差的定义是棱镜最小边界盒的宽度和高度的 1/6，目的是使正态分布的接近 99.7%的概率直接落入到棱镜最小边界盒中。在这一目的达成的过程中，存在如下问题：

(1) 二元正态分布，尤其是由两个一元正态分布独立联合形成的正态分布，3σ 直接落入到矩形范围内而不是棱镜；

(2) 棱镜最小边界盒的中心，不是定向移动的期望位置点，这意味着基于期望位置建立的二元正态分布的 3σ 范围与棱镜最小边界盒不一致，即存在部分分布位于最小边界盒之外的情形。

上述问题的存在，会使得截断正态分布的期望、方差与理论值存在较大差异(图 4.15)。例如，在总预算时间为 20 和最大速度为 2 的条件下，由初始位置(−8, 0)前往结束位置(8, 0)的定向移动的数学期望，在 Y 方向是水平直线[图 4.15(a)]，这与理论数值一致；X 方向则在起点时刻与结束时刻附近并不是直线，具体体现在数学期望随时间的变化率不均匀[图 4.15(b)]，即不总是理论数值的水平直线 ($\mu_x(t) = \bar{v} \cdot t$) 形式。$X$、$Y$ 方向的方差与理论数值(图 4.12)不一致，主要是在起点时刻与结束时刻附近[图 4.15(c)]。

因此，为了实现棱镜最小边界盒能直接包含正态分布的近 99.7%的概率，标准差的定义需要顾及数学期望。一种扩展的方法是，标准差是期望位置点到棱镜最小边界盒的最小距离的 1/3。例如，在时刻 $\left[t_s,\ t_1 = \frac{a-c}{v_{max}}\right]$ 阶段，时空棱镜是一个圆[图 4.16(a)]。按照原来定义，X 方向的标准差是圆半径的 1/3[图 4.16(b)]；按照扩展的定义，X 方向的标准差则小于圆半径的 1/3[图 4.16(c)]，这主要是因为数学期望位置已经从起点位置向右发生了一定时间的位移，从而使得期望位置到棱镜最小边界的最小距离小于圆的半径。这样，正态分布的概率值约 99.7%位于棱镜的最小边界盒中，从而可以避免截断正态的数字特征偏离理论数值。

显然，标准差的扩展定义对 Y 方向的方差不造成影响。对于 X 方向的标准差：在时间 $[t_s,\ t_3]$ 内，由于期望位置到 F_1 圆的右边界较到 F_2 圆的左边界距离近，且 F_1 圆的右边界

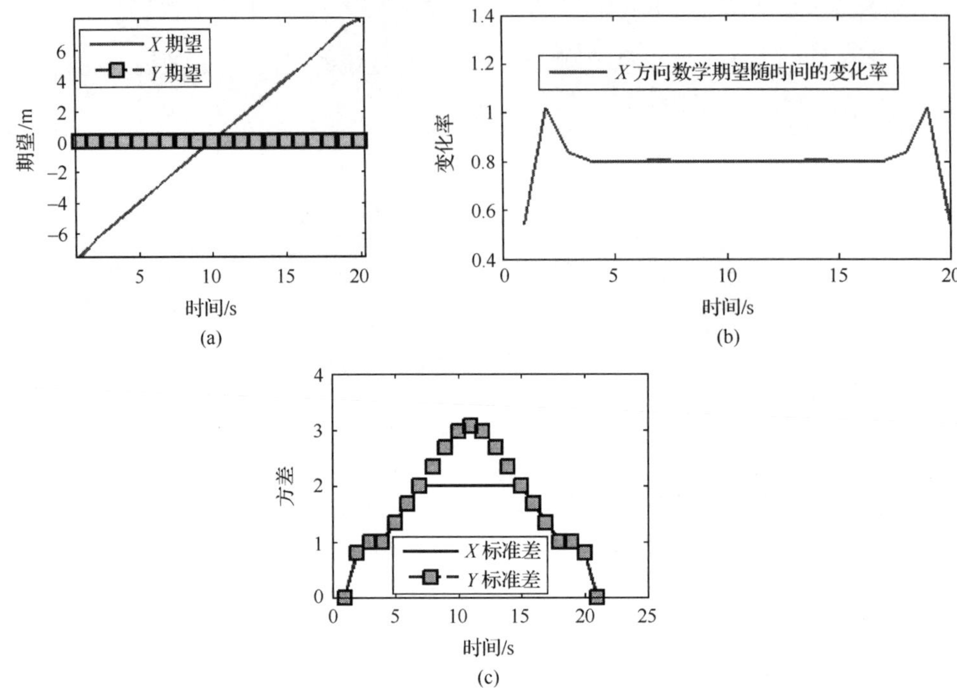

图 4.15　(a)二维方向的数学期望;(b)X 方向数学期望随时间的变化率;(c) 二维方向的方差

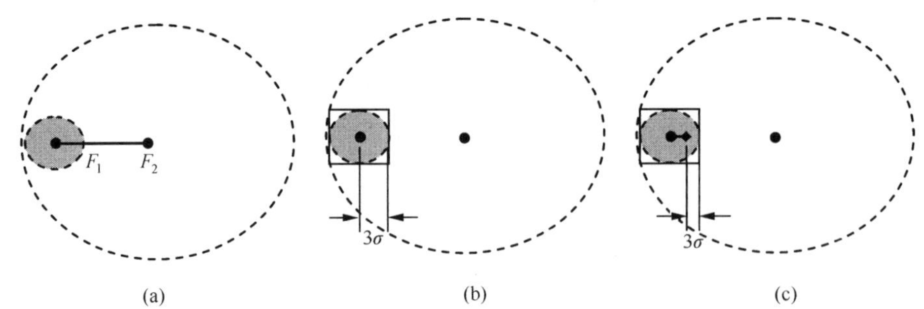

图 4.16　(a)时空棱镜;(b)标准差基于棱镜大小的定义;(c)标准差基于期望位置与棱镜大小的定义

以 $v_{\max} \cdot t$ 向 F_2 推进,数学期望以 $\mu_x(t) = \bar{v} \cdot t$ 推进,因此标准差 $\sigma_x(t) = v_{\max}t - \bar{v}t = (v_{\max} - \bar{v})t$;在时间$[t_3,\ t_e]$内,标准差 $\sigma_x(t) = (v_{\max} - \bar{v})(t_e - t)$。

4.3　基于布朗桥的建模方法

Winter 等(Winter, 2009;Winter and Yin, 2010, 2011)先后提出了概率时空棱柱体,但其方差随最大速度的增大而发散(尹章才等,2012)。针对这种发散性,本节提出基于布朗桥的时空概率模型,其方差随最大速度增大具有稳定性。

4.3.1　建模方法

随机走是布朗运动的理想数学状态，布朗运动是随机走的宏观观察，因此布朗运动能够模拟时间地理学的随机走。

1. 时间地理学中的布朗桥

随机走在任意尺度上都具有相似结构，这意味着，不同尺度的粒子(如布朗粒子、时间地理学的移动对象)基于随机走的不同模型在结构上具有相似性，因而基于正态分布的时空概率模型(Winter and Yin, 2010)可进一步合理地假设为布朗运动。理论上，针对时间地理学中的随机走，基于正态分布的时空概率模型与基于布朗运动的时空概率模型根据随机走的结构相似性具有相似的结构。两种模型的相同点：都是正态分布；数学期望都是时间的简单线性函数，即从起点到达止点的匀速移动。两种模型的不同点：随着 v_{max} 的增大，基于正态分布的时空概率模型的方差会扩散，基于布朗运动的时空概率模型的方差则具有稳定性。

1) 布朗桥

布朗运动只能模拟已知起点的自由移动，即无偏随机走。对于时间地理学中的有偏随机走，或定向移动，则需要采用布朗桥进行模拟。布朗桥描述了布朗运动 $\{W(t), t \geqslant 0\}$ 在 $W(0)=d_1, W(T)=d_2$ 条件下的正态分布，其中 $\mu(t)=d_1+(d_2-d_1)t/T$；$\sigma^2(t)=C^2t(T-t)/T$，方差关于中间时刻对称且不随 v_{max} 的增大而扩散。

布朗桥同布朗运动一样，都是一个正态过程。在整个时间$[0, T]$内，其数学期望只与时间 t、T 有关，方差只与时间 t、T 以及布朗系数 C 有关。因此，布朗桥的数字特征与最大可能的移动速度 v_{max} 无关。这意味着，当总预算时间 T 相同时，不同移动速度 v_{max} 的不同移动过程在任一时刻 t 具有相同的数字特征和正态分布。这样，布朗运动或布朗桥在模拟时间地理事件时将会忽略不同个体的能力约束差异，也就不能精准表达个性化的时间地理事件，即随机走的一种宏观观察。

2) 布朗桥的扩展

在 $t=1$ 时，布朗粒子的位移 $X(t=1)=v\cdot t=v\cdot 1=v$，而布朗运动 $X(t)\sim N(0, C^2t)$，因而有 $v=X(t=1)\sim N(0,C^2)$，这意味着 C 是速度 v 的正态分布的标准差(尹章才等，2012)。这里，速度 v 是移动对象的实际移动速度，有 $|v|\in[0, v_{max}]$。如果已知系统速度特征则意味着就已知了布朗系数 C(图 4.17)。

布朗粒子的最大速度为无穷大，而地理学所研究的最大速度通常是有限的($v_{max}<+\infty$)，有 $v\in[-v_{max}, v_{max}]$。不失一般性，根据 3 倍标准差原理，可假设 v 的标准差 $C=v_{max}/3$，这样落在$[-v_{max}, v_{max}]$范围内的概率占 99.73%。有限的 v_{max} 使样本空间(棱镜)也是有限的，因此需要利用棱镜对移动对象的正态分布进行裁剪，这样时间地理的移动过程是一截断正态过程，或截断布朗运动。

由于截断正态不同于正态分布，因此截断布朗运动也就不同于布朗运动或布朗桥。这种差异是由基于移动速度的布朗系数 C 和棱镜的裁剪引起的，而棱镜的大小受 v_{max} 的制约，即受个体能力的约束；这意味着截断布朗运动与个体能力约束因子 v_{max} 有关。因

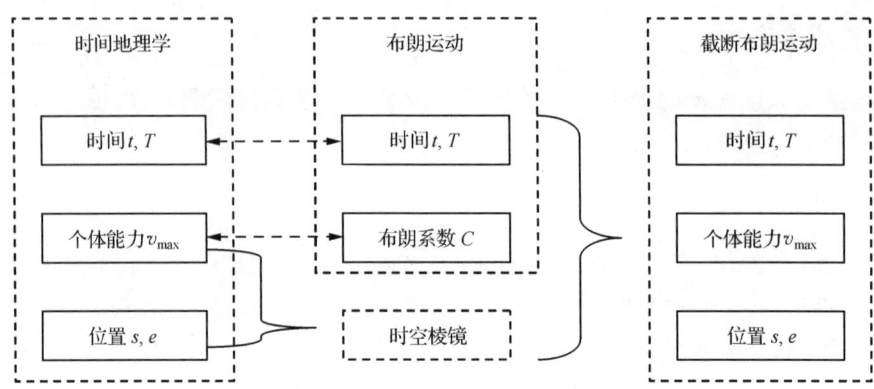

图 4.17　截断布朗运动基于时间地理学与布朗运动的结合

此，截断布朗运动，一方面继承了布朗运动对随机走的一种宏观观察特点，能反映时间 t、T 的差异性；另一方面继承了时间地理学受制于能力约束的特点，能反映个体差异化的 v_{max}。从这个角度来看，截断布朗运动是时间地理学中随机走的一种中观观察，是时间地理学与布朗运动的有机结合。

2. 标准差范围与棱镜边界

设定向移动的起止点 F_1、F_2 位于 X 轴，则相应的椭圆 PPA 的焦点位于 X 轴，且任意时刻 t 的棱镜关于 X 轴对称。如果布朗桥在期望值左右三个标准差的范围包含于棱镜，则意味着布朗桥有不低于 99.73%的概率分布在棱镜内。

1) X 方向标准差与棱镜左右边界

棱镜与 X 轴在任一时刻 t 存在两相交点：左交点 x_L（图 4.18 的 A 点）和右交点 x_R（图 4.18 的 B 点），也是棱镜最小边界盒的左右边界。在总时间 $T=t_e-t_s$ 内，左交点轨迹 $x_L(t)$ 可分为两部分：在 $t\in[0,t_1]$，以 $F_1(-c,\ 0)$ 为圆心以 $r=v_{max}t$ 为半径的圆的左侧与 X 轴相交的点，其中在 t_1 时到达 X 轴与椭圆左侧的交点，距 F_1 的路径长度为 $a-c$；在 $t\in[t_1,t_e]$，以 $F_2(c,\ 0)$ 为圆心以 $r=v_{max}(t_e-t)$ 为半径的圆的左侧与 X 轴相交的点，所经历的路径长度为 $a+c$。

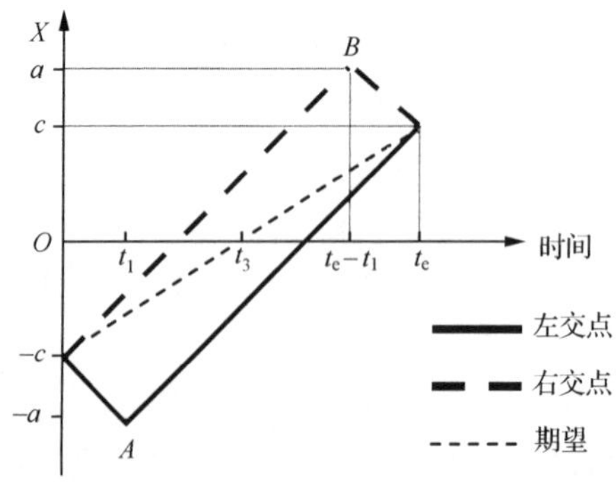

图 4.18　棱镜左右边界与布朗桥的数学期望

右交点轨迹 $x_R(t)$ 也包括两部分：在 $t \in [0, t_e - t_1]$，以圆心 $F_1(-c, 0)$ 圆的右侧与 X 轴相交的点，其中在 $t_e - t_1$ 时到达 X 轴与椭圆的右侧交点，所经历的路径长度为 $a+c$；在 $t \in [t_e - t_1, t_e]$，以圆心 $F_2(c, 0)$ 圆的右侧与 X 轴相交的点，所经历的路径长度为 $a-c$。显然，$x_L(t)$ 与 $x_R(t)$ 关于点 $(t_3, 0)$ 对称。

在 $W(0) = -c, W(T) = c$ 条件下，X 维布朗运动 $\{W(t), t \geqslant 0\}$（或布朗桥）的数学期望 $\mu_x = -c + 2ct/T$，在 $[0, t_3]$ 偏向于 x_R 而在 $[t_3, t]$ 则偏向于 x_L；标准差 $\sigma = C\sqrt{t(T-t)/T}$。如果 μ_x 左右的 3σ 范围 $[\mu_x - 3\sigma, \mu_x + 3\sigma] \subseteq [x_L, x_R]$，则 X 维布朗桥有不低于 99.73% 的概率分布在棱镜内。

2) Y 方向标准差与棱镜上下边界

棱镜最小边界盒的上、下边界轨迹 $y_U(t)$ 和 $y_D(t)$ 由三部分构成：在 $[0, t_2]$ 位于以圆心 $F_1(-c, 0)$ 的圆上；在 $[t_2, t_e - t_2]$ 则位于椭圆上；$[t_e - t_2, t]$ 则位于以圆心 $F_2(c, 0)$ 的圆（图 4.19）。因此，

$$y_U(t) = \begin{cases} v_{\max} t, & t \in [0, t_2] \\ v_{\max} t \sin\theta, \theta = \arccos \dfrac{(2t-T)Tv_{\max}^2 + 4c^2}{4cv_{\max} t}, & t \in [t_2, t_3] \end{cases}$$

显然，$y_U(t)$ 和 $y_D(t)$ 不仅关于点 $(T_3, 0)$ 对称，还关于 X 轴对称。

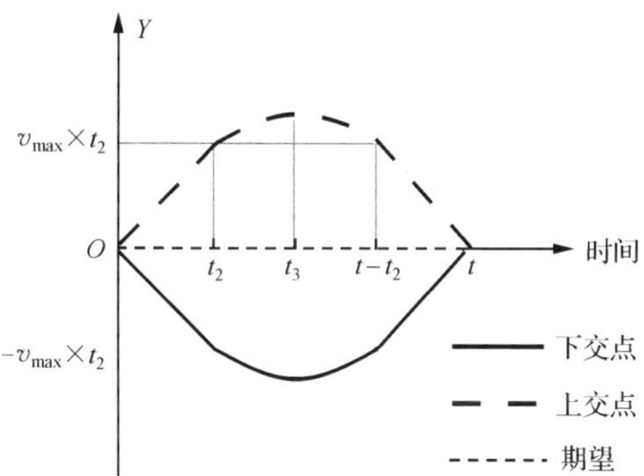

图 4.19　棱镜上下边界与布朗桥的数学期望

在 $W(0) = 0, W(T) = 0$ 条件下，Y 维布朗运动 $\{W(t), t \geqslant 0\}$（布朗桥）的数学期望 $\mu_y = 0$，标准差 $\sigma = C\sqrt{t(T-t)/T}$。如果 μ_y 左右的 3σ 范围 $[\mu_y - 3\sigma, \mu_y + 3\sigma] \subseteq [y_U, y_D]$，则 Y 维布朗桥有不低于 99.73% 的概率分布在棱镜内。

3. 基于布朗桥的时空概率模型

地理空间 (x, y) 的二维布朗桥可由 X 维和 Y 维布朗桥的独立联合构建。其中，X 维布朗运动 $\{W(t), t \geqslant 0\}$ 在 $W(0) = -c, W(T) = c$ 条件下的数学期望 $\mu_x = -c + 2ct/T$，标准差 $\sigma = C\sqrt{t(T-t)/T}$；$Y$ 维布朗运动 $\{W(t), t \geqslant 0\}$ 在 $W(0) = 0, W(T) = 0$ 条件下的数学期望 $\mu_y = 0$，标准差 $\sigma = C\sqrt{t(T-t)/T}$。因此，在已知 C 和时刻 $t \in [0, T]$ 的条件下，布朗运动的数学期望和方差是已知的。

在任意时刻 t，定向移动基于二维布朗桥的概率分布是一正态分布，通过棱镜的裁剪则形成截断正态分布。在已知 C 和时刻 t 的条件下，①随着 $v_{\max}$ 的增大，正态分布位于边

界不断扩展的棱镜内的概率值将单调增大，并存在一个 v_{max1} 使正态分布 99.73%的概率分布在棱镜内；②对于任意的 v_{max}（$v_{max}>v_{max1}$），截断正态分布趋于正态分布。由于正态分布的方差与 v_{max} 无关，因此趋于正态分布的截断正态的方差会随着 v_{max} 的增大而趋于稳定。

4.3.2 实例分析

根据基于布朗桥的时空概率建模方法，利用实际数据进行测试和分析。

1. 概率分布

设起点 F_1（−10m，0）、止点 F_2（10m，0）位于 X 轴，$T=20$s；又设个体的最大速度 $v_{max}=3$m/s，$v\sim N(0,1)$，则 $C=1$。图 4.20 描述了在 $t=5$，10，15 的概率分布，相应的等概率密度线近似圆形（图 4.21）。

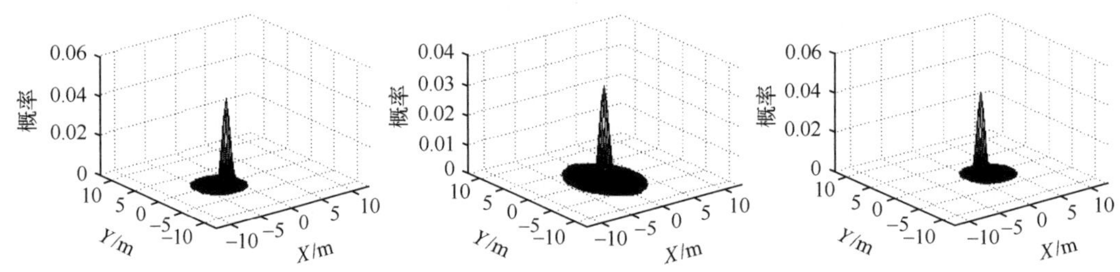

图 4.20 在时刻 $t=5$，10，15 的概率分布

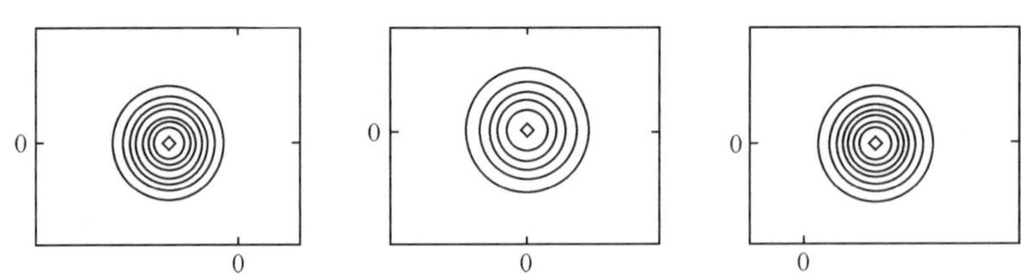

图 4.21 在时刻 $t=5$，10，15 的等概率密度线

2. 标准差范围及其棱镜边界

二维布朗桥在 X 方向的 3 倍标准差区间 $[\mu_x-3\sigma,\mu_x+3\sigma]$ 几乎包含于 $[x_L, x_R]$［图 4.22(a)］；Y 方向区间 $[\mu_y-3\sigma,\mu_y+3\sigma]$ 几乎包含于 $[y_U,y_D]$［图 4.22(b)］，只是在起、止点时刻附近不完全包含。因此，在起、止点时刻附近，二维布朗桥分布在棱镜的概率值小［如图 4.22(c)的 0.9616］，而在其他时刻则较大，有不低于 0.9973 的值。

3. 数字特征

由于较小的 0.9616 也接近于 1，因此基于棱镜裁剪的二维截断布朗桥在数字特征上近似于理论布朗桥（图 4.23）。图 4.23(a)描述了截断布朗桥在 X、Y 方向的数学期望与理论布朗桥在 X 方向的期望。图 4.23(b)描述了截断布朗桥在 X、Y 方向的方差与理论

布朗桥方差。其中，在 X 方向的数学期望、方差上，截断布朗桥与理论布朗桥基本重叠。

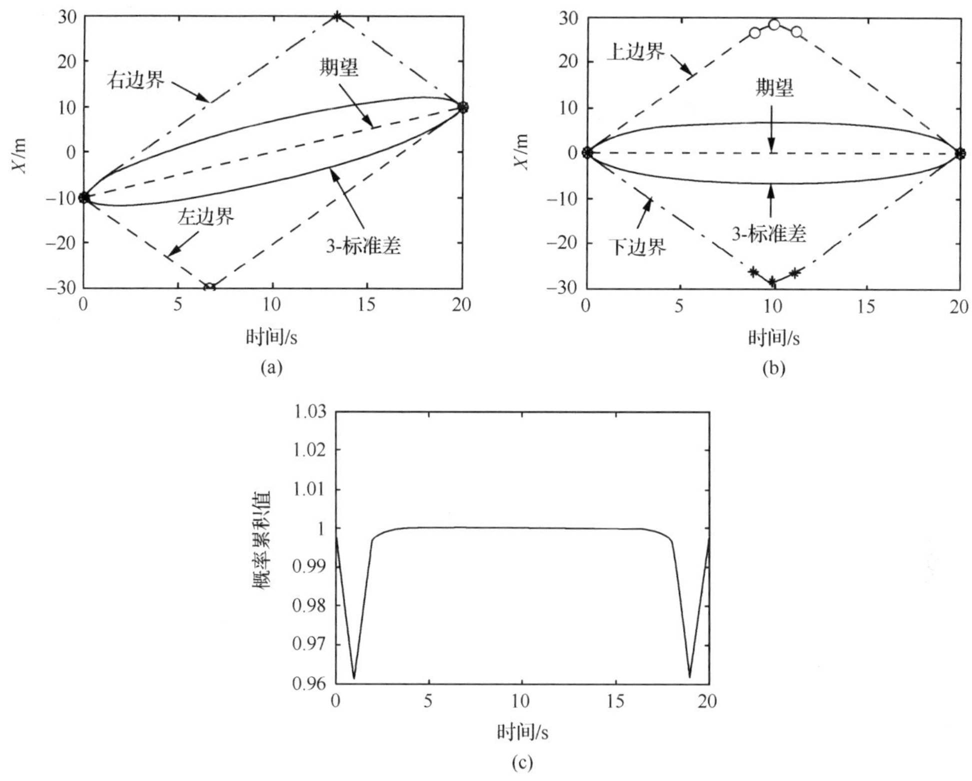

图 4.22　标准差范围与棱镜左右边界(a)及上下边界(b)，布朗桥位于棱镜的累积概率(c)

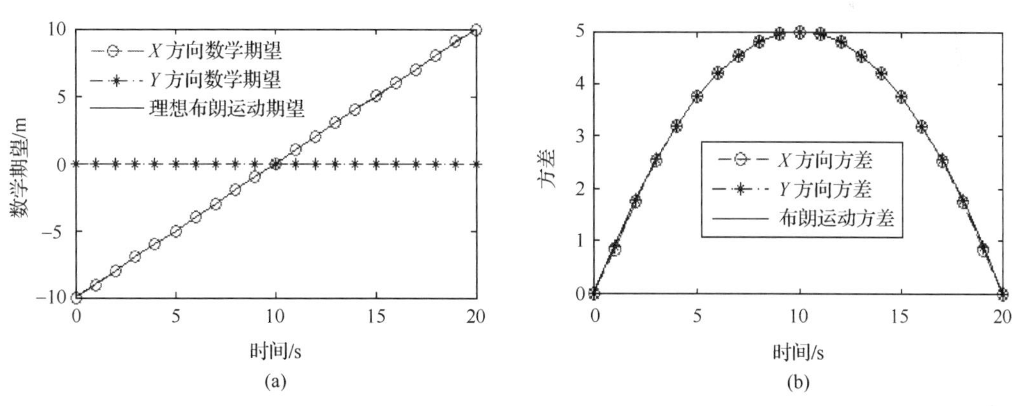

图 4.23　布朗桥与截断布朗桥的数学期望(a)与方差(b)

4. 数字特征的变化趋势

随着 v_{max} 的增大棱镜也增大，相应的 $[x_L, x_R]$ 和 $[y_U, y_D]$ 也不断增大。由于 $[\mu_x-3\sigma, \mu_x+3\sigma]$ 和 $[\mu_y-3\sigma, \mu_y+3\sigma]$ 只与 C 有关而与 v_{max} 无关，因此当速度标准差(即 C) 固定时，总存在一个最小的 v_{max1} 使 $[\mu_x-3\sigma, \mu_x+3\sigma] \subseteq [x_L, x_R]$ 和 $[\mu_y-3\sigma, \mu_y+3\sigma] \subseteq [y_U, y_D]$

成立。这意味着,当 $v_{max}>v_{max1}$ 时,随着 v_{max} 的增大布朗桥分布在棱镜的概率值也不断趋于 1[图 4.24(a)];或者,布朗桥位于棱镜外的概率值趋于 0。因此,当 $v_{max}>v_{max1}$ 时,时间地理学的截断布朗桥趋于布朗桥,或者说,棱镜裁剪对二维布朗桥及其数字特征的影响可以忽略。布朗桥的尺度参数(方差)与 v_{max} 无关,因而截断布朗桥的方差随 v_{max} 增大也趋于稳定。图 4.24(b)描述了在 $t=10s$(即中间时刻)定向移动在 X、Y 方向的方差随 v_{max} 增大的平稳趋势。

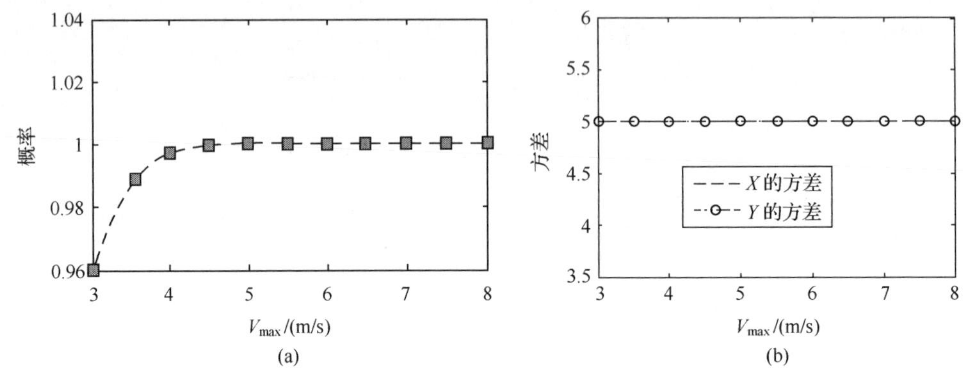

图 4.24　布朗桥分布在棱镜的概率值(a)和截断布朗桥方差(b)的趋势

5. 讨论

由于布朗运动与移动速度无关,而现实的个体受移动速度这一能力约束,因此基于布朗桥的时空概率模型需要考虑个性化的移动速度如何形成个性化的时空概率模型。Song 和 Miller(2014)也提出了基于布朗运动的时空概率模型,主要是在布朗桥的方差基础上新增了一个乘数因子$(v_{max}-\bar{v})^2$。该因子主要由移动对象的最大可能速度 v_{max} 构成,目的是修正布朗桥在模拟差异性的 v_{max} 时具有差异化的时空概率模型。然而,因子$(v_{max}-\bar{v})^2$ 也会随着 v_{max} 的增大而增大;这意味着,时空概率模型的方差也会随 v_{max} 的增大而发散。

尹章才等(2012)提出的基于布朗桥的时空概率模型,则通过布朗运动系数 C 和棱镜裁剪等两个方面来建立布朗桥与个体移动速度的关系:布朗运动系数 C 与移动对象的实际速度 v 的关系,裁剪布朗桥的棱镜与最大可能速度 v_{max} 的关系。这种方法的优势在于,构建的时空概率模型的方差在 v_{max} 不断增大时具有稳定性。

4.4　基于全概率公式的建模方法

全概率公式可以把复杂事件的概率化为互斥的简单事件的概率来计算。时间地理学中个体的移动速度,不仅受最大移动速度的制约,还受实际移动速度的影响,因而基于移动速度约束的时空概率是复杂的。基于全概率公式的时空概率建模方法将这种复杂概率的计算转换为单一速度约束的时空概率来计算,它是基本概率定律与时间地理学的结合。

4.4.1　建模方法

在时间地理学中，个体的最大可能移动速度 $v_{\max}$，以及实际的移动速度 $v(|v|\in[0, v_{\max}])$，分别对应于时间地理学的能力约束与权威约束，后者如城市早晚高峰期造成的实际行驶速度 v 远远低于 $v_{\max}$。

1. 基本原理

基于全概率公式的时空概率模型是利用全概率公式来计算移动对象在任一时刻位于空间位置上的可能性的一种概率模型（尹章才等，2013），其构建方法可分为三个主要步骤：

首先，根据时间地理学的起、止点时间和位置，计算平均速度（即能到达目的地的最小速度），并在最小与最大速度之间随机离散出若干速度点，同时假设随机速度变量服从麦克斯韦-玻尔兹曼分布。

然后，对每一速度点计算移动对象的可达范围及其几何概型，即移动对象在每一速度点条件下的几何概型。

最后，在速度概率与基于速度条件的几何概型基础上，利用全概率原理计算时间地理学的时空概率分布。

2. 棱镜的几何概型

移动对象实际采用的速度称为实现速度，$v\in[\bar{v}, v_{\max}]$，其中，平均速度 $\bar{v}=2c/T$ 也是移动对象能到达目的地的最小速度。为了简单起见，假设 v 与时间 $t\in[0,T]$ 无关。在起、止点位置 F_1 和 F_2 以及时间 T 相同的条件下，棱镜会随实现速度 v 的变化而变化。对于任一时刻 $t\in[0, T]$，以 F_1 为中心的圆的半径为 $r_1=v\times t$，以 F_2 为中心的圆的半径为 $r_2=v\times(T-t)$。两个圆的圆心是固定的，而半径则是速度 v 的线性函数，即 $r_1(v, t)$ 和 $r_2(v, t)$，其中 v 是直线 r_1 的斜率和直线 r_2 的斜率的绝对值。这样，对于两个速度 v_1 和 v_2，且 $v_1<v_2$，则 $r_1(v_1, t)$ 和 $r_2(v_1, t)$；$r_1(v_2, t)$ 和 $r_2(v_2, t)$ 如图 4.25 所示。

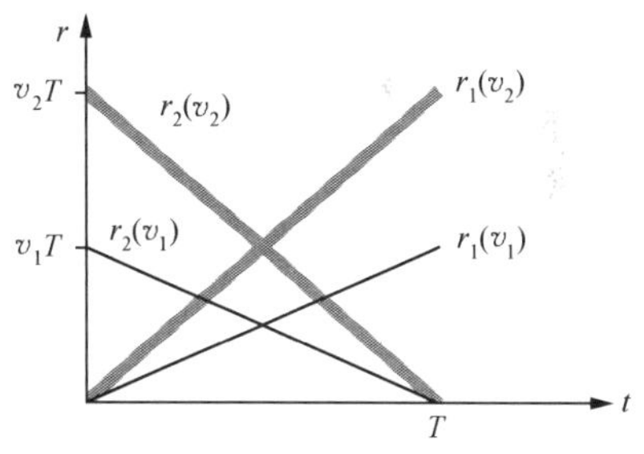

图 4.25　半径的线性函数

不同的移动速度所形成的时空棱镜是不同的。对于速度 $\bar{v}=2c/T, v_1, v_2$ 和 $v_{\max}$，有 $\bar{v}\leqslant v_1<v_2\leqslant v_{\max}$，则各自对应的时空棱镜如图 4.26(a)、图 4.26(b)、图 4.26(c)和图 4.26(d)。其中，时空棱镜在速度取值 $\bar{v}$ 时退化为单点。显然，速度与棱镜大小正相关，且速度大的棱镜在空间上完全包含速度小的棱镜。

由于仅仅知道移动对象位于棱镜内，但不能区分位于不同位置的可能性有何不同，因而可以假设移动对象在棱镜内服从均匀分布。根据几何概型，棱镜的均匀分布：

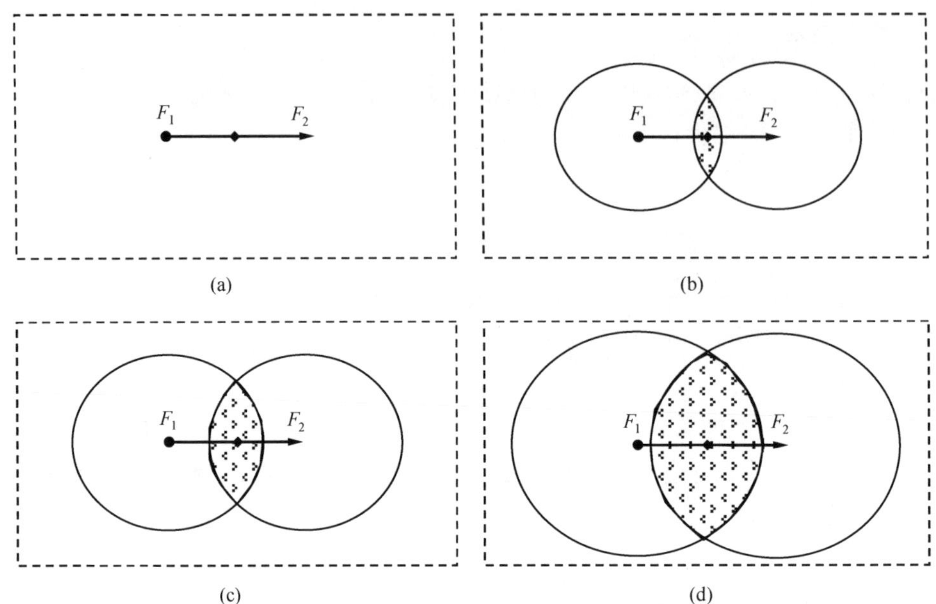

图 4.26 棱镜

(a)最小速度的棱镜;(b)v_1 的棱镜;(c)v_2 的棱镜;(d)v_3 的棱镜

$$p(x,y \mid v,t) = \begin{cases} 1/A_{v,t}, & A_{v,t} \text{ 是棱镜的面积} \\ 0, & \text{其他} \end{cases}$$

这里，$p(x,y \mid v,t)$ 表示以速度、时间为条件的空间位置(x, y)上的概率值。当 $v_1 < v_2$ 时，有 $A_{v1,t} < A_{v2,t}$；又根据均匀分布的性质，有面积越大概率值越小。这样，

$$\frac{1}{A_{v1,t}} > \frac{1}{A_{v2,t}}$$

$$p(x,y \mid v_1,t) > p(x,y \mid v_2,t)$$

3. 移动速度的概率分布

时间地理学中，个体在实际中的移动速度是不可知的，且不同应用具有差异化的移动速度范围及其概率分布。麦克斯韦-玻尔兹曼分布律是一个普遍的规律，个体的实现速度 $v \in [0, +\infty) = \{0$, 步行，自行车，汽车，火车，飞机$\}$也可适用麦克斯韦-玻尔兹曼分布律。

麦克斯韦-玻尔兹曼分布是三个独立、呈正态分布的变量 v_x、v_y 和 v_z 的乘积，其中每一个方向上的分布为 $v \sim N(0,\sigma_v^2)$，σ_v 为参数。速率是速度的大小，二维空间粒子的速率 $v = \sqrt{v_x^2 + v_y^2}$ 服从瑞利分布，即 $v \sim \text{Rayleigh}(\sigma_v)$：

$$p(v) = \frac{v}{\sigma_v^2}\exp\left(-\frac{v^2}{2\sigma_v^2}\right), \quad v \in [0, +\infty)$$

其中，σ_v^2 是速度的方差。由于 v 与时间 $t \in [0,T]$ 无关，因此，$p(v) = p(v \mid t)$。

值得一提的是，时间地理学中个体的实际移动速度可以采用麦克斯韦-玻尔兹曼分布表达，但不局限于该分布；这样，可以根据实际应用，建立个体移动速度的概率密度函数。

4. 基于移动速度及其棱镜几何概型的全概率公式

根据全概率公式，利用速度概率 $p(v)$ 和棱镜几何概型的条件概率 $p(x,y \mid v,t)$，可以获得定向移动的概率分布 $f(x,y \mid t)$，即

$$f(x,y \mid t) = \sum_{v} p(v \mid t) p(x,y \mid v,t), \quad v \in [\bar{v}, v_{\max}]$$

当 $t = T/2$，上述公式可简化为 $f(x,y) = \sum_{v} p(v) p(x,y \mid v)$。图 4.27 是在 $t = T/2$ 时由 5 个棱镜几何概型（以棱镜为底面的柱体）构成的全概率。其中，形成每个棱镜的速度：$v_1 < v_2 < v_3 < v_4 < v_5$，当速度之间的间隔越小时概率分布将越光滑。

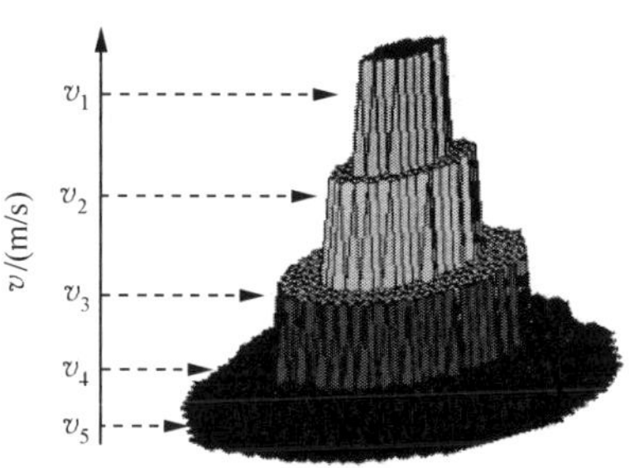

图 4.27　离散速度的全概率分布

由全概率公式可知，个体实际移动速度的概率分布 $p(x,y \mid v,t)$ 只是公式的一个变量，其取值与公式的形式无关。这意味着，基于全概率公式的时空概率模型能适用于任意概率分布的个体实际移动速度，而不知限于瑞利分布。

4.4.2　实例分析

根据基于全概率公式的时空概率建模方法，利用实际数据进行测试和分析。

1. 概率分布

设起点 $F_1(-10\text{m}, 0)$、止点 $F_2(10\text{m}, 0)$位于 X 轴，$T=20\text{s}$，则 $\bar{v} = |F_1F_2|/T = 1\text{m/s}$。又设个体的最大速度 $v_{\max}=2\text{m/s}$，$\sigma_v=1$。将这些数据代入速度全概率公式，可以计算任意 t 时刻的概率分布，如在 $t=5\text{s}$[图 4.28(a)]，10s[图 4.28(b)]，15s 时刻[图 4.28(c)]的概率分布。

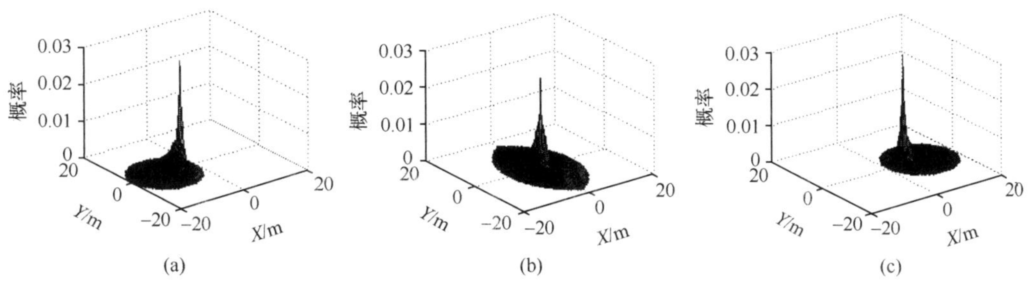

图 4.28　概率分布

(a)t=5s；(b)t=10s；(c)t=15s

2. 数学期望

根据边缘概率分布定义，二维空间上的时空概率可以投影到 X 轴、Y 轴以分别形成位于 X 轴、Y 轴上的边缘概率，进而可计算边缘概率分别在 X、Y 方向的数学期望(图 4.29)。其中，Y 方向的数学期望随时间的函数为水平直线[图 4.29(a)]，表示移动对象在 Y 方向的期望值总为 0，这与布朗桥一致；X 方向的期望则为曲线，且其期望位置位于[F_1，F_2]内。X 和 Y 方向上的数学期望基于时间的导数分别为钟形曲线和水平直线[图 4.29(b)]，这种导数描述了数学期望随时间的变化率，或期望位置点的移动速度。水平导数直线表达移动过程中数学期望以匀速($\bar{v}$)方式前移，能描述单一的出行方式，如步行；钟形导数曲线描述不同速度组合或移动方式的出行过程，如出发地 F_1→步行→乘坐汽车等交通工具→步行→目的地 F_2。当 v_{max} 不断减小时，定向全概型在 X 方向的数学期望曲线趋于直线；或者说，布朗桥的数学期望是基于全概率公式的时空概率期望值在 $v_{max}\to\bar{v}$ 条件下的极限。

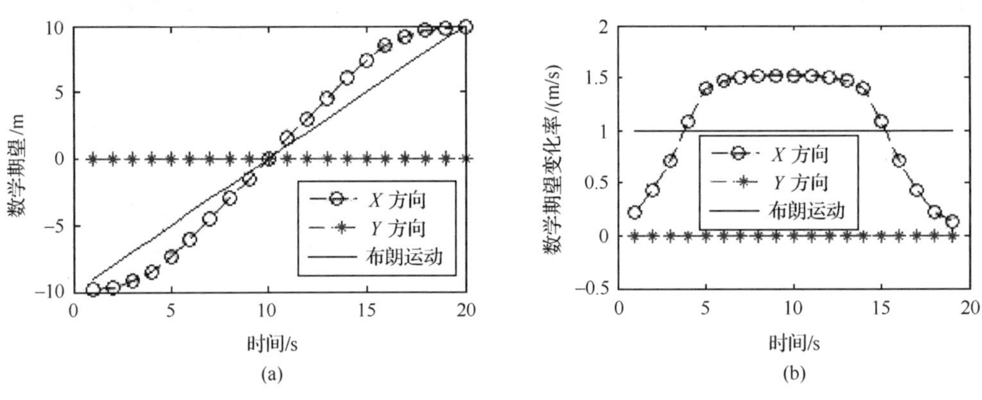

图 4.29　(a)数学期望和(b)数学期望变化率

3. 方差

边缘概率分布在 X、Y 方向的方差关于中间时刻对称并开口向下(图 4.30)。其中，Y 方向的方差只有一个极大值，类似于布朗桥方差的抛物线；X 方向的方差则具有两个极大值和在中间时刻 ($t_3 = T/2$) 的一个极小值，左、右极大值点对应的时间为：$t_1 = \dfrac{a-c}{v_{max}}$，$t_5 = T-\dfrac{a-c}{v_{max}}$。

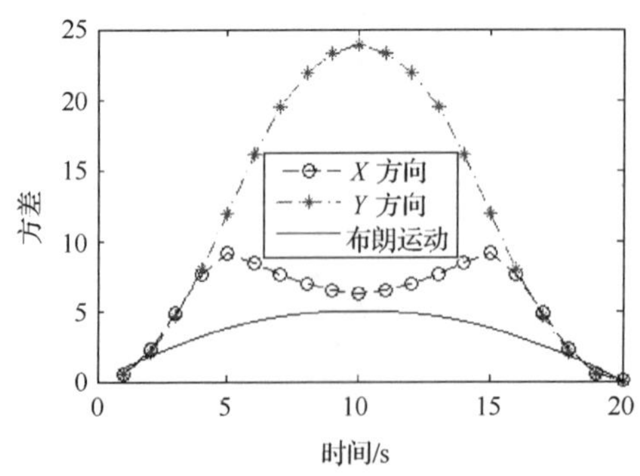

图 4.30　方差的时间函数

4. 数字特征的变化趋势

以特定时刻 $t=5$s 为例，当 v_{max} 增大时 Y 方向的期望值始终为 0；X 方向的则不断减小并收敛于直线 $y=-8$[图 4.31(a)]。由于布朗桥与速度无关，因而也为直线。对特定

的中间时刻 $t=10s$，当 v_{max} 增大时 X、Y 方向的方差趋于稳定[图 4.31(b)]。作为常数的布朗桥方差也具有稳定性。

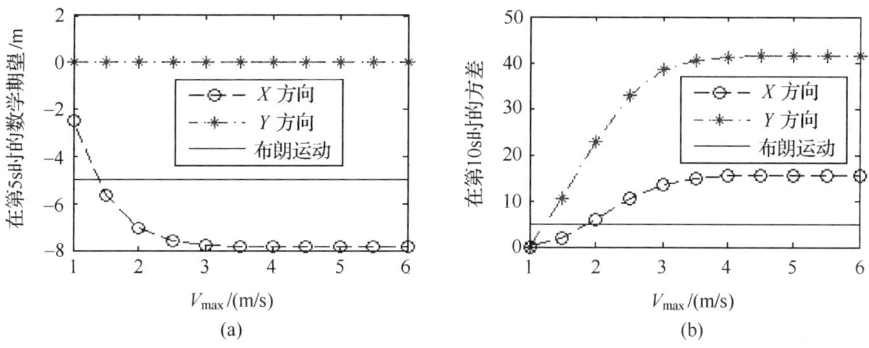

图 4.31　最大速度增大时，(a)数学期望和(b)方差的变化趋势

5. 讨论

在时间地理学中，基于正态分布的时空概率 A、基于布朗桥的时空概率 B 与基于全概率公式的时空概率 C 分别从不同的角度对同一时间地理事件的时空不确定性进行了概率建模。它们具有不同的特点(表 4.2)：

表 4.2　概率时间地理建模的方法比较

	正态分布形 A	布朗桥形 B	全概率公式形 C
v_{max} 的表达	通过棱镜裁剪	通过棱镜裁剪	通过棱镜裁剪
v 的表达		正态分布	实际分布
空间均质要求	均质空间	均质空间	实际空间(含非均质、网络)
v_{max} ↑时的方差	发散	收敛	收敛
理论数学期望	直线	直线	变化率为钟形的曲线

(1) A、B 和 C 都通过棱镜裁剪来表达时间地理学的 v_{max}。

(2) A 未体现 v；B 考虑了 v，但前提条件是 $v \sim N(0,C^2)$；C 适用于任意分布的 v。

(3) A、B 并不区分不同空间位置上的 v 或 v_{max} 的差异，因而也就不能表达 v 或 v_{max} 差异化的空间区域；C 则区分空间位置上的 v 或 v_{max} 的差异，因而具有应用针对性。

(4) 在理论方差上，随着 v_{max} 的增大 A 的方差发散；B 和 C 的方差收敛。

(5) 在理论数学期望上，A 和 B 近似于直线段；C 是一曲线，其变化率是钟形。其中，C 的曲线在 v_{max} 不断减小时趋近于 B 的直线。

4.5　时间地理学的概率模型验证

概率模型可为统计分析提供假设，统计则可为概率模型提供实际检验。行人在红绿灯的时空约束下穿越斑马线过程，是时间地理学的一种定向移动，通过时空位置的频率统计可检验定向移动的时间概率模型。

4.5.1 定向移动的频次统计

时间地理学中,定向移动对象在任一时刻的空间位置的统计分析可以获得时空频率。

1. 数据采集及其预处理(吴永星,2013)

以武汉市中南路与珞瑜路交叉口处的斑马线为例,测量斑马线宽 6.6m,长 17.5m,并从中南花园大楼的 31 层楼顶处拍摄斑马线的上行人移动的视频[图 4.32(a)]。

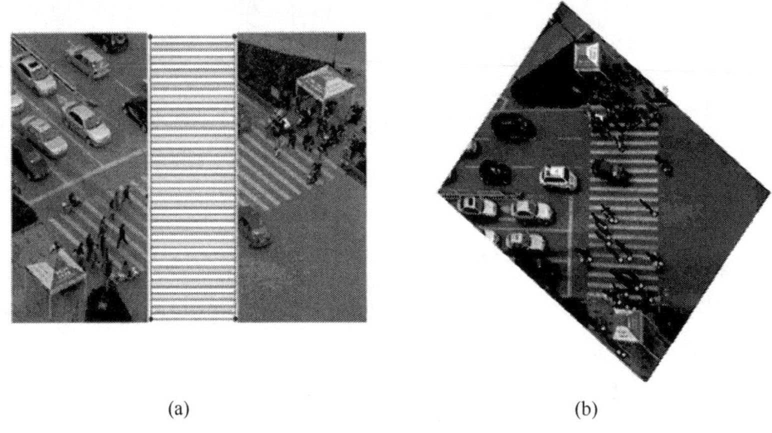

(a) (b)

图 4.32 (a)视频截图及其(b)几何校正图

在完成数据的实地采集后,需要对数据进行预处理(图 4.33),这包括三个步骤:

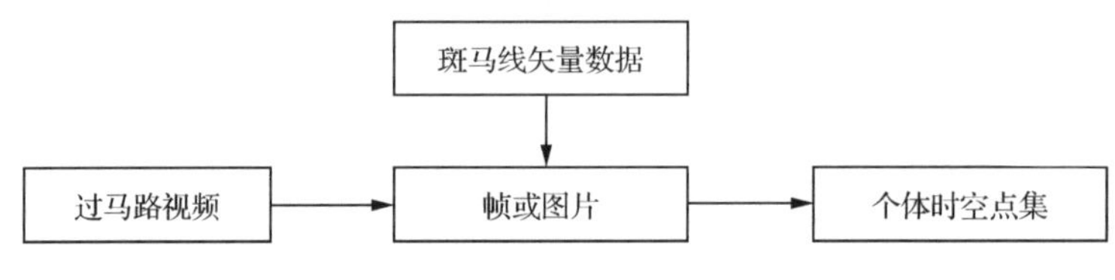

图 4.33 数据预处理技术路线

(1) 利用 AutoCAD 软件绘制斑马线区域,然后加载到 ArcGIS 中,得到斑马线的矢量空间数据。

(2) 利用视频分割软件将时间连续的视频分割成离散时刻的帧,每一帧对应于特点的时刻。由于视频数据及其每帧数据存在空间变形和变比例等特点,因此个体位置数据的提取之前需要进行几何校正和匹配处理[图 4.32(b)]。

(3) 将每帧图片上的个体矢量化成点集。校正后的每帧图片,可以分辨个体在斑马线上的位置(u, v)。其中,u 表示个体所在的斑马线的次序;v 表示个体位于斑马线靠左侧的相对距离,$v \leqslant 1$(图 4.34)。由于每帧图片上的斑马线与矢量斑马线一一对应,因此可以将相对坐标(u, v)转换为空间数据中的绝对坐标(x, y),实现视频中个体时空位置信息的提取及其在空间数据库中的存储。

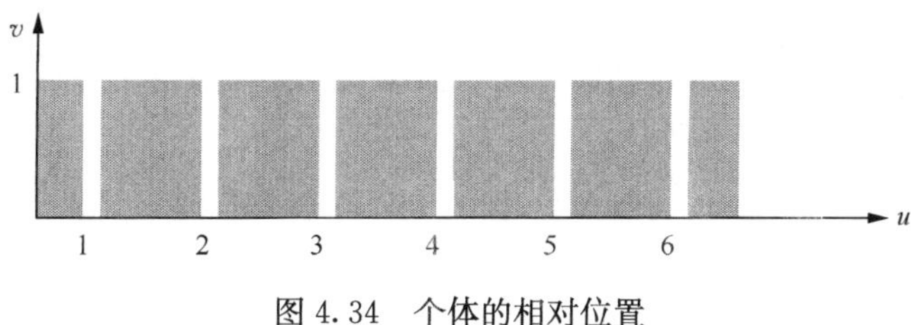

图 4.34　个体的相对位置

2. 时间地理学的定向移动参数

1) 起止点位置与总预算时间

在斑马线区域，两端的行人相向移动。为了简化计算，这里将只考虑一个移动方向[图 4.35(a)]，从而也可以确定移动的起点和止点。这样，起点 F_1、止点 F_2 分别位于斑马线矩形区域上下两边的中间点，且有 $|F_1F_2|=17.5\text{m}$。根据绿灯的周期和实际行人的最大行程时间，可确定总行程时间 $T=24\text{s}$。

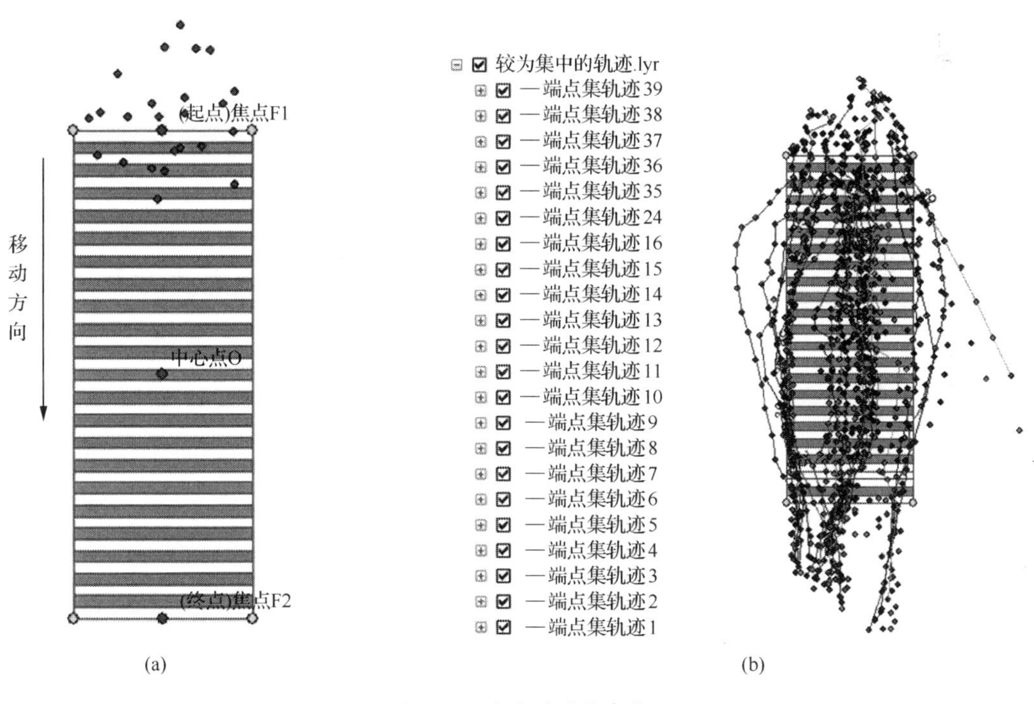

图 4.35　定向移动的参数

(a)起止点；(b)轨迹路径

2) 最大可能的移动速度

根据视频，在斑马线区域将同一行人在每帧图片上的点连接成路径，共有 22 条[图 4.35(b)]。然后，对这些轨迹分别计算路程和实际花费时间，通过路程除以时间获得每个行人的最大(平均)速度(表 4.3)。

注意到轨迹 14 的速度特别大，达到 3.53m/s，所用时间仅为 7.5s，经查看视频信息获知轨迹 14 是电动车产生的，所以应剔除轨迹 14。轨迹 22 对应的个体并没有向着终点移动，所以也要剔除掉。这样，有效的个体轨迹有 20 条（图 4.36）。最后，根据表 4.3，轨迹 6 的速度 2.25m/s 是最大的有效速度，即 $v_{max}=2.25\text{m/s}$。

表 4.3　行人的最大移动速度

轨迹	路程/m	时间/s	个人平均速度/(m/s)
1	22.65	16	1.42
2	25.78	15	1.72
3	16.73	7.5	2.23
4	24.52	12.5	1.96
5	23.95	23.5	1.02
6	20.25	9	2.25
7	21.41	22.5	0.95
8	20.87	16	1.3
9	18.18	14.5	1.25
10	21.97	20.5	1.07
11	21.94	20.5	1.07
12	16.23	13.5	1.2
13	22.97	24.5	0.94
14	26.45	7.5	3.53
15	25.54	18	1.42
16	21.97	12.5	1.76
17	25.67	16.5	1.56
18	22.527	21	1.07
19	25.52	15	1.7
20	19.86	15	1.32
21	27.01	15	1.8
22	15.75	8	1.97

3. 时间地理学的可达域

在已知起止点信息和最大速度 v_{max} 条件下，利用时间地理原理可以获得潜在区域(PPA)椭圆（图 4.37），其中长半轴 $a=\dfrac{v_{max}\times(t_e-t_s)}{2}=\dfrac{2.25\times 24}{2}=27$，半焦距 $c=\dfrac{|F_1F_2|}{2}=\dfrac{17.5}{2}=8.75$，短半轴 $b=\sqrt{a^2-c^2}=25.54$。在 t 时刻的棱镜是分别以起、止点为圆心，以 $r_1=v_{max}\times t$、$r_2=v_{max}\times(T-t)$ 为半径的两圆的交集。表 4.4 给出了各时刻的 r_1 和 r_2 的半径。

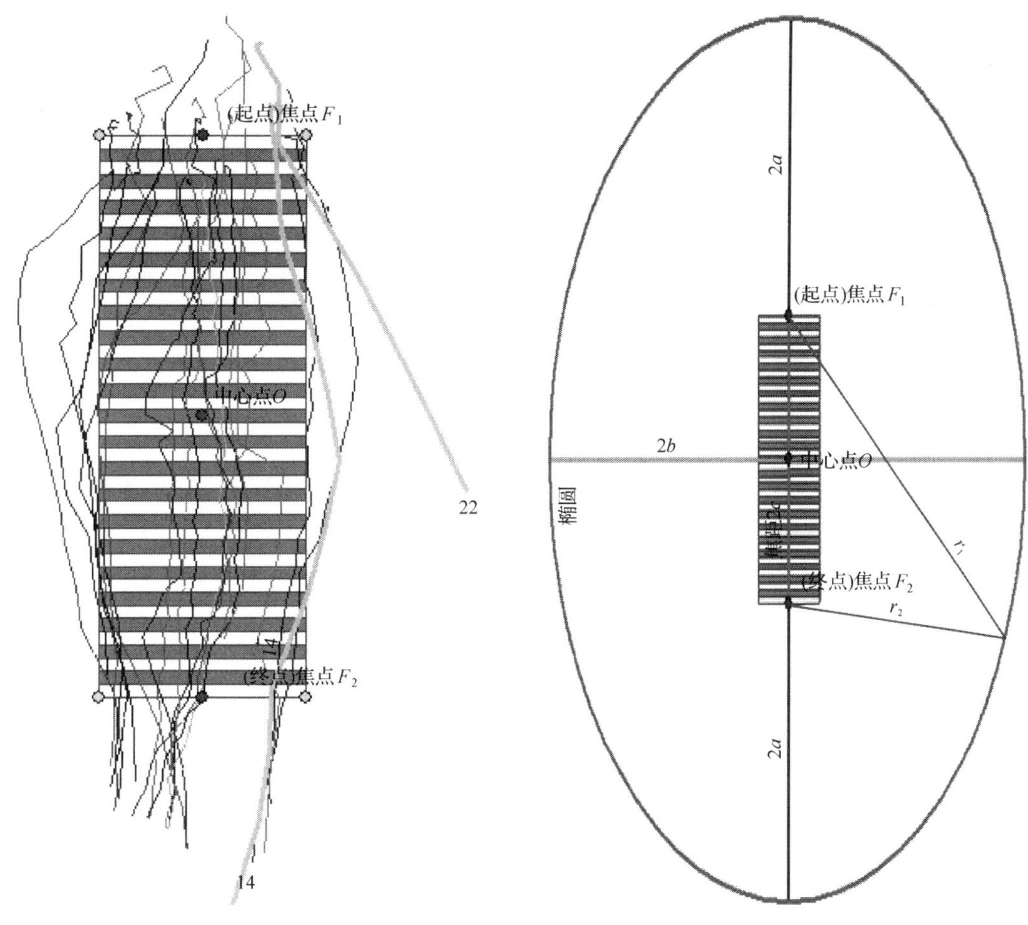

图 4.36　数据清洗图　　图 4.37　潜在区域

表 4.4　各时刻的半径

时间 t/s	r_1/m	r_2/m	时间 t/s	r_1/m	r_2/m
0	0	54	13	29.25	24.75
1	2.25	51.75	14	31.5	22.5
2	4.5	49.5	15	33.75	20.25
3	6.75	47.25	16	36	18
4	9	45	17	38.25	15.75
5	11.25	42.75	18	40.5	13.5
6	13.5	40.5	19	42.75	11.25
7	15.75	38.25	20	45	9
8	18	36	21	47.25	6.75
9	20.25	33.75	22	49.5	4.5
10	22.5	31.5	23	51.75	2.25
11	24.75	29.25	24	54	0
12	27	27			

对于任意时刻 t，通过棱镜与行人实际分布的叠置分析，可以验证时间地理学的有效性。图 4.38(a)、图 4.38(b)和图 4.38(c)分别给出了 $t=2$s、8s 和 12s 等 3 个时刻的棱镜与行人分布叠置图。

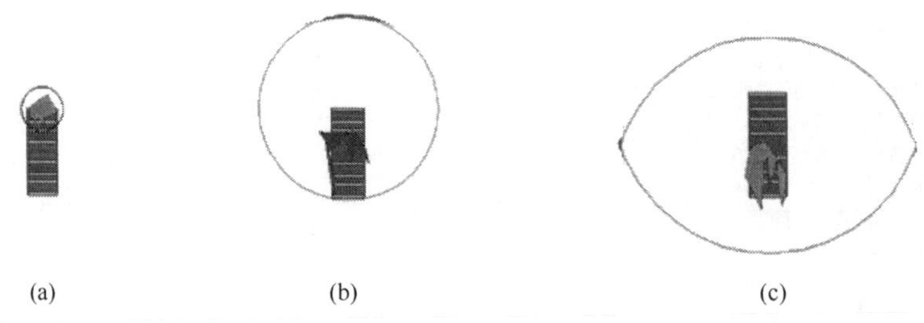

图 4.38 时空棱镜与行人分布

(a)$t=2$s；(b)$t=8$s；(c)$t=12$s

4. 频次的空间分布

为了获得行人的分布频次，首先需要将每一时刻的棱镜的最小边界盒分为 15×15 个矩形，然后统计落入每个小矩形的个体数量，并作为该小矩形的频次，最后绘制在时刻$t=4$s、$t=8$s 和 $t=12$s 等的频次分布图(图 4.39)。

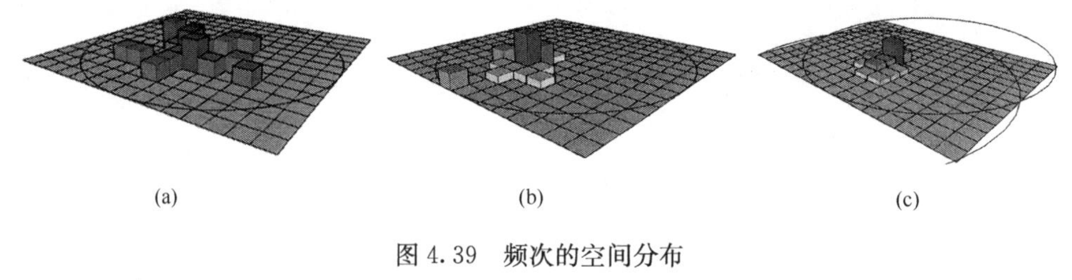

图 4.39 频次的空间分布

(a)$t=4$s；(b)$t=8$s；(c)$t=12$s

行人在任意时刻 t 的频次分布均以期望点($\mu_x(t)$，$\mu_y(t)$)为中心向外围呈递减趋势。

4.5.2 定向移动的概率检验

根据定向移动的起止点信息和最大移动速度，利用基于正态分布的时空概率模型连续计算各时刻的时空概率分布，并与频次的空间分布进行对比分析，以验证时空概率建模方法的有效性。

1. 基于正态分布的时空概率

根据基于正态分布的时空概率建模原理，计算各时刻的数字特征及其分布图。

为了方便计算，规定起点与坐标系原点重合，止点位于 X 轴的正半轴上，Y 轴垂直于 X 轴(图 4.40)。

(1) 数学期望：行人在 Y 方向的期望$\mu_y(t)=0$，在 X 方向的期望与时间t 成正比，即，$\mu_x(t)=\dfrac{|F_1F_2|}{T}\cdot t$(表 4.5)。

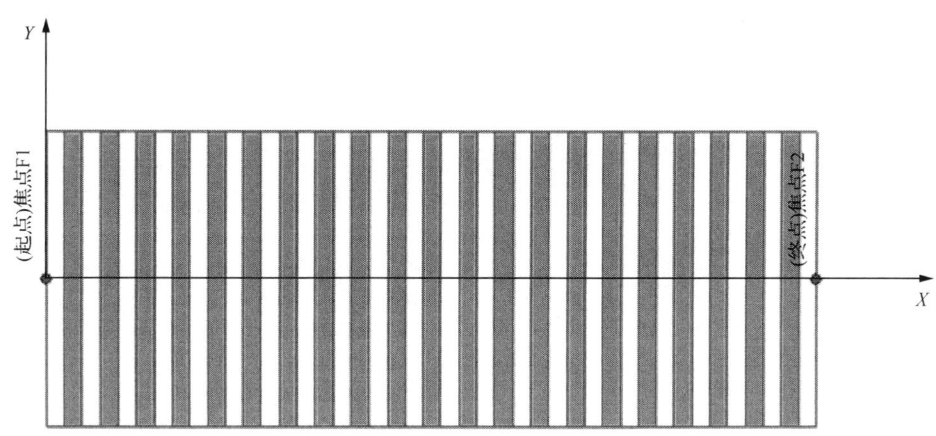

图 4.40　研究区域的坐标系

表 4.5　不同时刻的数学期望

时间 t/s	μ_x/m	时间 t/s	μ_x/m
0	0	13	9.477
1	0.729	14	10.206
2	1.458	15	10.935
3	2.187	16	11.664
4	2.916	17	12.393
5	3.645	18	13.122
6	4.374	19	13.851
7	5.103	20	14.58
8	5.832	21	15.309
9	6.561	22	16.038
10	7.29	23	16.767
11	8.019	24	17.496
12	8.748		

(2) 标准差：$\sigma_x(t)$ 和 $\sigma_y(t)$ 分别定义为在时刻 t 的棱镜最小边界盒的宽度和高度的 1/6(表 4.6)。

由上可知，在时刻 $t=4$s、$t=8$s 和 $t=12$s 时的正态分布：N(2.916，0；1.895^2，1.895^2)、N(5.832，0；3.789^2，3.789^2)、N(8.748，0；5.684^2，5.684^2)。

2. 时空概率检验

对同一时间地理事件，利用统计频次检验基于正态分布的时空概率。这里，以 $t=12$s 时的行人分布数据为例，检验沿 X 方向的边缘频次分布是否为接近正态分布。表 4.7 列

出了行人在 X 方向的实际频次。

表 4.6　不同时刻的标准差

时刻 t/s	标准差 $\sigma_x=\sigma_y$/m	时刻 t/s	标准差 $\sigma_x=\sigma_y$/m
0	0.000	13	5.210
1	0.474	14	4.737
2	0.947	15	4.263
3	1.421	16	3.789
4	1.895	17	3.316
5	2.368	18	2.842
6	2.842	19	2.368
7	3.316	20	1.895
8	3.789	21	1.421
9	4.263	22	0.947
10	4.737	23	0.474
11	5.210	24	0.000
12	5.684		

表 4.7　行人在 X 方向的频次

人数	X 坐标/m	频率
3	9.73	0.158
5	12.17	0.263
5	14.60	0.263
4	17.03	0.210
2	19.46	0.105

1）基于“68-95-99.7 法则”的检验

上述统计数据的平均值与标准差分别为：14.1975，3.0119。这样，落入[14.1975－3.0119，14.1975＋3.0119]＝[11.1856，17.2094]的频率累积值为 0.7360；落入[14.1975－2×3.0119，14.1975＋2×3.0119]＝[8.1737，20.2213]的频率累积值为 1；落入[14.1975－3×3.0119，14.1975＋3×3.0119]＝[5.1618，23.2332]的频率累积值为 1。根据“68-95-99.7 法则”，可以近似认为行人在 $t=12$s 时分布于 X 方向的实际频次服从正态分布。

基于正态分布的时空概率的平均值与标准差分别为 8.748、5.684。这样，落入[8.748－5.684，8.748＋5.684]＝[3.0640，14.4320]的频率累积值为 0.6840；落入[8.748－2×5.684，8.748＋2×5.684]＝[－2.6200，20.1160]的频率累积值为 1；落入

[8.748－3×5.684，8.748＋3×5.684]＝[－8.3040，25.8000]的频率累积值为 1。根据"68-95-99.7 法则"，可以近似认为行人在 $t=12\text{s}$ 时的统计频次服从基于正态分布的时空概率。

2）基于 SPSS 软件的检验

利用 SPSS 软件，对行人在 $t=12\text{s}$ 时分布于 X 方向的实际频次数据进行正态检验，得到正态性检验表（表 4.8）、统计量表（表 4.9）和直方图（图 4.41）。

表 4.8　正态性检验表

参数	Kolmogorov-Smirnov*			Shapiro-Wilk		
	统计量	df	Sig.	统计量	df	Sig.
变量 1	0.169	19	0.158	0.924	19	0.133

* Lilliefors 显著水平修正

表 4.9　统计量表

N	有效	19
	缺失	0
偏度		0.140
偏度的标准误		0.524
峰度		－0.865
峰度的标准误		1.014

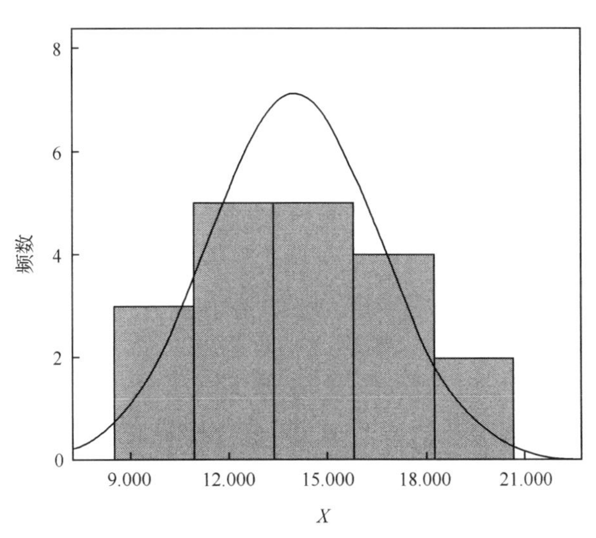

图 4.41　直方图

因为数据的样本量小于 50，所以用 S-W 检验。由表 4.8 可知 P 值＞0.05，因此变量呈正态性。表 4.9 显示偏度＝0.14，峰度＝－0.865，两个系数的绝对值都小于 1，可认为变量近似于正态分布。

上述检验均证实：沿 X 方向的边缘频次分布接近正态分布。

3. 讨论

(1) 目前只对部分经典概率模型(如布朗桥、正态分布等)、全概率公式等在时间地理学中的应用进行了尝试,以后仍需研究其他概率模型与方法在时间地理学中的应用。

(2) 时空概率模型的实例分析与验证尚不成熟,难以从实证角度分析已有多种时空概率模型的优缺点。

第三部分　概率时间地理学的相遇

概率时间地理学的相遇是分析随机移动对象的相遇可能性。在两个移动对象的时空概率模型基础上，利用概率乘法法则可计算两对象的相遇概率，这是本部分的主要内容。其中，第 5 章引入了会面问题，它描述两个移动对象在公共位置点(x,y)、同一时期$[t_1,t_2]$内的相遇概率；对两移动对象在公共位置区域$\sum(x,y)$、同一时刻$t\in[t_1,t_2]$的相遇概率，第 6 章和第 7 章分别从连续型、离散型概率分布的角度进行了分析；第 8 章阐述了两移动对象在公共位置区域$\sum(x,y)$、同一时期$[t_1,t_2]$内的相遇概率。

第5章　随机相遇基础

时空体能定性分析两个移动对象的潜在相遇特性。由于移动对象在可达域中的概率分布不总是均匀的，即非几何概型，因此相遇概率不能简单基于相交可达域的占比(Winter and Yin，2011)。这意味着，相遇概率需要利用概率论的积事件、会面问题等知识进行分析。

5.1　随机相遇概念

随机相遇是两个移动对象之间的一种关系，可分为两类：①定性关系，包括空间拓扑关系(两对象存在公共位置的关系)和时空关系(同一时刻两对象存在公共位置的关系)；②定量关系，是在同一时刻两对象在公共位置上的可能性。

5.1.1　相遇的时间与空间关系

随机相遇既是一种空间关系，又是一种受时间约束的空间关系，即时空关系。

1. 随机相遇的空间关系

空间关系是空间系统复杂性的重要标志，包含着系统内部作用的复杂机制。近年来，空间关系的理论与应用研究在国内外都非常多。空间关系包含三种基本类型：拓扑关系、方位关系和度量关系。每一种类型又可分为6种形式：点-点、点-线、点-面、线-线、线-面、面-面。

1) 空间关系的基本形式

空间类型可分为点、线、面、体4种，因而空间关系是在三维空间上的[点/线/面/体]与[点/线/面/体]之间的两两几何关系，包括拓扑关系、度量关系和方向关系。在时间地理学中，移动对象在任一时刻的可达域就是一种空间几何。

在GIS中点、线、面3种几何类型两两之间具有6种空间关系：点-点、点-线、点-面、线-线、线-面、面-面关系。点能扩展成线、面，线能扩展成面。这样，点-点关系可扩展成点-线、点-面关系；点-线、点-面关系可扩展成线-线、线-面、面-面关系；线-线、线-面关系可扩展成线-面、面-面关系(图5.1)。

点-点关系通过两次扩展可以形成其他基本空间关系(图5.2)。

由于时间类型可分为时刻点、时间段，因而时间关系可转换为直线轴上的[点/线]与[点/线]之间的空间几何关系。

2) 空间关系的基本类型

空间关系的基本类型包括拓扑关系、度量关系和方向关系。拓扑学是几何学分支之一，它研究在拓扑变换(如平移)下能够保持不变的几何属性。图形的形状、大小会随图形

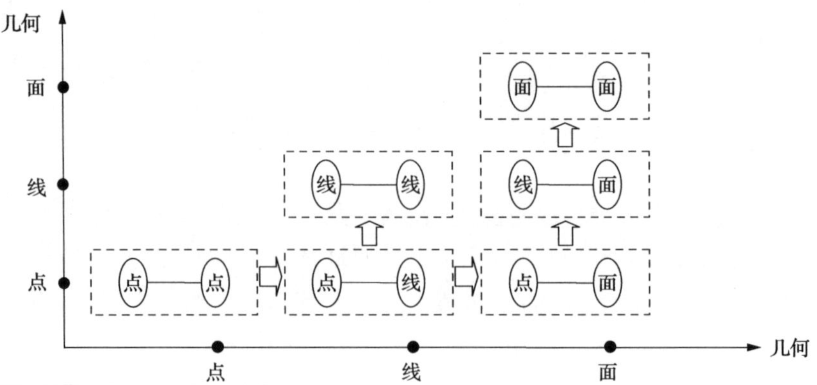

图 5.1　空间关系的派生关系

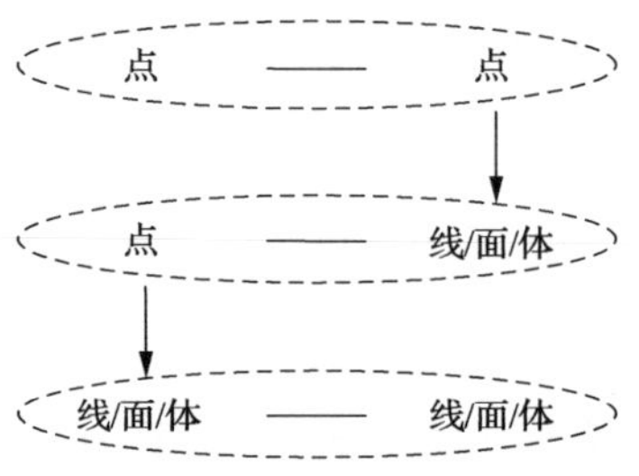

图 5.2　空间关系的派生机理

的变形而改变，但图形之间的相邻、包含、相交等拓扑关系不会发生改变。空间拓扑关系包括相离(disjoint)、相接/邻接/相遇(meet)、重叠/相交(overlap)、相等(equal)、包含(contain)、被包含/在内部(inside)、覆盖/重合(cover)和被覆盖(covered by)8 种关系。

同一空间拓扑关系，在不同的空间基本形式(即，点-点、点-线、点-面、线-线、线-面、面-面等)中可能不同(图 5.3)。例如，①点-点关系：点实体和点实体之间只存在相离和重合两种关系；②点-线关系：点实体和线实体间存在着相邻、相离和包含三种关系；③点-面关系：点实体与面实体间存在着相邻、相离和包含三种关系；④线-线关系：线实体与线实体

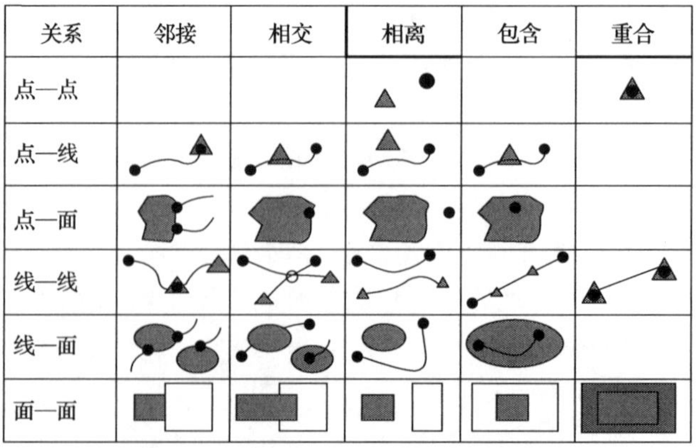

关系	邻接	相交	相离	包含	重合
点—点					
点—线					
点—面					
线—线					
线—面					
面—面					

图 5.3　空间拓扑关系的划分(汤国安等，2007)

间存在着相邻、相交、相离、包含、重合关系；⑤线-面关系：线实体与面实体间存在着相邻、相交、相离、包含关系；⑥面-面关系：面实体与面实体间存在着相邻、相交、相离、包含、重合关系(汤国安等,2007)。

在随机相遇中,个体之间可能存在的拓扑关系有：邻接、相交、相离、包含、重合,也就是所有的空间拓扑关系。其中,邻接、相交、包含、重合等关系中个体之间在空间位置上存在一个或多个公共点；相离关系中个体之间在空间位置上则不存在公共点。

2. 随机相遇的时间关系

时间关系也包括拓扑、度量和方向关系。时间拓扑关系也包括空间拓扑关系的8种。其中,"在内部"在时间关系中又称为"在…期间"；"覆盖"与"被覆盖"在时间关系中又称为"同时结束""同时开始"。

为了简单起见,包含、被包含、覆盖和被覆盖等不同拓扑关系,在这里如果没有特别区别统称为包含关系。

3. 随机相遇的时空关系

时间地理学的时空关系是时间关系与空间关系的联合,可以采用〈时间关系、空间关系〉二元组表示。

1) 时空拓扑关系

时空拓扑关系由时间拓扑关系与空间拓扑关系联合而成(表5.1),如〈时间相遇关系、空间相遇关系〉,能表达时间地理学相遇语义的时空关系。

表5.1　时空关系的类型

空间	时间				
	相离	相遇	相交	相等	包含
相离	时空相离关系	〈相遇,相离〉	〈相交,相离〉	〈相等,相离〉	〈包含,相离〉
相遇	〈相离,相遇〉	时空相遇关系	〈相交,相遇〉	〈相等,相遇〉	〈包含,相遇〉
相交	〈相离,相交〉	〈相遇,相交〉	时空相交关系	〈相等,相交〉	〈包含,相交〉
相等	〈相离,相等〉	〈相遇,相等〉	〈相交,相等〉	时空相等关系	〈包含,相等〉
包含	〈相离,包含〉	〈相遇,包含〉	〈相交,包含〉	〈相等,包含〉	时空包含关系

2) 时空方向关系

空间关系包括左/右、上/下、前/后等；时间关系是针对同一线性时间而言的,因而只有前/后关系,即"在…之前""在…之后"。这样,时间与空间的方向关系能联合成时空方向关系。

3) 时空度量关系

空间关系包括距离、面积和体积等,而时间关系只有距离。这样,时间与空间的距离关系可联合成时空距离关系。

5.1.2 时间地理学的相遇语义

随机相遇是一种随机发生的相遇事件，与组合约束的确定性相遇事件共同构成了时间地理学的相遇事件。时间地理学的组合约束是为了达到某种目的（如社交、聚会、上课等）而形成的一种约束个体时空间行为特征的限制性因子，因此，组合约束形成的相遇是一种确定性相遇，即在规定的时间不同对象位于特定场所而发生必然性相遇事件，具有相遇时间的确定性和相遇地点的确定性。随机相遇则是一种不确定性相遇事件，具有相遇时间的不确定性和相遇地点的不确定性。随机相遇往往根据个体的能力约束来分析相遇的可能性，即固定相遇时间来分析相遇地点的可能性或者固定相遇地点来分析相遇时间的可能性。确定性相遇是以概率为 1 的随机相遇，因而是随机相遇的特例。

1. 时间地理学的相遇语义

人类的移动性及其相遇在许多方面都具有重要的研究价值。例如，某些传染病正是由于人的旅行和相互接触才发生传播，研究群体的空间移动规律有助于深入理解这些疾病的空间传播机制和提出有效的预防和控制措施；在城市空间中，人在不同地点间的移动直接导致交通网络上的各种复杂的流动现象，只有掌握了人类移动规律，才能合理规划交通设施，进而预防和控制交通拥堵（陆锋等，2014）。值得一提的是，这些相遇都不一定是：空间距离为 0 的相遇，时间距离为 0 的相遇，以及时间、空间距离都为 0 的相遇。因此，时间距离为 0 和空间距离为 0 都不是相遇的必要条件。例如，空气媒介传染的疾病不需要两个体间 0 距离接触。又如，如果细菌在空气中能够存活一段时间，则疾病的传播也不需要两个体在同一时刻出现在同一位置或附近。这意味着，时间地理学的相遇不同于 GIS 的相遇关系。

在时间地理学中，移动对象之间的语义关系可分为互斥的两类：相遇，相离（表 5.2）。其中，相离是任一移动对象在一定的视域范围内见不到另一移动对象的关系，是拓扑相离且相距距离大于视域半径的关系；相遇是任一移动对象在一定的视域范围内能见到另一移动对象的关系，是拓扑相遇、包含、相等、相交、（短距离）相离等的组合。

表 5.2 时间地理学与拓扑学之间的关系比较

时间地理学	拓扑学
相遇语义	相遇、包含、相等、相交、相距距离小于视域半径的相离
相离语义	相距距离大于视域半径的相离

时间地理学的相遇语义（semantics of meeting）不同于 GIS 的相遇定义，主要区别有：①前者是一种语义上的关系，后者是一种拓扑关系；②前者受地理环境（如地形、能见度、人群密度）、个体能力（如身高、视力、可作为视力延伸的手机周边搜索）等的约束，后者独立于个体、地理环境，是一种与个体、地理环境无关的数学模型；③前者通常与时间有关，如两个体的相遇可以是在一定时间内一个体途径另一个体曾出现的位置，传染病接触就属于此类，后者独立于时间。因此，相对于拓扑相遇，时间地理学的随机相遇具有众多不确定性因子（包括空间、时间、个体）的影响，造成相遇的不确定性增强。

2. 时间地理学的相遇类型

根据时间类型，可将时空相遇分为基于状态的相遇、基于过程的相遇。

1) 基于状态的相遇

在任一时刻，移动对象的可达域的几何类型包括点、线、面和体，因而基于状态的相遇类型⟨a,b⟩，共 16 种组合类型，其中 a,b∈{点，线，面，体}。由于线、面在几何构成上可视为点的集合，因此点-点相遇可以构成任何几何-几何型的相遇(图 5.4)。

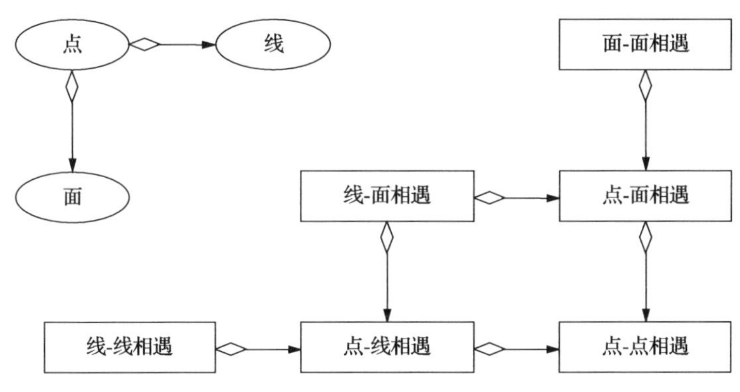

图 5.4　状态相遇的聚合关系

2) 基于过程的相遇

时间 t 与(x,y)空间中的点、线、面与体分别联合，可形成线、面、体。这样，在一段时间内，移动对象的时空可达域在(x,y,t)空间的几何形态，包括线(时空路径)、面(直线空间上的时空体)和体(如棱柱)。因此，基于过程的相遇类型⟨c,d⟩，共 9 种组合类型，其中 c,d∈{线，面，体}。

在人与人的会面活动(如救灾等)中，往往需要对会面的时间、地点提前预约。活动发起者提前预计的时间、地点信息，根据时间地理学框架，可表达成时空路径；类似地，由活动参与者的时空约束可构建时空路径、时空体。会面时间、地点的规划以及发起者行进线路的优化，涉及双方时空可达域的交集(刘钊，2014a)，如图 5.5(a)、图 5.5(b)、图 5.5(c)所示分别表示线-线型、线-体型、体-体型的相交类型或过程相遇类型。

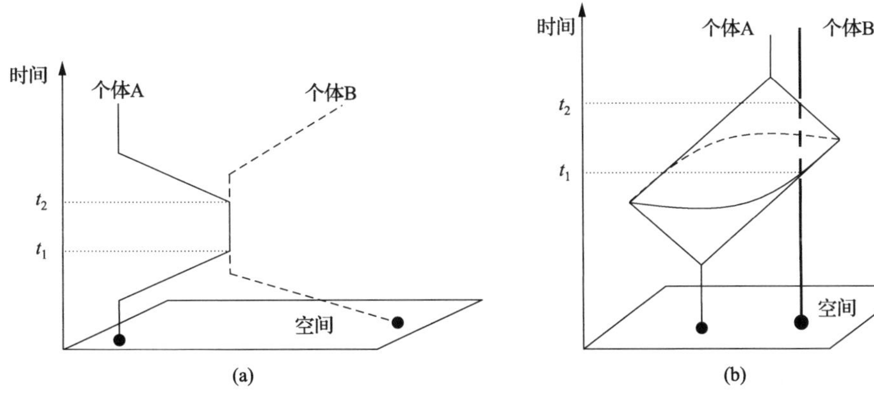

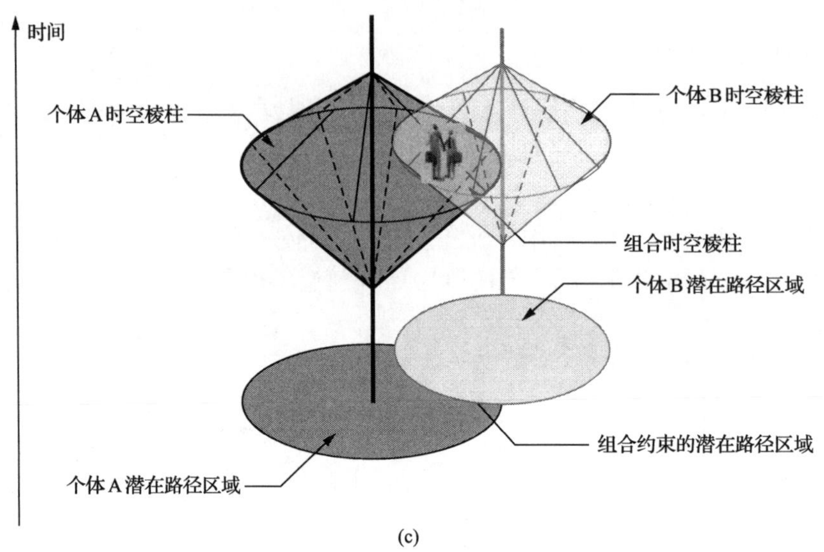

图 5.5　过程相遇

(a) 线-线型;(b) 线-体型(刘钊等,2014b);(c) 体-体型过程相遇(翟瀚,2014)

会面问题是一种基于过程的相遇问题,也是在已知相遇位置点条件下相遇时间不确定性的问题,因而是概率论和概率时间地理的共性问题。

5.1.3　时间地理学的相遇条件

时间地理学的相遇条件,是相遇语义的形式化描述,以便于通过数学计算和计算机模拟与分析。

1. 时间地理学的相遇区域

两移动对象的相遇区域:$\Omega_{\alpha\beta}\cap\{0\leqslant|L_a-L_b|\leqslant R\}$,在不同相遇类型中具有不同的几何形态,如:

(1) 线 S_a-点 L_b 相遇:样本空间 $\Omega_{\alpha\beta}$是穿过点 L_b 的线 S_a[图 5.6(a)的虚线],相遇区域是样本空间位于$\{0\leqslant|L_a-L_b|\leqslant R\}$的部分[图 5.6(a)的矩形]。

(2) 线 S_a-线 S_b 相遇:设 S_a 与 S_b 重合,则样本空间 $\Omega_{\alpha\beta}$为边长等于$|S_a|$的正方形[图 5.6(b)的虚线],相遇区域是样本空间位于$\{0\leqslant|L_a-L_b|\leqslant R\}$的部分[图 5.6(b)的阴影部分]。

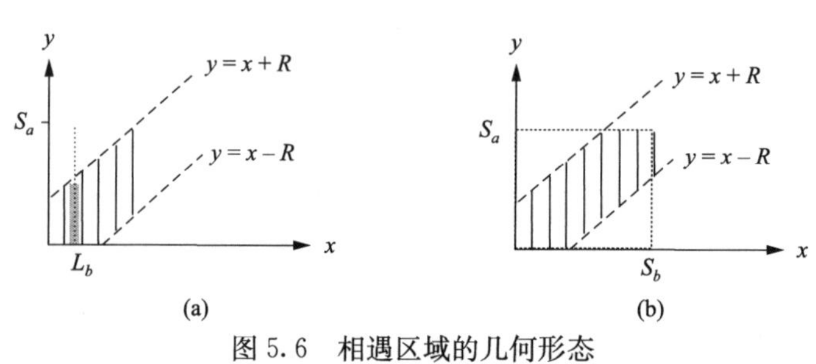

图 5.6　相遇区域的几何形态

(a) 点-线相遇;(b) 线-线相遇

2. 基于状态的相遇条件

在同一时刻，两个体之间的空间距离小于一定的阈值，就可视为相遇。例如，在打猎的相遇活动中，两移动对象分别是猎人与猎物，相遇的最大空间阈值是射程。设，两对象α、β所在位置点L_a、L_b，则相遇的基本条件：

$$0 \leqslant | L_a - L_b | \leqslant R$$

其中，$|L_a-L_b|$在一维空间是$|x_a-x_b|$；在二维空间$\sqrt{(x_a-x_b)^2+(y_a-y_b)^2}$；在三维空间$\sqrt[3]{(x_a-x_b)^2+(y_a-y_b)^2+(z_a-z_b)^2}$。基于状态的相遇条件是一个对象$\alpha$的位置点（如$L_a$）位于以另一个对象$\beta$的位置点（如$L_b$）为圆心，以$R$为半径的圆内，或$L_a \in \text{Circle}(L_b, R)$（图 5.7）。

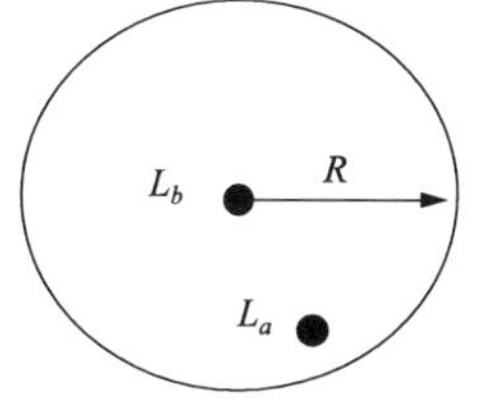

图 5.7　基于状态的相遇条件

上述基本相遇条件是点对点的空间关系。在同一时刻，两个移动对象的可达域可能是线、面等几何形态；这样，两对象的相遇条件：对象α可达域中的任一点（如L_a）位于对象β可达域中的任一点L_b的圆Circle(L_b, R)中。或者说，两对象的相遇条件是两可达域中最近两点的距离小于R。随着点-点型相遇到其他几何-几何型相遇的扩展，相遇条件具有派生关系（图 5.8）。设相遇事件的样本空间$\Omega_{\alpha\beta}(=\Omega_\alpha \times \Omega_\beta)$，则相遇事件的补集或互斥事件是：$\Omega_{\alpha\beta}-\{0 \leqslant |L_a-L_b| \leqslant R\}$，或，$\Omega_{\alpha\beta} \cap \{|L_a-L_b| > R \geqslant 0\}$。

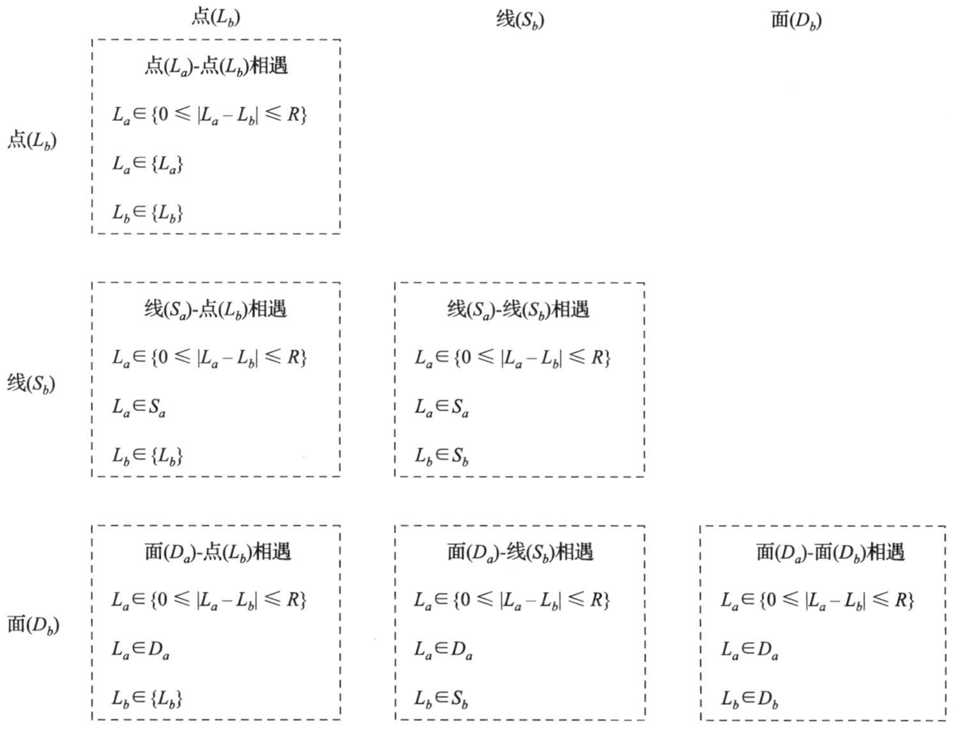

图 5.8　相遇条件的派生关系

3. 基于过程的相遇条件

1）相遇条件的形式化

在一定时间内，如果两个体之间的最小时空距离小于一定的阈值，则可视为相遇。设两对象 α、β 所在时空位置点 $L_a(t_a)$、$L_b(t_b)$，则可相遇的基本条件：

$$0\leqslant \| L_a(t_a)-L_b(t_b) \| \leqslant R(L_a,t_a;L_b,t_b)\text{，其中“} \| \ \| \text{”表示空间距离}$$
$$\text{且，}0\leqslant | t_a-t_b | \leqslant \tau$$

这里，t_a 可以与 t_b 不相等；$R(L_a,t_a;L_b,t_b)$ 是一变量为 L_a、t_a、L_b 与 t_b 的函数。为了简单起见，假设 R 是一常数，只与两对象的非时空属性有关，因而独立于时空位置。例如，设点 A、B 为移动对象 α、β 分别在时刻 t_a、t_b 的空间位置，三维直线段 AB 在空间平面的投影为 CD。如果 $0\leqslant|CD|\leqslant R$，且 $0\leqslant|t_a-t_b|\leqslant\tau$，则分别位于点 A、B 的两对象 α、β 可相遇（图 5.9）。又，设点 E 为移动对象 β 在时刻 t_e 的空间位置，则三维直线段 AE 在空间平面的投影同样为 CD；这样，由于 $0\leqslant|CD|\leqslant R$，但 $|t_e-t_a|>\tau$，则分别位于点 A、E 的两对象 α、β 不可能相遇。类似地，如果两点之间的时间距离大于 τ，则两对象也不能相遇。当 $t_a=t_b$ 时，基于过程的相遇条件就退化为基于状态的相遇条件；这意味着，基于状态的相遇条件就是基于过程的相遇条件的一种特例。

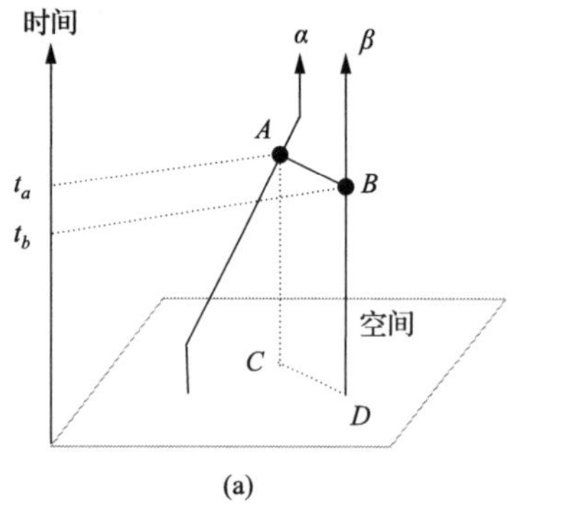

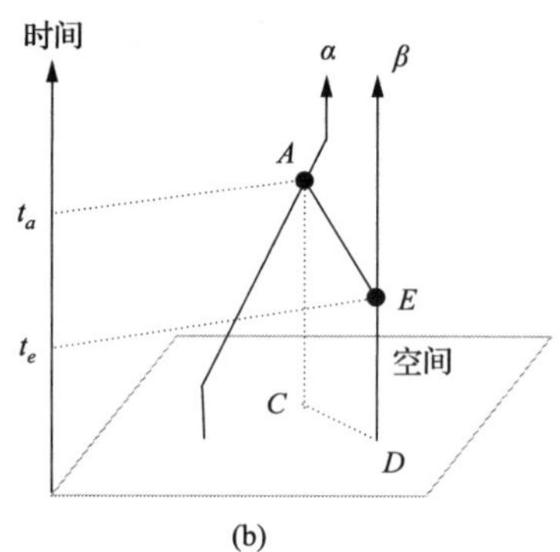

图 5.9　基于过程的相遇实例

基于过程的相遇条件：一个对象 α 的某一时空位置点 (L_a,t_a) 位于以另一个对象 β 的位置点 (L_b,t_b) 为中心以 R 为半径的圆柱体 $V(L_b,R;t_b,\tau)$，其中时间区间为 $[t_b-\tau,\ t_b+\tau]$，或者 $(L_a,t_a)\in V(L_b,R;t_b,\tau)$。在不同的实际应用中，半径 R 和时间区间的起点、止点可能不同。例如，在时刻 t_b，一个位于教室 L 中心位置 L_b 的学生 β 感冒了，则 R 表示教室半径，时间区间为 $[t_b,\ t_b+\tau]$ 表示细菌的有效时间（图 5.10）。细菌可能传播到另一个学生 α 的条件：$(L_a,t_a)\in V(L_b,R;t_b,\tau)$。

2）相遇条件的特征

随机移动的时空轨迹是一时空圆锥体（设最大速度为 $v_{\max}$），对于其中任一点 (L_i,t_i) 都有一时空圆柱体（设中心为 L_i，半径为 R，高为 $[t_i,\ t_i+\tau]$），则时空圆锥体与时空圆柱体的复合可形成基于过程的可相遇条件，即时空台体（在任一时刻 t 的切面是中心为 L_i，半

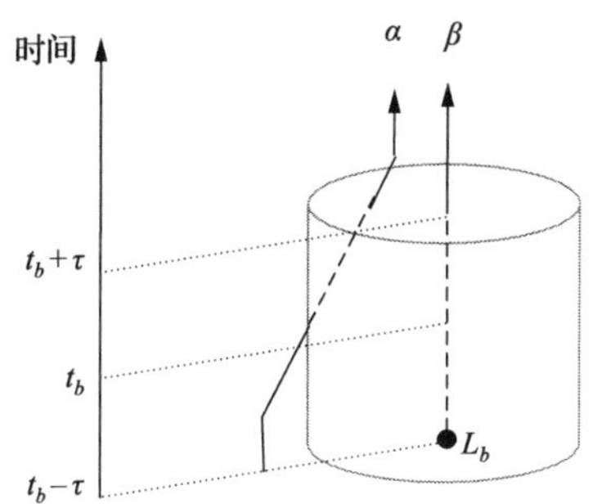

图 5.10　基于过程的相遇条件

径为 $v_{\max}t+R$ 的圆)。这意味着,时空台体[图 5.11(b)]可视为时空圆锥体[图 5.11(a)]基于 R 半径的缓冲体。

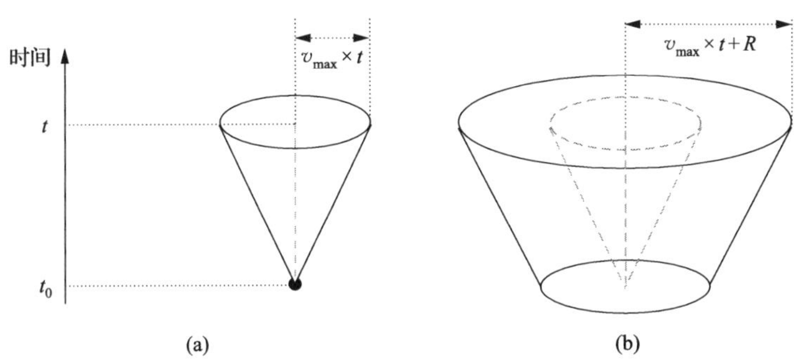

图 5.11　随机移动的相遇条件

(a) 圆锥体;(b) 台体

然而,在定向移动中时空棱柱体的基于过程的可相遇条件不是两个相向台体的交集。这就提出了时空体如何构建基于过程的可相遇条件的问题。由于时空轨迹 L 由序列位置点 (L_i,t_i),$i\in[0,m]$ 构成,即 $L=\{(L_i,t_i)\mid i\in[0,m]\}$,且每个点 (L_i,t_i) 的可相遇条件都是一个半径为 R、高为 $[t_i-\tau,\ t_i+\tau]$ 的时空圆柱体 $\mathrm{V}(L_i,R;t_i,\tau)$,因此一个时空轨迹 L 的可相遇条件:时空圆柱体的并集,即 $\bigcup\mathrm{V}(L_i,R;t_i,\tau)$,$i\in[0,m]$,而不一定是基于 R 半径的缓冲体,或在任一时刻 t 的截面不是半径为 R 的圆。因此,基于过程的相遇条件不是同时刻的相遇条件的简单集合,或不是基于状态的相遇条件的简单集合。

3) 相遇概率

基于过程的相遇概率是,一个作为过程的时空体中的任一时空点 (L_a,t) 与另一时空体的相遇概率,是 $P(E(L_a,t)\cap(\bigcup E(L_{b,i},t_i)))$,其中,

$$0\leqslant\|L_a-L_{b,i}\|\leqslant R,\text{且 }0\leqslant|t-t_i|\leqslant\tau$$

$E(L_a,t)=\{$对象 α 在时刻 t 位于位置点 $L_a\}$;$E(L_{b,i},t_i)=\{$对象 β 在时刻 t_i 位于位置点 $L_{b,i}\}$

有,$P(E(L_a,t)\cap(\bigcup E(L_{b,i},t_i)))$

$=P_a(E(L_a,t))\cdot P_b(\bigcup_i E(L_{b,i},t_i))$

$$=P_a(E(L_a,t))\cdot\sum_i P_b(E(L_{b,i},t_i))=\sum_i P_a(E(L_a,t))\cdot P_b(E(L_{b,i},t_i))$$

空间距离是时间地理学相遇的必要条件，但非充分条件。只有空间距离和时间距离一道才是时间地理学相遇的充分必要条件。由于基于过程的相遇的复杂性，以及不是基于状态的相遇的简单集成特性，因此后续的相遇问题分析只考虑基于状态的情形。

5.2 随机相遇事件

时间地理学的相遇事件可通过概率论的积事件表达。根据两个事件是否来自于同一随机试验，可将积事件分为两类：同试验的积事件和异试验的积事件，它们可以分别表达时间地理学中同试验的相遇事件和异试验的相遇事件。这两类相遇事件分别与概率论中一般事件的乘法定理和无关事件的乘法定理相对应。

5.2.1 同试验的相遇事件

积事件是随机事件之间的一种相乘运算，记为 $A\cap B$，AB，$A\cdot B$。其中，$A\cap B$ 表示事件 A 与事件 B 的交集，即事件 A 与事件 B 的公共样本点组成的集合。

1. 同试验的事件

同试验的事件是这样的随机事件或样本点，它们都来自于同一随机试验的样本空间，具有如下特点：

(1) 样本点之间是相互独立的、互斥的，因而随机事件的概率根据互斥事件的加法法则等于所包含的样本点的概率之和。

(2) 样本点都是唯一的、无重复的。

(3) 样本点的概率是固定的，所有样本点的概率之和等于 1，且不随随机事件的变化而变化。

2. 同试验的积事件

同试验的积事件是相乘的两事件来自于同一随机试验，根据空集与否可分为：

(1) 空集关系的积事件：当 $A\cap B=\Phi$，则 A 与 B 没有公共元素。在同一样本空间中，$A\cap B=\Phi$ 是事件 A、B 互不相容或互斥的充分条件。

(2) 非空集关系的积事件：当 $A\cap B\neq\Phi$，则 A 与 B 有公共元素 e。在同一样本空间中，$A\cap B\neq\Phi$ 是事件 A、B 相容的充分条件。因此，积事件的发生意味着同属于事件 A 和事件 B 的一个样本点 e 出现，使得包含公共样本点 e 的两事件 A 和 B 同时发生；也就是说，事件 A 的发生意味着事件 B 也可能(同时)发生。

值得一提的是，虽然空集关系不是判断两事件是否独立的条件，但在同一样本空间中非空集关系的两事件 A 与 B 是相关的。假设事件 A、B 不相关，因而根据不相关事件的乘法法则有 $P(A\cap B)=P(A)\cdot P(B)$。由于 $A\cap B\neq\Phi$，因而可以合理假设 $A=B$；这样，乘法法则的左式 $=P(A\cap B)=P(A\cap A)=P(A)$，右式 $=P(A)\cdot P(B)=P(A)\cdot P(A)=[P(A)]^2$，显然，左式 $\neq$ 右式。这意味着，同一样本空间中非空集关系的两事件 A

与 B 是相关的。

3. 同试验的积事件算法

设:Ω 为样本空间;L_a、L_b、L_{ab} 为样本点,$L_{ab}=L_a\cap L_b$。

1) 基于单位事件的积事件

单位事件 $A=\{L_a|L_a\in\Omega\}$,$B=\{L_b|L_b\in\Omega\}$。有

$$A\cap B=\{L_a\mid L_a\in\Omega)\}\cap\{L_b\mid L_b\in\Omega\}$$

如果 $A\cap B\neq\Phi$[图 5.12(a)],则 $A\cap B=\{L_{ab}|L_{ab}=L_a\cap L_b\}=\{L_{ab}=L_a=L_b\}$。

一个单位事件只能与自身存在交集,与其他任何单位事件的积为空。

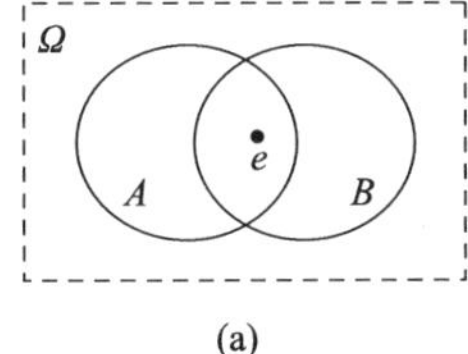

(a)

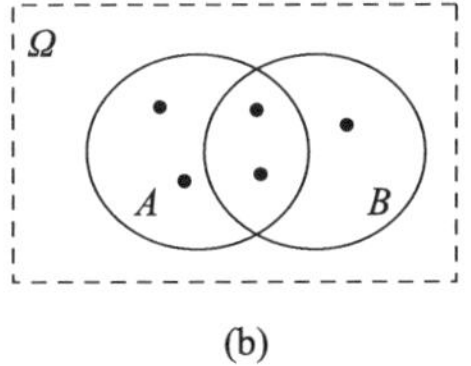

(b)

图 5.12　同一试验中基于(a)单位事件的积事件和基于(b)随机事件的积事件

2) 基于随机事件的积事件

随机事件 $A=\bigcup_i\{L_{a,i}\}$,$L_{a,i}\in\Omega$,$i=1,2,\cdots$;$B=\bigcup_j\{L_{b,j}\}$,$L_{b,j}\in\Omega$,$j=1,2,\cdots$(图 5.12b),有

$$\begin{aligned}A\cap B&=\{\bigcup_i\{L_{a,i}\}\}\cap B=\bigcup_i\{L_{a,i}\cap B\}\\&=A\cap\{\bigcup_j\{L_{b,j}\}\}=\bigcup_j\{A\cap L_{b,j}\}\end{aligned}$$

对同一样本空间的两事件 A、B,A 的每个样本点 $L_{a,i}$ 最多与 B 的一个样本点存在公共点。如果 $A\cap B\neq\Phi$,则记 $A\cap B=L_{ab,n}=L_{a,n}=L_{b,n}\in\Omega$。因此,$A\cap B=\bigcup_i\{L_{a,i}\cap B\}=\bigcup_n\{L_{ab,n}|L_{ab,n}=L_{a,n}=L_{b,n}\}$。

由于随机事件是单位事件的集合,因此基于单位事件的积事件的公式是基于随机事件的积事件公式的特例。

4. 同试验的积事件概率

(1) 基于积事件公式的概率,$P(A\cap B)=P\{\bigcup_n\{L_{ab,n}\}\}=\sum_n P(L_{ab,n})$ 互斥事件的加法法则。

(2) 基于任意事件的乘法法则:根据同试验的两事件 A、B 的概率 $P(A)$、$P(B)$ 以及条件概率 $P(A|B)$ 或 $P(B|A)$,利用任意事件的乘法法则也可计算 $P(A\cap B)$。例如,当 $A=B$ 时,意味着两事件是有关的,即一事件的发生意味着另一事件同时发生。因此,根据有关事件的法则 $P(A\cap B)=P(A)\cdot P(B\mid A)$,有

左边:$P(A\cap B)=P(A\cap A)=P(A)$,或

右边:$P(A)\cdot P(B|A)=P(A)\cdot P(A|A)=P(A)\cdot 1=P(A)$。

总之，在同一随机试验中，非空集关系的积事件适合于任意事件的乘法法则。

5.2.2 异试验的相遇事件

时间地理学所研究的相遇问题往往假设两个移动对象的移动过程相互独立，因此时间地理学中的积事件往往是两个来自于不同随机试验的事件的乘积。

1. 异试验的事件

异试验的两个事件是指两个随机事件来自于不同的随机试验（图 5.13）。两个不同的随机试验具有不同的样本空间 Ω_a 和 Ω_b，样本点具有如下特点：

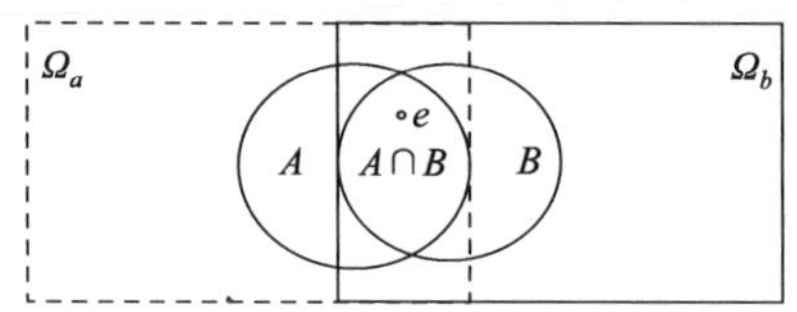

图 5.13　相异试验的积事件

（1）两个随机试验之间具有无关性或独立性，因而分属于两个样本空间的两个样本点或随机事件也是无关的；这样两个事件的积事件的概率符合无关事件的乘法法则。

（2）分属于不同样本空间的两个样本点可以相同，也可以不同。如果相同，并不意味着相同的样本点在不同随机试验中的概率相同。例如，已知两个样本点 $e_a\in\Omega_a$ 和 $e_b\in\Omega_b$，且 $e_a=e_b$，但可能出现 $P(e_a)\neq P(e_b)$。这是因为 $P(e_a)$和 $P(e_b)$的定义（如统计概率或经典概率）分别来自于两个独立的随机试验。

（3）样本点的概率是固定的。两个样本空间中所有样本点的概率之和等于 2。

2. 异试验的积事件

1）异试验积事件的特点

异试验的积事件是相乘的两随机事件来自于不同的随机试验。异试验的积事件 $A\cap B$ 表示事件 A 与事件 B 的交集，即事件 A 与事件 B 的公共样本点组成的集合。

（1）空集关系的积事件：当 $A\cap B=\Phi$，则 A 与 B 没有公共元素[图 5.14(a)]。在不同的样本空间中，$A\cap B=\Phi$ 不是事件 A、B 互不相容或互斥的充分条件。如果说 $A\cap B=\Phi$ 是 A、B 互斥的充分条件，设 $A=\Omega_a$，$B=\Omega_b$，则根据概率公理 3 的概率可加性，有 $P(A\cup B)=P(A)+P(B)$，而 $P(A)+P(B)=P(\Omega_a)+P(\Omega_b)=2$。这违背了概率公理 2 的规范性。

图 5.14　(a) 相异试验的空集事件；(b) 相异试验的非空集事件

(2) 非空集关系的积事件：当 $A\cap B\neq\Phi$，则 A 与 B 有公共元素(图 5.14b)。在不同的样本空间中，$A\cap B\neq\Phi$ 不是事件 A、B 相容的充分条件。如果说 $A\cap B\neq\Phi$ 是 A、B 相容的充分条件，设 $A=\Omega_a$，$B=\Omega_b$，则根据任意事件的加法法则 $P(A\cup B)=P(A)+P(B)-P(A\cap B)$，有 $P(A)+P(B)-P(A\cap B)=P(\Omega_a)+P(\Omega_b)-P(A\cap B)=2-P(A\cap B)$。因 $P(A\cap B)\leqslant 1$，所以 $P(A)+P(B)-P(A\cap B)=2-P(A\cap B)\geqslant 1$，这违背了概率公理 2 的规范性。因此，当 $A\cap B\neq\Phi$ 且 A、B 分属于不同样本空间时，两事件 A、B 是无关的。

值得强调的是，两个随机试验之间具有无关性，会派生给各自的样本空间及其样本点或随机事件，使得不同样本空间或其随机事件之间也是无关的(图 5.15)。

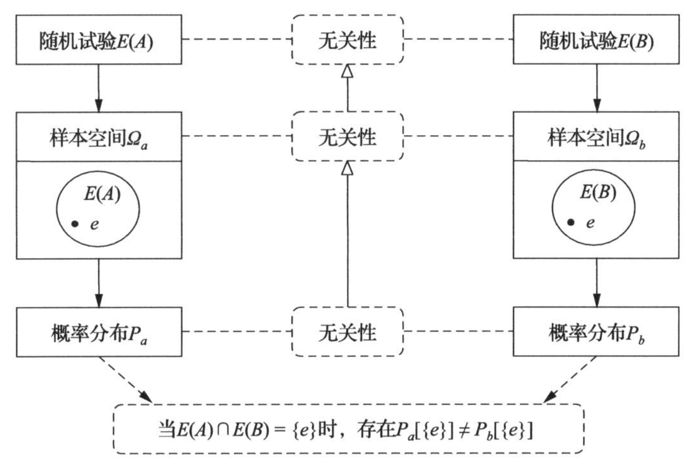

图 5.15　相异随机试验之间的无关性及其派生性

2) 异试验积事件向同试验事件的转换

在概率论的会面问题中，可能会面的两个体出现的时刻是随机的，因而可将每个体出现的时刻视为一个随机试验，样本空间就是最大值与最小值之间的区间。这样，会面问题就是一个异试验的两样本点的积事件。

两个独立的样本空间通过笛卡儿积可以形成一个新的样本空间。在新样本空间中，任一样本点是异试验的两样本点的积事件，并可以分为两类：非空集关系的积事件和空集关系的积事件，它们可以分别表示可相遇的和不可能相遇的事件。这样，通过笛卡儿积，异试验的会面问题可以转换为同试验的会面问题。

由一个 a 维与另一 b 维的样本空间通过笛卡儿积所形成的样本空间具有维度 $a+b$。例如，两个一维的线空间的笛卡儿积，可形成二维的面空间；一维的线空间与二维的面空间的笛卡儿积，可形成三维的体空间。两个一维的线空间 $X=\{x_1,x_2,x_3\}$ 和 $Y=\{y_1,y_2\}$，基于笛卡儿积的二维面空间$\{(x_1, y_1),(x_1, y_2),(x_2, y_1),(x_2, y_2),(x_3, y_1),(x_3, y_2)\}$。令，位于对角线上的样本点可以会面，则二维的样本空间中可以会面的事件$=\{(x_1, y_1),(x_2, y_2)\}$，不可会面的事件$=\{(x_1, y_2),(x_2, y_1),(x_3, y_1),(x_3, y_2)\}$。

3. 异试验的积事件算法

设：Ω_a、Ω_b 分别为两个独立的样本空间；L_a、L_b、L_{ab} 为样本点；记，$L_a\cap L_b=L_{ab}$。

1) 基于一个单位事件的积事件

单位事件 $A=\{L_a|L_a\in\Omega_a\}$，$B=\{L_b|L_b\in\Omega_b\}$，因而有 $A\subseteq\Omega_a$，$B\subseteq\Omega_b$，则

$$A\cap B=\{L_a\mid L_a\in\Omega_a)\}\cap\{L_b\mid L_b\in\Omega_b\}$$

如果 $A\cap B\neq\Phi$，则 $A\cap B=\{L_{ab}|L_{ab}=L_a\cap L_b\}=\{e\}$（图 5.16），显然 $L_{ab}\in\Omega_a$，$L_{ab}\in\Omega_b$。

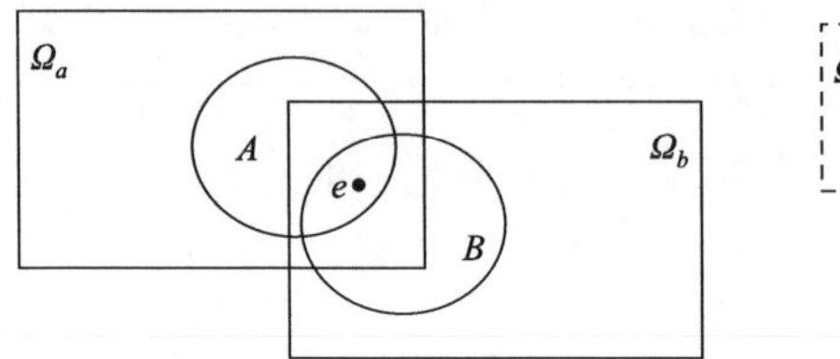

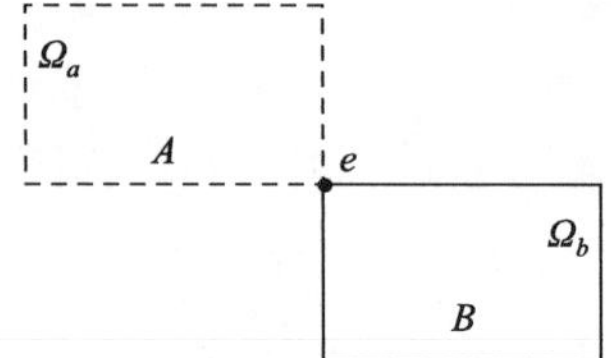

图 5.16　相异试验中基于单位事件的积事件

特点：①在同试验的积事件中，$L_{ab}=L_a\cap L_b=>L_{ab}=L_a=L_b$，而在异试验的积事件中 $L_{ab}=L_a\cap L_b\neq>L_{ab}=L_a=L_b$，这是因为 L_{ab} 可能不是 Ω_a、Ω_b 的样本点而是两个样本点 L_a、L_b 的公共部分；②在同试验的积事件中，A 的任一个单位事件只能与自身存在交集，或者说最多只能与 B 的一个样本点存在交集，而在异试验的积事件中，A 的任一个单位事件能与 B 的零个、一个或多个样本点存在交集。

2) 基于随机事件的积事件

设：事件 $A=\bigcup\limits_i\{L_{a,i}\}$，$L_{a,i}\in\Omega_a$，$i=1,2,\cdots$；$B=\bigcup\limits_j\{L_{b,j}\}$，$L_{b,j}\in\Omega_b$，$j=1,2,\cdots$，则

$$A\cap B=\{\bigcup_i\{L_{a,i}\}\}\cap B=\bigcup_i\{L_{a,i}\cap B\}=\bigcup_j\{A\cap L_{b,j}\}$$

由于 $L_{a,i}$ 与 $L_{a,m}$ 是 A 的样本点($i\neq m$)，因而是互斥的，有 $\{L_{a,i}\cap B\}$ 与 $\{L_{a,m}\cap B\}$ 也互斥。又，由于 A 的一个样本点 $L_{a,i}$ 能与 B 的零个、一个、多个样本点 $\bigcup\limits_{j(i)}\{L_{b,j(i)}\}$ 存在交集，其中，$j(i)$ 与 i 有关，是 i 的函数，取值范围与 j 一致；则 $A\cap B=\bigcup\limits_i\{L_{a,i}\cap B\}=\bigcup\limits_i\{L_{a,i}\cap[\bigcup\limits_{j(i)}\{L_{b,j(i)}\}]\}$（图 5.17），具有如下特点：

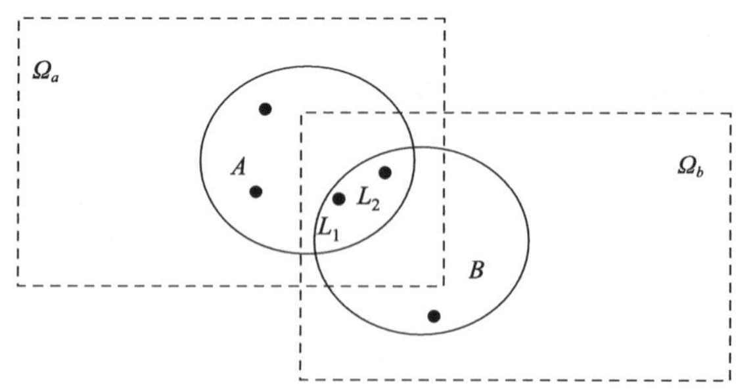

图 5.17　相异试验中基于单位事件的积事件

(1) $\because L_{a,i}\cap[\bigcup\limits_{j(i)}\{L_{b,j(i)}\}]\subseteq L_{a,i}$，$L_{a,m}\cap[\bigcup\limits_{j(m)}\{L_{b,j(m)}\}]\subseteq L_{a,m}$，$i\neq m$；$L_{a,i}$ 与 $L_{a,m}$ 同是随机事件 A 的样本点，因而互斥。

$$\therefore L_{a,i} \cap [\bigcup_{j(i)} \{L_{b,j(i)}\}] \cap \{L_{a,m} \cap [\bigcup_{j(m)} \{L_{b,j(m)}\}]\} = \Phi$$

(2) $\because L_{a,i} \in \Omega_a, [\bigcup_{j(i)} \{L_{b,j(i)}\}] \in \Omega_b$

$\therefore L_{a,i}$ 与 $\bigcup_{j(i)} \{L_{b,j(i)}\}$ 独立

4. 异试验的积事件概率

设：P_a、P_b 分别表示分布在 Ω_a 与 Ω_b 的概率密度函数，则积事件的概率：

$$\begin{aligned} P(A \cap B) &= P(\bigcup_{i} \{L_{a,i} \cap [\bigcup_{j(i)} \{L_{b,j(i)}\}]\}) && \text{互斥事件的加法法则} \\ &= \sum_i P\{L_{a,i} \cap [\bigcup_{j(i)} \{L_{b,j(i)}\}]\} && \text{独立事件的乘法法则} \\ &= \sum_i P(L_{a,i}) \cdot P(\bigcup_{j(i)} \{L_{b,j(i)}\}) && \text{不同随机试验的概率} \\ &= \sum_i P_a(L_{a,i}) \cdot P_b(\bigcup_{j(i)} \{L_{b,j(i)}\}) \end{aligned}$$

即 $P(A \cap B) = \sum_i P_a(L_{a,i}) \cdot P_b(\bigcup_{j(i)} \{L_{b,j(i)}\})$

5. 一个简单示例

Winter 和 Yin 等(2011)形式化描述了时间地理学的相遇事件及其概率计算方法。

1) 基于状态的相遇

设，两个移动对象 C、D 相遇于时刻 t_k，$0 \leqslant k \leqslant n$。如果 C、D 在时刻 t_k 位于同一位置 $l_{x,y}$，则可以认为 C、D 相遇。离散时空体的时空位置可以写成 $l_{x,y,k}$；这样，时间地理学的相遇语义依赖于位置的粒度或者构成时空体的离散单元(cells)的尺度。时空位置 $l_{x,y,k}$ 仅仅是两对象 C、D 公共位置 L_k 的一个(图 5.18)。其中，L_k 是两时空圆锥体 c、d 的交集，可以表示成在时刻 t_k 的相遇位置点的集合：

$$L_k = \bigcup (l_{x,y,k} \in c_k \cap d_k)$$

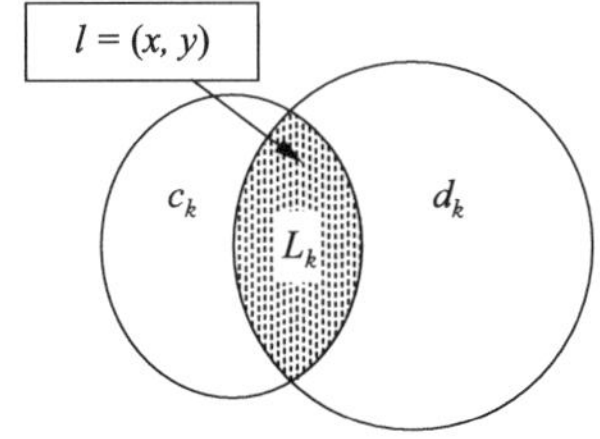

图 5.18　相遇区域的离散模型(Winter and Yin, 2011)

概率时间地理学通常需要回答："移动对象 C 在时刻 t_k 位于位置点 $l_{x,y}$ 的概率？"根据离散型概率定义，有

$$P(C \in (x,y,k)) = c_{x,y,k}$$

同一位置点 $l_{x,y}$ 的概率 $P(C \in (x,y,k))$ 会随着时间 t_k 的增大快速下降。当位置点 $l_{x,y}$ 位于起点位置时，这种下降曲线起始于 $t_k = 0$，$c_{x,y,k} = 1$[图 5.19(a)]；当位置点 $l_{x,y}$ 位于

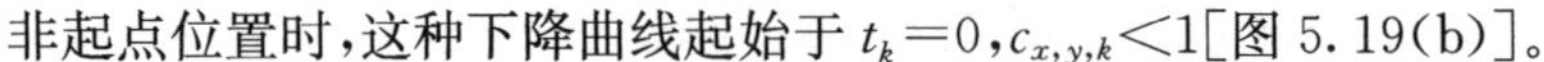

非起点位置时，这种下降曲线起始于 $t_k=0, c_{x,y,k}<1$[图 5.19(b)]。

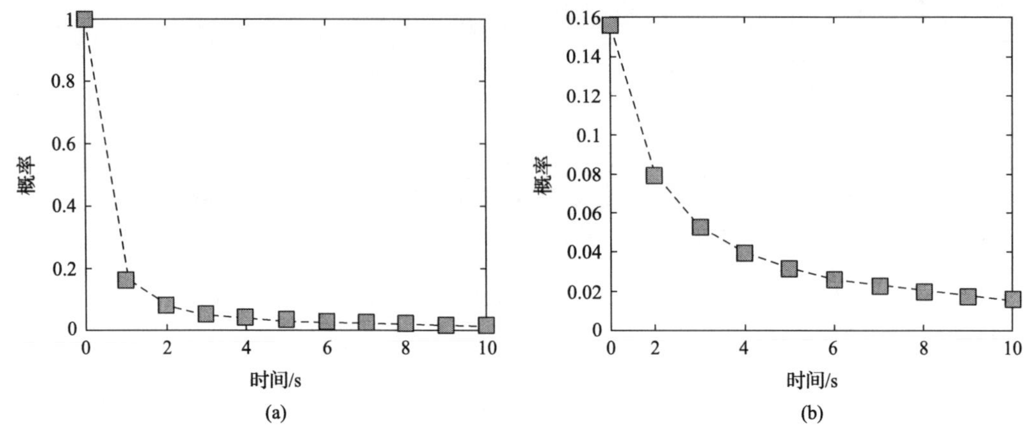

图 5.19　同一位置点的概率随时间的变化(Winter and Yin, 2011)

(a) 起始于起点；(b) 起始于非起点

对于区域查询，我们也可以回答："移动对象 C 在时刻 t_k 位于区域 L_k 的概率？"根据离散型概率定义，有

$$P(C \in (L_k)) = \sum_{l_{x,y,k} \in L_k} c_{x,y,k}$$

进一步，可以分析两个移动对象之间的关系，如"两个移动对象 C、D 在时刻 t_k 相遇于位置点 $l_{x,y}$ 的概率？"这种查询对应于联合概率 $P(C \in (x,y,k) \cap D \in (x,y,k))$。当 C、D 的运动是独立时，联合概率等于 $P(C \in (x,y,k)) \cdot P(D \in (x,y,k))$，或简化为 $c_{x,y,k} \cdot d_{x,y,k}$，其中 c、d 分别表示 C、D 的时空圆锥体：

$$P(C \in (x,y,k) \cap D \in (x,y,k)) = c_{x,y,k} \cdot d_{x,y,k}$$

类似地，也可以回答基于两个移动对象的区域查询，如："两个移动对象 C、D 在时刻 t_k 相遇于区域 L_k 的概率？"其中，$L_k = \bigcup_{i=1\cdots m}((x_i, y_i, k) \in c_k \cap d_k)$。这样，相遇事件 E 可以写成：

$$E(C \in (x_i, y_i, k) \cap D \in (x_i, y_i, k), i \in [1,m]) = \bigcup_{i=1,\cdots,m} E(x_i, y_i, k)$$

根据概率原理，相遇事件的概率：

$$P(E(C \in (x_i, y_i, k) \cap D \in (x_i, y_i, k), i \in [1,m])) = p(\bigcup_{i=1,\cdots,m} E(x_i, y_i, k))$$

$$= \sum_{i=1}^{m} p(E(x_i, y_i, k))$$

$$= \sum_{i=1}^{m} (c_{x_i, y_i, k} \cdot d_{x_i, y_i, k})$$

2) 基于过程的相遇

在基于时刻的相遇概率基础上，我们可以回答一段时间内的相遇概率问题，如："移动对象 C 在时刻 t_k 之前到达位置点 $l_{x,y}$ 的概率？"这种问题可通过累积概率来回答，即 $P(C \in (x,y,i), i \leqslant k) = \sum_{i \leqslant k} c_{x,y,i}$。

上述时间地理学的相遇原理采用离散方法进行了描述和表达。然而，离散方法与粒度有关，而粒度又与实际应用相关。此外，上述方法一方面假设两个移动对象 C、D 只要位于同一个离散单元就可以相遇，不管两对象是否相距甚远；另一方面假设位于一个单元 L_i 右侧的一个移动对象 C 不与位于另一单元 L_{i+1} 左侧的移动对象 D 相遇，不管两对象是否相距甚近。这样，在现实连续的地理环境中，如操场的跑道上，上述不顾两对象相距距离的方法难以适用。因此，时间地理学的相遇分析有必要引入与粒度无关的连续型方法。

5.3　随机相遇概率

会面问题是概率论中解决相遇问题的连续型方法。由于随机相遇问题可转换为会面问题，因而能为时间地理学中相遇问题的连续计算提供理论基础。

5.3.1　概率论的相遇概率

会面问题是概率论中一种在固定位置的、等候时间不为 0 的相遇问题，具有时间、空间特性。

1. 会面事件

问题描述：两人相约 7 时到 8 时在某地会面，先到者等候另一人 20 分钟，过时就可离去，则这两人能会面的概率是多少（吴雅琴，2010）？

1) 样本空间

设两人 α、β 到达的时刻分别为 7 时零 x，y 小时，A=“他们能相遇”，则：

$$\Omega_x = \{x \mid 0 < x < 1\}, \Omega_y = \{y \mid 0 < y < 1\}$$

为了构建包含会面事件的样本空间，可以将两个独立的样本空间 Ω_x，Ω_y 通过笛卡儿积可以形成一个新的样本空间：

$$\Omega = \{(x,y) \mid x \in \Omega_x \wedge y \in \Omega_y\} = \{(x,y) \mid 0 < x,y < 1\}$$

2) 会面事件

会面问题中两对象 α、β 出现的事件是独立的。在 Ω 中任意一点 (x,y) 有两种可能，一是可以会面的事件 A；另一是不可能会面的事件 $B \subseteq \Omega - A$。事件 A 发生的条件是：

(1) 如果 α 先到，则 $x<y$，且 α 会停留 1/3 小时，因此会面条件为 $x<y<x+1/3$；

(2) 如果 β 先到，则 $y<x$，且 β 会停留 1/3 小时，因此会面条件为 $y<x<y+1/3$。

会面事件的条件是上述两种条件的并集，即

$$A = \{(x,y) \mid 0 < x,y < 1, \mid y - x \mid < 1/3\}$$

3) 可视化

α、β 能会面的区间（阴影部分的多边形）和样本空间（正方形）如图 5.20(a) 所示。样本空间 Ω 的度量是正方形的面积 1，事件 A 的度量是阴影部分的面积。

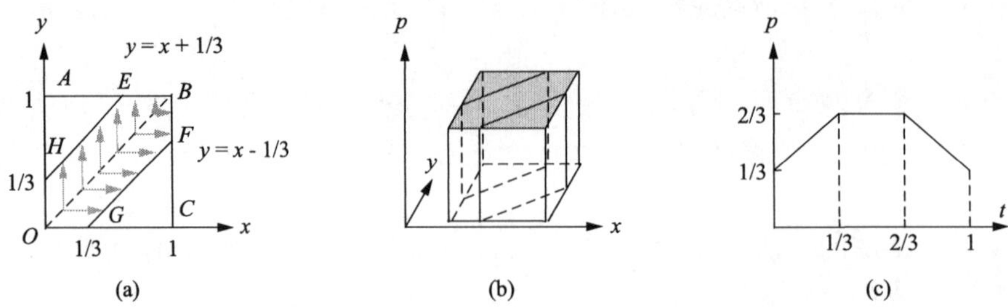

图 5.20　(a)会面事件与样本空间,(b)样本空间的概率分布,(c)会面概率随时间的函数

2. 会面事件的概率

1) 基于均匀到达的会面概率

由于两个体 α、β 到达的时刻是随机的,且仅知最小值 0 和最大值 1,因而可合理假设 X 和 Y 在[0,1]空间都是均匀分布,且相互独立。这样,样本空间 Ω 的概率分布,是 X 和 Y 的独立联合分布,即二元均匀分布[图 5.20(b)]。因而有,会面事件的概率:

$$P(A)=\frac{\iint\limits_{(x,y)\in EFGH} f(x,y)\mathrm{d}x\mathrm{d}y}{\Omega\text{ 的概率累积值}}=\frac{\iint\limits_{(x,y)\in EFGH} f(x,y)\mathrm{d}x\mathrm{d}y}{\iint\limits_{(x,y)\in ABCO} f(x,y)\mathrm{d}x\mathrm{d}y}=\frac{\iint\limits_{(x,y)\in EFGH}\mathrm{d}x\mathrm{d}y}{\iint\limits_{(x,y)\in ABCO}\mathrm{d}x\mathrm{d}y}$$

$$=\frac{EFGH\text{ 的面积}}{ABCO\text{ 的面积}},\text{几何概型}$$

$$=\frac{EFGH\text{ 的面积}}{1}=EFGH\text{ 的面积}=1-\left(\frac{2}{3}\right)^2=\frac{5}{9}$$

虽然两个人到达给定会面地点的可能性是均匀分布,但在不同时刻会面的概率则不同。由图 5.20(a)可知,可以将样本空间沿着 X 轴划分为三个子域:[0,1/3),[1/3,2/3),[2/3,1)。对于每个子域,给定任意的 x 可以计算 $P(A;x)$,如图 5.20(c)。

$$P(A;t=x)=\begin{cases}t+1/3, t\in[0,1/3)\\ 2/3, t\in[1/3,2/3)\\ 4/3-t, t\in[2/3,1)\end{cases}$$

$P(A;x)$是一随机变量 A 的 x 过程,在[0,1]区间基于 x 的累积值就是会面概率。

2) 基于非均匀到达的会面概率

假设,两个体 α、β 到达给定会面地点的概率不是均匀分布,如 $X\sim N(1/2,1)$,$Y\sim N(1/2,1)$,则样本空间 Ω 的概率分布是非均匀分布。会面事件的概率:

$$P(A)=\frac{\iint\limits_{(x,y)\in EFGH} f(x,y)\mathrm{d}x\mathrm{d}y}{\Omega\text{ 的概率累积值}}=\frac{\iint\limits_{(x,y)\in EFGH} f(x,y)\mathrm{d}x\mathrm{d}y}{1}=\iint\limits_{(x,y)\in EFGH} f(x,y)\mathrm{d}x\mathrm{d}y$$

3. 会面问题的扩展

1) 等待时间不对称的会面问题

(1) 问题:α、β两艘货船驶向一个不能同时停泊两艘轮船的码头,它们在24小时内任何时刻到达是等可能的。如果α船的停泊时间是1小时,乙船是2小时,则它们中的任何一艘都不需要等待码头空出的概率(吴雅琴,2010)。

设:两船到达的时刻分别为x,y小时,A="两艘船都不需要等等码头空出",则:

样本空间:$\Omega=\{(x,y)\mid 0<x,y<24\}$

会面事件:$A=\{(x,y)\mid 0<x,y<24,y-x\geqslant 1,x-y\geqslant 2\}$

则,会面概率=0.879。

(2) 问题:α、β相约7时到8时在某地会面,α等候t分钟后离去,β等候0分钟后离去,则这两人能会面的概率是多少?

设:两人α、β到达的时刻分别为7时零x,y小时;A="他们能相遇",则

样本空间:$\Omega=\{(x,y)\mid 0<x,y<1\}$

会面事件:$A=\{(x,y)\mid 0<x,y<1,0<y-x<t,x-y=0\}$

假设两人到达的时刻是均匀分布,则,会面概率=$t(2-t)/2$。

2) 送报问题

设:小明家订了一份报纸,送报人可能在早上6:30至7:30之间把报纸送到小明家,小明离开家的时间在早上7:00至8:00之间,问小明在离开前能得到报纸的概率?

定义:记6:30为0时,则送报人到小明家的时刻x,小明离开家的时刻y。

样本空间:$0\leqslant x\leqslant 60,30\leqslant y\leqslant 90$(单位:分钟)

会面事件:$y\geqslant x$

则会面概率:7/8。

4. 会面问题的特点

会面问题是固定位置随机相遇于某时刻的不确定性问题,具有如下特点:

(1) 先到者必须等候一段时间$\Delta T(\Delta T\geqslant 0)$,而不是一到就走(即$\Delta T=0$),因此会面的条件是:|一个对象到达的时刻-另一对象到达的时刻|$\leqslant\Delta T$,而不是简单的|一个对象到达的时刻-另一对象到达的时刻|=0。

(2) 基于一维时间段和固定空间位置点,因而能扩展至一维空间路径和固定时间点的时间地理学相遇问题中。

(3) 会面问题的样本空间是异试验的两样本空间的笛卡儿积,在二维空间中是一多边形,包含有无穷、连续的样本点。会面事件也是一多边形。在遵循几何概型的条件下,会面概率就是会面事件的面积除以样本空间的面积,从而将会面问题转换为几何的测度问题。

然而,经典的会面问题是面向均匀分布的,难以解决非均匀分布的会面问题;会面问题是面向一维线性时间的,因而难以扩展至二维空间的相遇问题中。因此,会面问题在时间地理学的应用还需要进一步发展。

5.3.2 时间地理学的相遇概率

时间地理学的会面问题就是将概率论的会面问题扩展至时间地理学，形成基于坐标系表达样本空间及其相遇事件的方法，这里称之为相遇概率的坐标系法。坐标系法的前提是样本点服从均匀分布，其本质是在笛卡儿坐标系中通过几何图形来表达样本空间、相遇事件，从而可以依据几何概型将相遇概率的计算转换为几何图形的测度。

1. 时间地理学的相遇语义与会面问题

在人员搜寻活动中，搜寻队伍找寻失踪者的问题可转化为双方的会面问题(刘钊等，2014a)。根据失踪者最后出现的时间和地点，将其时空约束表达为受失踪者旅行速度制约的时空锥体。根据搜救队伍出发的时间和地点，将其时空约束表达为受行进速度制约的时空锥柱。两个时空锥柱的交集就是双方可能会面的时空范围，因而也是找寻失踪者的最优范围。这意味着，时间地理学可采用概率论中的会面问题计算相遇概率。

会面问题在时间地理学的主要贡献：相遇不只是两对象所在位置点的重合关系，可以是一种相离关系；会面问题可以迁移至并有效解决时间地理学中具有线状可达域的两对象的相遇问题；会面问题可将时间地理学中具有高维度可达域的相遇问题转换为低维度可达域的相遇问题。

2. 会面问题的空间化

1) 会面问题的时空转换

时空转换是将会面问题的时间、空间成分进行转换，以解决位于固定时刻在一段路径内相遇于随机位置点的问题。①在一个位置点上的时间会面问题：在 $D=1$ 小时内两人约定在一个位置点会面，先到者等待 $d=1/3$ 小时后离去，假定他俩在 D 内位于位置点的时刻是任意的[图 5.21(a)]。②在一条空间线上的空间会面问题：在长度为 $D=1$ 的线上两人约定会面，双方相距的空间距离 $d\leqslant 1/3$ 时是一会面，假定他俩出现在 D 上任一位置点是任意的[图 5.21(b)]。

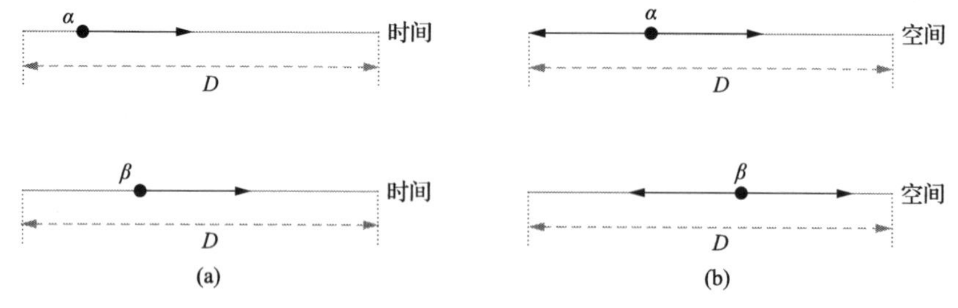

图 5.21 会面问题

(a) 时间上的会面问题；(b) 空间上的会面问题

2) 路径上的空间会面问题

设：两人 α、β 约定在一条长度为 1 的小路上会面，两人空间位置相距 1/3 时可以认为是一会面，假定他俩出现在小路上任一位置点是任意的，则这两人能会面的概率是多少？

设，α、β距小路同一端点的路径距离分别为x,y，A=“他们能相遇”，则

样本空间：$\Omega=\{(x,y)\mid 0<x,y<1\}$

相遇事件：$A=\{(x,y)\mid 0<x,y<1,\ |y-x|\leqslant 1/3\}$

依据几何概型和会面问题的算法，相遇事件的概率：$P(A)=5/9$。

虽然两人出现在小路任一位置的可能性是均匀分布，但在不同位置可能会面的概率不同。当给定任意的x，可以计算$P(A;x)$。

3）时间地理学的会面问题类型

根据会面事件的时空间特性，可以将时间地理学的会面问题分为：时间会面问题、空间会面问题和时空会面问题（图5.22）。

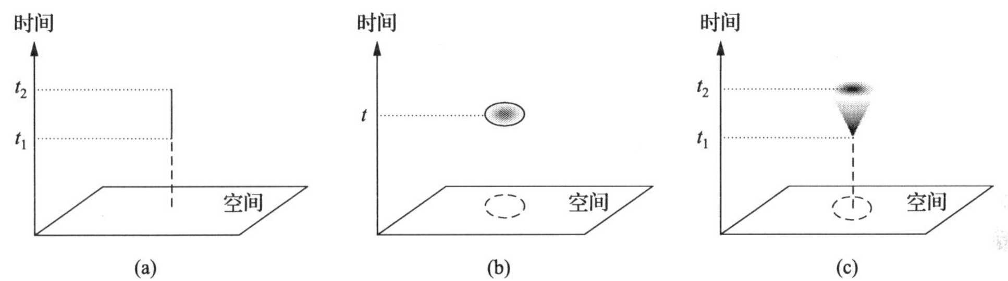

图5.22 时间地理会面问题的类型

(a) 时间会面问题；(b) 空间会面问题；(c) 时空会面问题

（1）时间会面问题，如概率论的会面问题：会面位置(x,y)是一给定的地点，会面时间$t\in[t_1,t_2]$是随机的［图5.22(a)］。

（2）空间会面问题，如时间地理学中基于状态的相遇问题：会面位置$(x,y)\in\sum(x,y)$是随机的，会面时间$t\in[t_1,t_2]$是给定的时刻［图5.22(b)］。

（3）时空会面问题，如时间地理学中基于过程的相遇问题：会面位置$(x,y)\in\sum(x,y)$是随机的，会面时间$t\in[t_1,t_2]$是随机的［图5.22(c)］。时空会面问题，在固定位置点时就退化为时间会面问题，在固定时刻时就退化为空间会面问题。从这个角度来看，时间会面问题与空间会面问题是时空会面问题的特例。

3. 线-线型均匀分布的相遇概率

设：两个对象α、β的可达域分别为线S_a和线S_b；在时刻t，对象α、β的位置点$L_a\in S_a$，$L_b\in S_b$。这里，只考虑线S_a和线S_b位于同一曲线S上的情形；这样，两对象α、β的相遇问题实质上就是在一条空间线上的空间会面问题。

1）计算方法

设，O是S的一个端点。令：x表示对象α的位置点L_a与O之间在路径S上的距离，y表示对象β的位置点L_b与O之间在路径S上的距离（图5.23），即$x=OL_a$，$y=OL_b$。

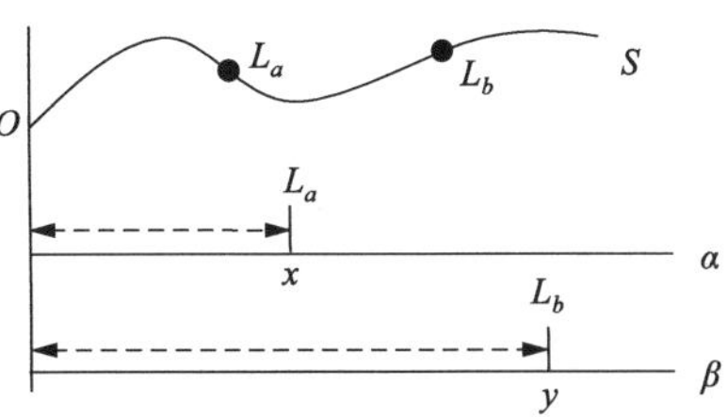

图5.23 可达域的空间参考系

定义α、β的样本空间$\Omega_\alpha=\{x\mid x\in[0,S_a]\}$，$\Omega_\beta=$

$\{y|y\in[0,S_b]\}$，则笛卡儿积 $\Omega_{\alpha\beta}=\Omega_\alpha\times\Omega_\beta=\{\langle x,y\rangle|x\in\Omega_\alpha,y\in\Omega_\beta\}$[图 5.24(a)]。这里，$S_a$ 也表示曲线 S_a 的路径距离。

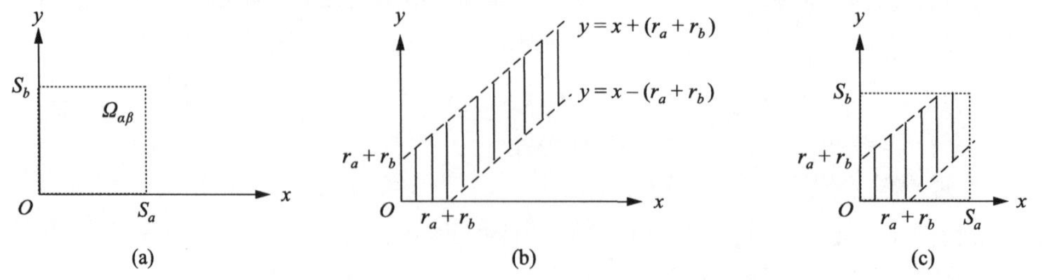

图 5.24　样本空间(a)、相遇区域(b)和相遇事件(c)

相遇条件$\{|y-x|\leqslant(r_a+r_b)=R\}$，对应于图 5.24(b)中阴影部分，其中 r_a、r_b 分别表示两对象的邻域半径。这样，相遇事件是样本空间(矩形 $\Omega_{\alpha\beta}$)中满足相遇条件的部分[图 5.24(c)]，即 $\Omega_{\alpha\beta}\cap\{|y-x|<(r_a+r_b)\}$。

相遇概率是相遇事件发生的概率。当 α、β 分别均匀分布在 S_a、S_b 上时，则相遇概率可以采用几何概型，即几何 $\Omega_{\alpha\beta}\cap\{|y-x|<(r_a+r_b)\}$的面积÷样本空间的面积。当$r_a=r_b=0$ 时，则相遇概率为 0，这就是无大小的质点的相遇概率。

2) 实例

(1) 设 $x_0=0,y_0=0,S_a=S_b=10$，则相遇概率 $p(r_a,r_b)$见表 5.3。

表 5.3　相遇概率实例

序号	r_a	r_b	$p(r_a,r_b)$	
1	1	1	9/25	36%
2	2	1	51/100	51%

(2) 设 $x_0=0,y_0=(0,2),S_a=S_b=10,r_a=r_b=1$，则相遇概率 $p(y_0)$见表 5.4。

表 5.4　相遇概率实例

序号	y_0	$p(y_0)$	
1	0.5	143/400	35.75%
2	1	7/20	35%
3	1.5	33.75/100	33.75%

(3) 在 $x_0=0,y_0=[2,7],S_a=S_b=10,r_a=r_b=1$ 条件下，相遇概率 $p(y_0)$见表 5.5

表 5.5　相遇概率实例

序号	y_0	$p(y_0)$	
1	2	8/25	32%
2	3	7/25	28%
3	5	1/5	20%
4	7	3/25	12%

对于 $S_a \neq S_b$ 的情形，利用上述原理也可以直接计算。这意味着，位置点上的经典会面问题与空间线上的扩展会面问题在本质上是一致的。

4. 点-线型均匀分布的相遇概率

在线-线型均匀分布的相遇中，虽然两个人分布在路径上的可能性是均匀的，但在不同位置点会面的概率则不同。当给定对象 α 所在的一个位置点 x 时，则线-线型相遇问题退化为点-线型相遇问题，两对象 α、β 相应的可达域分别为点 L_a 和线 S_b。

1）点-线型均匀分布的相遇

设 α、β 的样本空间 $\Omega_\alpha=\{x \mid x=OL_a, x\geqslant 0\}$，$\Omega_\beta=\{y \mid y=OL_b, L_b\in[0,S_b]\}$，则笛卡儿积 $\Omega_{\alpha\beta}=\Omega_\alpha\times\Omega_\beta=\{\langle x,y\rangle \mid x\in\Omega_\alpha, y\in\Omega_\beta\}$。因此，对象 α、β 是否可能相遇的样本空间是一条直线段：$x=L_a$，$y\in[0,S_b]$，其长度为 $\| S_b \|$［图 5.25(a)］。

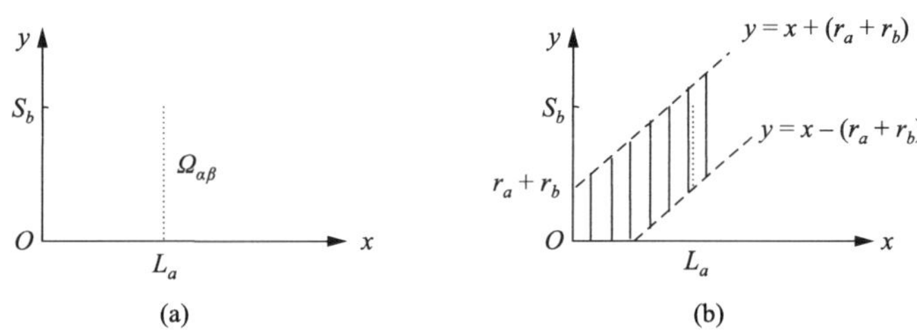

图 5.25　样本空间(a)及相遇区域(b)

相遇事件是样本空间中发生的事件 $\{|y-x|\leqslant(r_a+r_b)\}$，即直线段：$\{x=L_a, y\in[0,S_b]\}\cap\{|y-x|\leqslant(r_a+r_b)\}$［图 5.25(b)］。显然，相遇事件的测度(长度)是 x 的函数：

(1) 当 $x=L_a\in[0,r_a+r_b]$，则 $y\in[0,L_a+(r_a+r_b)]$，相遇线段长度 $=L_a+(r_a+r_b)$；

(2) 当 $x=L_a\in[r_a+r_b,S_b-(r_a+r_b)]$，则 $y\in[L_a-(r_a+r_b),L_a+(r_a+r_b)]$，相遇线段长度 $=2(r_a+r_b)$；

(3) 当 $x=L_a\in[S_b-(r_a+r_b),S_b]$，则 $y\in[L_a-(r_a+r_b),S_b]$，相遇线段长度 $=S_b-L_a+(r_a+r_b)$。

相遇概率是相遇事件发生的概率。如果 β 均匀分布在 S_b 上，则相遇概率是直线段 $\{x=L_a, y\in[0,S_b]\}$ 位于可相遇区域中的长度 ÷ 样本空间 $\Omega_{\alpha\beta}$ 的长度：

(1) 当 $x=L_a\in[0,r_a+r_b]$，则相遇概率 $P(A;x)=(L_a+r_a+r_b)/S_b$；

(2) 当 $x=L_a\in[r_a+r_b,S_b-(r_a+r_b)]$，则相遇概率 $P(A;x)=2(r_a+r_b)/S_b$；

(3) 当 $x=L_a\in[S_b-(r_a+r_b),S_b]$，则相遇概率 $P(A;x)=(S_b-L_a+r_a+r_b)/S_b$。

如果 β 分布在 S_b 上的概率非均匀，则相遇概率是 β 分布在直线段 $\{x=L_a, y\in[0,S_b]\}\cap\{|y-x|\leqslant(r_a+r_b)\}$ 上的概率累积值。

2）点-线型与线-线型相遇的关系

在线-线型均匀分布的相遇中，对于给定的任一位置点 x，总存在一个 $P(A;x)$ 与之对应。$P(A;x)$ 就是一个点-线型均匀分布的相遇概率，其在 x 的累积的均值为线-线型相遇的概率 $P(A)$。因此，概率时间地理学的线-线型相遇问题可以分解为点-线型相遇问题，反之亦然。这意味着，低维度几何-低维度几何的相遇问题与高维度几何-高维度几何的相遇问题,存在分解-累积的关系,从而为解决其他非点-线型或线-线型的相遇问题提供了思路。

5. 点-点型相遇原理

当分别给定对象 α、β 的一个位置点 x、y 时,则点-线型相遇问题退化为点-点型相遇问题,两对象 α、β 相应的可达域分别为点 L_a 和线 L_b。

设:α、β 的样本空间 $\Omega_\alpha=\{x\mid x=OL_a,x\geqslant 0\}$,$\Omega_\beta=\{y\mid y=OL_b,y\geqslant 0\}$,则笛卡儿积 $\Omega_{\alpha\beta}=\Omega_\alpha\times\Omega_\beta=\{\langle x,y\rangle\mid x\in\Omega_\alpha,y\in\Omega_\beta\}$。因此,对象 α、β 是否可能相遇的样本空间是一个点:$(x,y)=(L_a,L_b)$[图 5.26(a)]。

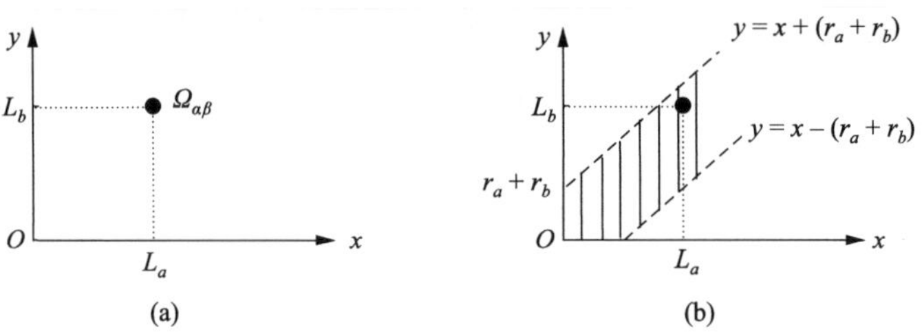

图 5.26　样本空间(a)及相遇区域(b)

相遇事件是样本空间中发生的事件$\{|y-x|\leqslant(r_a+r_b)\}$,即$\{(x,y)\cap\{|y-x|\leqslant(r_a+r_b)\}$[图 5.26(b)];或者,$\{(L_a,L_b)\cap\{|L_b-L_a|\leqslant R\}$,其中 $R=(r_a+r_b)$。相遇概率是相遇事件发生的概率。根据相遇事件的定义,点 L_a 要么属于或不属于可相遇区域$\{0\leqslant|L_a-L_b|\leqslant R\}$,相应的相遇概率 $f_{00}(L_a;L_b)$ 是一布尔值 0 或 1。

6. 随机相遇概率的特点

两个时空体是否存在公共点的操作,在本质上属于时空体的布尔运算,从而可以回答两个移动对象可否相遇。当两个时空体的布尔判断为真时,要回答两个移动对象以多大的可能性相遇时需要利用概率论进行计算。相遇概率往往非常小,但能反映概率在地理空间分布上的非均匀性,因而能为定量时间地理分析提供基础。

1) 与布尔运算的区别

布尔运算的结果是{0,1}的任一值,而概率是区间[0,1]中的任一值,从这点来看布尔值是概率的特例,概率是布尔值的扩展。时间地理学的布尔运算与概率运算存在如下关系:

(1) 当两对象的可达域均为点时,或将两对象的可达域作为一个整体的点来看待时,布尔运算与概率运算的结果一一对应,即布尔值为 1 和 0 分别对应于概率 1 和 0;否则,为非一一对应的关系。

(2) 相遇布尔值=0,是相遇概率=0 的充分非必要条件。在充分性方面,当相遇布尔值=0 时,意味着两对象的可达域不存在公共点,因此从时间地理学角度两对象不可能相遇,这样相遇概率也为 0。在非必要性方面,当一个对象的可达域为线或面且两个对象的可达域存在一个公共的点时,连续型概率密度函数分布在一个点上的概率为 0,因此两个对象的相遇概率＝0，即相遇的可能性趋于 0；然而，由于两个对象的可达域存在一个公共点，因此相遇布尔值≠0。

（3）相遇布尔值＝1，是相遇概率＝[0，1]的充分但非必要条件。例如，两个对象的可达域存在一个公共点时，相遇布尔值＝1，而相遇概率＝0。

2）与一般积事件概率的区别

（1）基于连续型概率的积事件的概率往往趋于 0，这回答了自然界中巧合的可能性极低的主要原因，如飞鸟相遇飞机、守株待兔等。当增加飞机或飞鸟的停留时间，则会提高这种巧合，如经典的会面问题。当增加飞机或飞鸟的空间范围，也会提高巧合的可能性，如雷达相遇飞机；其中雷达可视为飞鸟所占有的空间范围。在现实中，人们往往是通过延长时间或扩大空间的方法来干预相遇的巧合，以增强巧合的可能性，这些方法就属于概率时间地理学的相遇范畴。

（2）基于离散型概率的积事件存在离散单元的一致性问题，如单元大小、位置等是否相同，离散单元的划分与事物本身无关，等等。在时间地理学中，离散单元的划分与移动对象本身有关，如单元的大小、位置往往与对象的大小或影响范围、已知状态等有关。

（3）时空相遇概率受时空约束条件制约。在会面问题中，在空间上两对象位于同一位置，在时间上两对象出现时刻之间的间隔小于非 0 值。这种非 0 间隔，使得移动对象的相遇概率算法不同于一般的积事件，主要是后者将相遇定义为两移动对象相距距离为 0 的情形，而前者则定义为两移动对象相距距离可以为非 0 值。这意味着，概率时间地理学不是概率论与时间地理学的简单相加，而是两者的有机结合，并在概率论应用于时间地理学的过程中不断发展。

第 6 章 随机相遇的连续型概率

时间地理学中基于连续型概率分布的相遇算法，在数学上是连续分布在可达域上的概率密度函数之间的相乘问题，经典的会面问题就属于此类。然而，经典会面问题是线-线型的相遇问题，难以直接迁移至线-面、面-面等相遇问题中。本章将系统分析两个状态之间基于连续型概率分布的相遇概率问题，微积分是其主要工具。

6.1 基本原理

根据时间地理学的相遇原理，主要是会面问题在时间地理学的应用，可以推理出点-点型相遇概率。由于点-点型相遇是其他一起相遇类型的基础，因而根据点-点型相遇概率算法利用全概率公式可以推理出其他相遇类型的概率算法。根据可达域的空间几何形态，时间地理学的相遇可分为：①点-型的相遇，包括点-点型、点-线型、点-面型；②线-型的相遇，包括线-点型、线-线型、线-面型；③面-型的相遇，包括面-点型、面-线型、面-面型；④体-型的相遇等。

6.1.1 点-型相遇原理

空间可达域分别为线$\{S_a\}$、点$\{L_b\}$的两对象 α、β 的相遇，可由点$\{L_a\}$-点$\{L_b\}$型相遇扩展而来。其中，S_a、L_b 的位置在三维地理空间中是任意的，两者既可以是包含关系，也可以是相离关系。类似地，空间可达域分别为面$\{D_a\}$、点$\{L_b\}$的两对象 α、β 的相遇，可由点$\{L_a\}$-点$\{L_b\}$型相遇扩展而来。其中，D_a、L_b 的位置在三维空间中是任意的，两者既可以是包含关系，也可以是相离关系。

1. 点-点型相遇原理

1）相遇事件

根据相遇条件，点$\{L_a\}$一点$\{L_b\}$型相遇的条件：

$$\{L_a \in \{0 \leqslant | L_a - L_b | \leqslant R\}, L_b \in \{L_b\}\} \cup \{L_b \in \{0 \leqslant | L_a - L_b | \leqslant R\}, L_a \in \{L_a\}\}$$

其中，$\{L_a\}$、$\{L_b\}$分别表示移动对象 α、β 在同一时刻的状态或空间可达域；$\{L_a \in \{0 \leqslant |L_a - L_b| \leqslant R\}, L_b \in \{L_b\}\}$，表示点 L_a 属于以点 L_b 为中心以 R 为半径的圆内；$\{L_b \in \{0 \leqslant |L_a - L_b| \leqslant R\}, L_a \in \{L_a\}\}$，表示点 L_b 属于以点 L_a 为中心以 R 为半径的圆内。

由相遇条件可知，点-点型相遇具有对称性，这里取相遇事件$=\{L_a \in \{0 \leqslant |L_a - L_b| \leqslant R\}, L_b \in \{L_b\}\}$。

2）相遇概率

相遇概率是相遇事件发生的概率。根据相遇事件的定义，点 L_a 要么属于或不属于可

相遇区域$\{0\leqslant|L_a-L_b|\leqslant R\}$，相应的相遇概率 $f_{00}(L_a;L_b)$ 是一布尔值 0 或 1。

$$f_{00}(L_a;L_b)=\{L_a\in\{0\leqslant|L_a-L_b|\leqslant R\}\}$$

显然，相遇概率 $f_{00}(L_a;L_b)$ 随 L_a 的变化而变化，其取值范围为$\{0,1\}$。

2. 点-线型相遇原理

1) 相遇原理

由于点-线型的相遇可以由点-点型的相遇扩展而来，因而可以将点-点型相遇中的一个点（如 L_a）以一定的线轨迹（如 S_a）移动即可形成点-线型的相遇（图 6.1）。

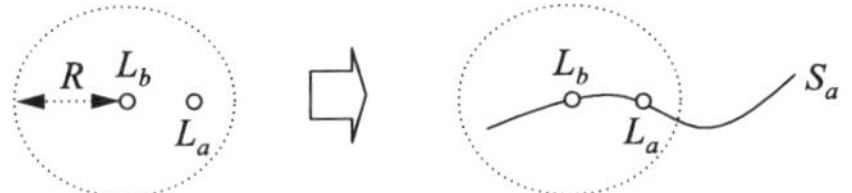

图 6.1　点-点型相遇到点-线型相遇的扩展

(1) 在点-点型相遇中，对于点 L_a 存在相遇概率：$f_{00}(L_a;L_b)$，样本空间概率为 1。

(2) 在点-线型相遇中，对于线 S_a 上的任一点 L_a 有相遇概率：$f_{00}(L_a;L_b)\times P_a(L_a)$，设对象 α 在点 L_a 处的概率为 $P_a(L_a)$。从这个角度来看，$f_{00}(L_a;L_b)$ 是一条件概率，即移动对象 α 在点 L_a 处这一条件下，移动对象 β 位于点 L_b 处的可能性，因而可以写成 $f_{00}(L_b\mid L_a)$。

(3) 在点-线型相遇中，点 L_b 是固定的。由于 L_a 是其可达域——线 S_a 上的任一点，因此对于点 L_a 两对象 α、β 可相遇的条件为：$\{L_a\in\{0\leqslant|L_a-L_b|\leqslant R\},L_a\in S_a\}$，即 $L_a\in\{\{0\leqslant|L_a-L_b|\leqslant R\}\cap S_a\}$。因此，对于 S_a 上的所有点 L_a 的相遇概率累积值的平均值或期望值，有

$$\begin{aligned}f_{01}(S_a;L_b)&=\int_{L_a\in S_a}P_a(L_a)\cdot f_{00}(L_a;L_b)\mathrm{d}(L_a)\\&=\int_{L_a\in\{0\leqslant|L_a-L_b|\leqslant R\};L_a\in S_a}P_a(L_a)\cdot f_{00}(L_a;L_b)\mathrm{d}(L_a)\\&=\int_{L_a\in\{S_a\cap\{0\leqslant|L_a-L_b|\leqslant R\}\}}P_a(L_a)\cdot f_{00}(L_a;L_b)\mathrm{d}(L_a)\end{aligned}$$

由于 $f_{00}(L_a;L_b)$ 是一条件概率 $f_{00}(L_b\mid L_a)$，因此 $f_{01}(S_a;L_b)=\int_{L_a\in S_a}P_a(L_a)\cdot f_{00}(L_a;L_b)\mathrm{d}(L_a)=\int_{L_a\in S_a}P_a(L_a)\cdot f_{00}(L_b\mid L_a)\mathrm{d}(L_a)$。这样，$f_{01}(S_a;L_b)$ 是全概率公式。

2) 相遇特征

$P_a(L_a)$既可以是非均匀分布，也可以是均匀分布。如果 $P_a(L_a)$是均匀分布，则 $P_a(L_a)=\dfrac{1}{|S_a|}$，$|S_a|$表示 S_a 的路径长度，有相遇概率：

$$f_{01}(S_a;L_b)=\frac{\int_{L_a\in\{S_a\cap\{0\leqslant|L_a-L_b|\leqslant R\}\}}f_{00}(L_a;L_b)\mathrm{d}(L_a)}{|S_a|}$$

该式是点-线型相遇的积分法或坐标系法：公式的分子、分母分别表示样本空间$\{S_a\}$位于可相遇区域$L_a \in \{0 \leqslant |L_a - L_b| \leqslant R\}$的长度和样本空间$\{S_a\}$本身的长度。上述相遇概率公式可以转换为

$$f_{01}(S_a;L_b)=\int_{L_a\in\{S_a\cap\{0\leqslant|L_a-L_b|\leqslant R\}\}} f_{00}(L_a;L_b)\frac{\mathrm{d}(L_a)}{|S_a|}。$$

该式是点-线型相遇的微分法。其中，$\frac{\mathrm{d}(L_a)}{|S_a|}$表示对象$\alpha$出现在点$L_a$处的微分概率。

微积分学在科学、经济学、商业管理学和工业工程学领域有广泛的应用，用来解决那些仅依靠代数学和几何学不能有效解决的问题；它在代数学和解析几何学的基础上建立起来，并包括微分学、积分学二大分支。在随机相遇问题中，会面问题是有效的，它将会面概率问题转换为平面空间的几何面积的计算问题；但条件过于苛刻，它假设移动对象均匀分布，因此难以解决其他非均匀分布的情形。因此，有必要引入微积分，在会面问题基础上建立起随机相遇概率的微积分算法，用以解决会面问题不能解决的相遇问题。

3. 点-面型相遇原理

1）相遇原理

由于点-面型的相遇可以由点-点型的相遇扩展而来，即将点-点型相遇中的一个点（如L_a）以一定的面（如D_a）轨迹移动即可形成点-面型的相遇问题（图 6.2）。

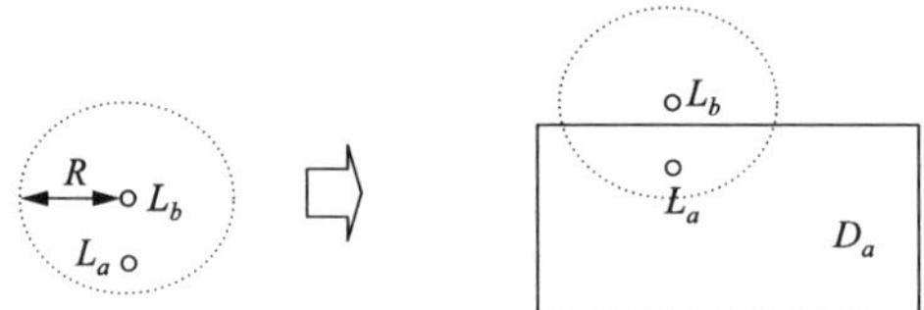

图 6.2 点-点型相遇到点-面型相遇的扩展

（1）在点-点型相遇中，对于点L_a存在相遇概率：$f_{00}(L_a;L_b)$，样本空间概率为 1。

（2）在点-面型相遇中，对于面D_a上的任一点L_a有相遇概率$f_{00}(L_a;L_b)\times P_a(L_a)$。其中，对象$\alpha$在点$L_a$处的概率为$P_a(L_a)$；$f_{00}(L_a;L_b)$是一条件概率。

（3）在点-面型相遇中，点L_b是固定的。由于L_a是其可达域——面D_a上的任一点，因此对于点L_a两对象可相遇的条件为：$\{L_a\in\{0\leqslant|L_a-L_b|\leqslant R\},L_a\in D_a\}$，即$L_a\in\{\{0\leqslant|L_a-L_b|\leqslant R\}\cap D_a\}$。根据全概率公式，对于$D_a$上的所有点$L_a$，有相遇概率：

$$\begin{aligned}f_{02}(D_a;L_b)&=\iint_{L_a\in D_a} P_a(L_a)\cdot f_{00}(L_a;L_b)\mathrm{d}(L_a)\\&=\iint_{L_a\in\{0\leqslant|L_a-L_b|\leqslant R\};L_a\in D_a} P_a(L_a)\cdot f_{00}(L_a;L_b)\mathrm{d}(L_a)\\&=\iint_{L_a\in\{D_a\cap\{0\leqslant|L_a-L_b|\leqslant R\}\}} P_a(L_a)\cdot f_{00}(L_a;L_b)\mathrm{d}(L_a)\end{aligned}$$

2）相遇特征

$P_a(L_a)$既可以是非均匀分布；也可以是均匀分布，即 $P_a(L_a)=\frac{1}{\| D_a \|}$，$\| D_a \|$ 表示 D_a 的面积测度。如果 $P_a(L_a)$是均匀分布，则相遇概率：

$$
\begin{aligned}
f_{02}(D_a;L_b) &= \frac{\iint\limits_{L_a\in\{D_a\cap\{0\leqslant|L_a-L_b|\leqslant R\}\}} f_{00}(L_a;L_b)\mathrm{d}(L_a)}{\| D_a \|}, \quad \text{积分型算法} \\
&= \iint\limits_{L_a\in\{D_a\cap\{0\leqslant|L_a-L_b|\leqslant R\}\}} f_{00}(L_a;L_b)\frac{\mathrm{d}(L_a)}{\| D_a \|}, \quad \text{微分型算法}
\end{aligned}
$$

4. 点-体型相遇原理

1）相遇原理

将点-点型相遇中的一个点限制在一个体内，即可形成点-体型相遇。这里，将点-点型相遇中的点 L_a 扩展成体 V_a。

（1）在点-点型相遇中，对于点 L_a 存在相遇概率 $f_{00}(L_a;L_b)$，样本空间概率为 1。

（2）在点-体型相遇中，对于体 V_a 上的任一点 L_a 有相遇概率 $f_{00}(L_a;L_b)\times P_a(L_a)$。其中，对象 α 在点 L_a 处的概率为 $P_a(L_a)$；$f_{00}(L_a;L_b)$ 是一条件概率。

（3）在点-体型相遇中，根据全概率公式对于体 V_a 上的所有点 L_a，有相遇概率：$f_{03}(V_a;L_b)=\iiint\limits_{L_a\in V_a} P_a(L_a)\cdot f_{00}(L_a;L_b)\mathrm{d}(L_a)$。

2）相遇特征

$P_a(L_a)$既可以是非均匀分布；也可以是均匀分布，即 $P_a(L_a)=\frac{1}{\|| V_a \||}$，$\|| V_a \||$表示 V_a 的体积测度。对于基于 $P_a(L_a)$均匀分布的相遇概率公 $f_{03}(V_a;L_b)=\frac{\iiint\limits_{L_a\in V_a} f_{00}(L_a;L_b)\mathrm{d}(L_a)}{\|| V_a \||}$。

值得一提的是，相遇距离 R 是两个对象之间的最大可相遇的距离。在上述的点-型相遇中，R 是一个基本常量，是点-型相遇概率的一个参数。后续的线-、面-、体-型相遇概率都由点-型相遇公式扩展而来，因此也都是 R 的函数。R 是两个移动对象的半径 r_1、r_2 之和，即，$R=r_1+r_2$。当 $r_2=0$ 时，则 $R=r_1$，两个对象的相遇问题可以视为一个对象对另一个对象的随机找寻问题。

6.1.2　线-型相遇原理

可达域分别为$\{S_a\}$、$\{S_b\}$的两对象 α、β 的相遇，可由线$\{S_a\}$-点$\{L_b\}$型相遇扩展而来；S_a、S_b 的位置在三维空间中是任意的，两者既可以是包含关系，也可以是相离、相交关系。类似地，可达域分别为$\{D_a\}$、$\{S_b\}$的两个对象 α、β 的相遇，可由面$\{D_a\}$-点$\{L_b\}$型相遇扩展而来；D_a、S_b 的位置在三维空间中是任意的，两者既可以是包含关系，也可以是相离、相交关系。

1. 线-线型相遇原理

由于线-线型的相遇可以由点-线型的相遇扩展而来，即将点-线型相遇中的点(如 L_b)以一定的线(如 S_b)轨迹移动即可形成线-线型的相遇问题(图 6.3)。

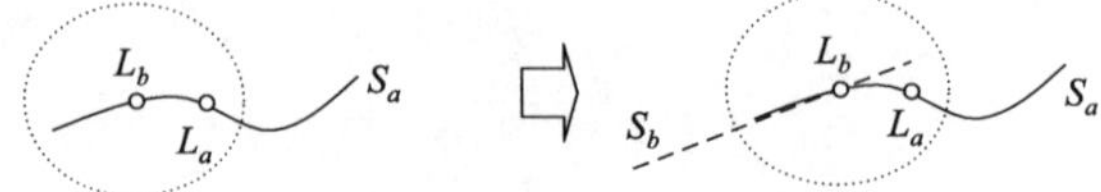

图 6.3　点-线型相遇到线-线型相遇的扩展

(1) 在点-线型相遇中，对于点 L_b 与线 S_a 有相遇概率：$f_{01}(S_a;L_b)$。当 S_a 为均匀分布时，$f_{01}(S_a;L_b)$ 是直线 $x=L_b$ 位于阴影部分的长度除以位于样本空间 S_a 的长度[图 6.4(a)]。

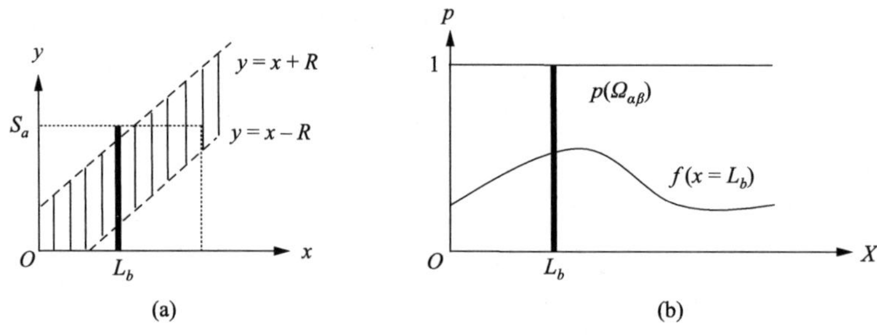

图 6.4　(a)点-线型相遇;(b)线-线型相遇

(2) 在线-线型相遇中，对于 S_b 上的任一点 L_b 有相遇概率：$f_{01}(S_a;L_b)\times P_b(L_b)$[图 6.4(b)]。其中，点 L_b 处的概率为 $P_b(L_b)$；$f_{01}(S_a;L_b)$ 是一条件概率，会随 L_b 的变化而变化。

(3) 在线-线型相遇中，根据全概率公式对于 S_b 上的所有点 L_b 有相遇概率：$f_{11}(S_a;S_b)=\int_{L_b\in S_b}P_b(L_b)\cdot f_{01}(S_a;L_b)\mathrm{d}(L_b)$。

$P_b(L_b)$既可以是非均匀分布，也可以是均匀分布。如果 $P_b(L_b)$是均匀分布，则 $P_b(L_b)=\dfrac{1}{|S_b|}$，$|S_b|$表示 S_b 的路径长度，有相遇概率：

$$f_{11}(S_a;S_b)=\frac{\int_{L_b\in S_b}f_{01}(S_a;L_b)\mathrm{d}(L_b)}{|S_b|}\ \text{积分型}$$

$$=\int_{L_b\in S_b}f_{01}(S_a;L_b)\frac{\mathrm{d}(L_b)}{|S_b|}\ \text{微分型}$$

，$\dfrac{\mathrm{d}(L_b)}{|S_b|}$表示对象 β 出现在点 L_b 处的微分概率

线-线型相遇可视为点-点型相遇的和：

$$f_{11}(S_a;S_b)=\iint_{L_a\in S_a;L_b\in S_b}P_a(L_a)\cdot P_b(L_b)\cdot f_{00}(L_a;L_b)\mathrm{d}(L_a)\mathrm{d}(L_b)$$

当对象 α、β 在各自样本空间 S_a、S_b 均匀分布时，有

$$f_{11}(S_a;S_b)=\frac{\iint\limits_{L_a\in\{S_a\cap\{0\leqslant|L_a-L_b|\leqslant R\}\};L_b\in S_b} f_{00}(L_a;L_b)\mathrm{d}(L_a)\mathrm{d}(L_b)}{|S_a|\cdot|S_b|}$$

该公式是点-点型相遇概率 $f_{00}(L_a;L_b)$ 形成线-线型相遇概率 $f_{11}(S_a;S_b)$ 的积分形式。其中，公式的分子、分母分别表示可相遇区域 $\{0\leqslant|L_a-L_b|\leqslant R\}$ 面积、样本空间 $\{S_a\times S_b\}$ 的面积，因而是点-面型相遇的坐标系法。

2. 线-面型相遇原理

由于线-面型的相遇可以由点-面型的相遇扩展而来，即将点-面型相遇中的点（如 L_b）以一定的线（如 S_b）轨迹移动即可形成线-面型的相遇问题（图 6.5）。

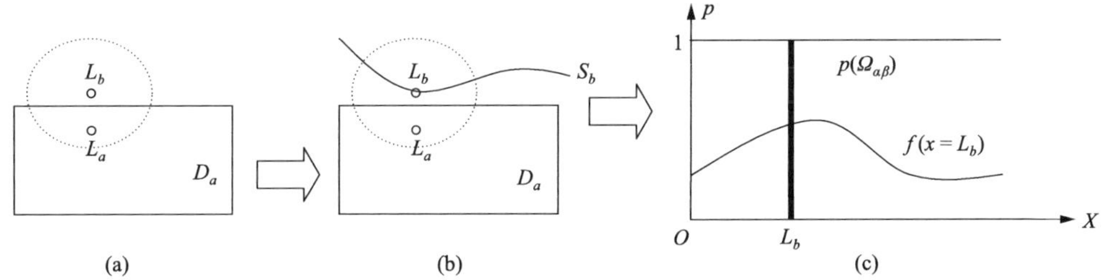

图 6.5　点-面型到线-面型的扩展

(a) 点-面型相遇图示；(b) 线-面型相遇图示；(c) 线-面相遇概率

(1) 点-面型相遇[图 6.5(a)]中，对于点 L_b 有相遇概率：$f_{02}(D_a;L_b)$。

(2) 在线-面型相遇[图 6.5(b)]中，对于 S_b 上的任一点 L_b 有相遇概率：$f_{02}(D_a;L_b)\times P_b(L_b)$。其中，点 L_b 处的概率为 $P_b(L_b)$；$f_{02}(D_a;L_b)$ 是一条件概率，并随 L_b 的变化而变化[图 6.5(c)]。

(3) 在线-面型相遇中，根据全概率公式对于 S_b 上的所有点 L_b，有相遇概率：

$$f_{12}(D_a;S_b)=\int\limits_{L_b\in S_b} P_b(L_b)\cdot f_{02}(D_a;L_b)\mathrm{d}(L_b)$$

其中，$P_b(L_b)$既可以是非均匀分布，也可以是均匀分布。如果 $P_b(L_b)$是均匀分布，即 $P_b(L_b)=\frac{1}{|S_b|}$，$|S_b|$表示 S_b 的路径长度，有相遇概率：

$$f_{12}(D_a;S_b)=\frac{\int\limits_{L_b\in S_b} f_{02}(D_a;L_b)\mathrm{d}(L_b)}{|S_b|}\qquad\text{积分型}$$

$$=\int\limits_{L_b\in S_b} f_{02}(D_a;L_b)\frac{\mathrm{d}(L_b)}{|S_b|}\qquad\text{微分型}$$

当对象 α、β 在各自样本空间 D_a、S_b 均匀分布时，有

$$f_{12}(D_a;S_b)=\iiint\limits_{L_a\in\{D_a\cap\{0\leqslant|L_a-L_b|\leqslant R\}\};L_b\in S_b}\frac{f_{00}(L_a;L_b)\mathrm{d}(L_a)\mathrm{d}(L_b)}{\|D_a\|\cdot|S_b|}$$

该式是点-点型相遇概率 $f_{00}(L_a;L_b)$ 形成线-面型相遇概率 $f_{12}(D_a;S_b)$ 的积分形式。

6.1.3 面-型相遇原理

可达域分别为 $\{D_a\}$、$\{D_b\}$ 的两对象 α、β 的相遇，可由面 $\{D_a\}$-点 $\{L_b\}$ 型相遇扩展而来，D_a、D_b 的位置在三维空间中是任意的，两者既可以是包含关系，也可以是相离、相交关系。

1. 面-面型相遇原理

由于面-面型的相遇可以由点-面型的相遇扩展而来，即将点-面型相遇中的点（如 L_b）以一定的面（如 D_b）轨迹移动即可形成面-面型的相遇问题（图 6.6）。

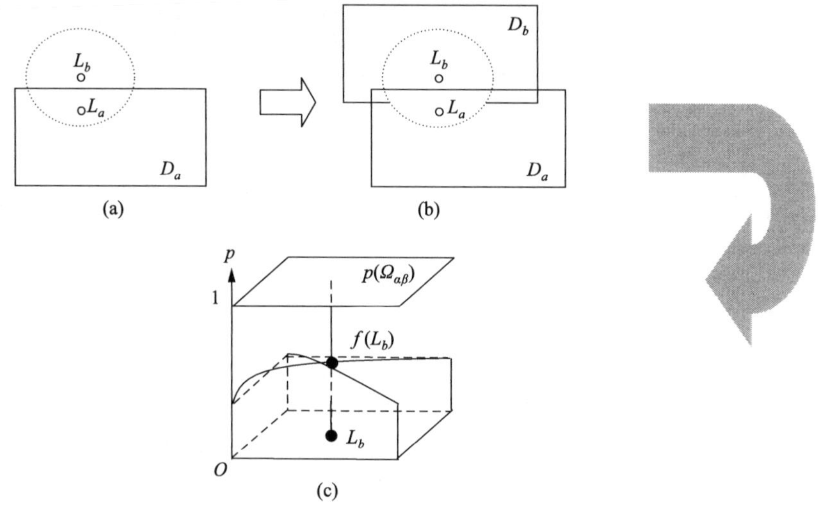

图 6.6　点-面型相遇到面-面型相遇的扩展

(1) 在点-面型相遇[图 6.6(a)]中，对于点 L_b 有相遇概率 $f_{02}(D_a;L_b)$。

(2) 在面-面型相遇[图 6.6(b)]中，对于 D_b 上的任一点 L_b 有相遇概率：$f_{02}(D_a;L_b)\times P_b(L_b)$。其中，点 L_b 处的概率为 $P_b(L_b)$；$f_{02}(D_a;L_b)$ 是一条件概率，并随 L_b 的变化而变化[图 6.6(c)]。

(3) 在面-面型相遇中，根据全概率公式对于 D_b 上的所有点 L_b，有相遇概率：

$$f_{22}(D_a;D_b)=\iint\limits_{L_b\in D_b} P_b(L_b)\cdot f_{02}(D_a;L_b)\mathrm{d}(L_b)$$

$P_b(L_b)$既可以是非均匀分布，也可以是均匀分布。如果 $P_b(L_b)$是均匀分布，即 $P_b(L_b)=\dfrac{1}{\|D_b\|}$，$\|D_b\|$ 表示 D_b 的面积测度，则相遇概率：

$$\begin{aligned} f_{22}(D_a;D_b) &= \frac{\iint\limits_{L_b\in D_b} f_{02}(D_a;L_b)\mathrm{d}(L_b)}{\|D_b\|} && \text{积分型} \\ &= \iint\limits_{L_b\in D_b} f_{02}(D_a;L_b)\frac{\mathrm{d}(L_b)}{\|D_b\|} && \text{微分型} \end{aligned}$$

当对象 α、β 在各自样本空间 D_a、D_b 均匀分布时，有

$$f_{22}(D_a;D_b)=\frac{\iint\limits_{L_b\in D_b}\iint\limits_{L_a\in\{D_a\cap\{0\leqslant|L_a-L_b|\leqslant R\}\}} f_{00}(L_a;L_b)\mathrm{d}(L_a)\mathrm{d}(L_b)}{\|D_a\|\cdot\|D_b\|}$$

该式是点-点型相遇概率 $f_{00}(L_a;L_b)$ 形成面-面型相遇概率 $f_{22}(D_a;D_b)$ 的积分形式。

2. 线-面型相遇与面-面型相遇的关系

由于线-面型相遇公式和面-面型相遇公式，都是点-点型相遇公式的函数，因此从理论上面-面型相遇公式可由线-面型相遇公式构建。

(1) 在 XOY 欧式空间，将 β 的可达域 D_b[图 6.7(a)]离散成序列直线段 $D_{b.x}$[图 6.7(b)]。

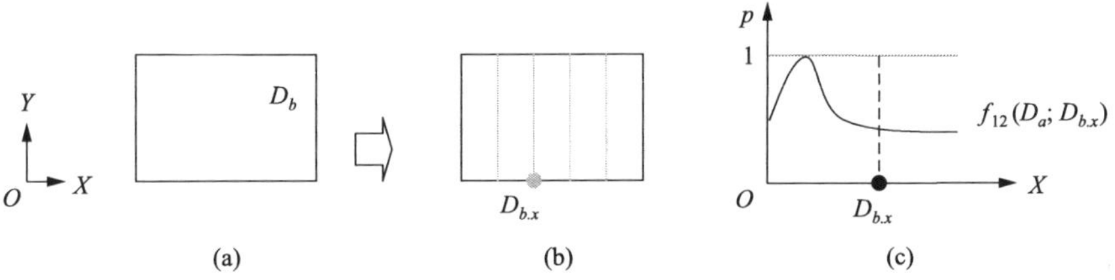

图 6.7　线-面型与面-面型相遇的关系

(a) 面可达域；(b) 面可达域的线形式；(c) 相遇概率

(2) 根据线-面型相遇原理，分别计算直线段 $D_{b.x}$ 与面 D_a 相遇的概率 $P_{b.x}(D_{b.x})\cdot f_{12}(D_a;D_{b.x})$。其中，$P_{b.x}(D_{b.x})$ 表示移动对象 β 分布在线 $D_{b.x}$ 上的概率值；$f_{12}(D_a;D_{b.x})$ 是一条件概率，其在 POX 空间的函数如图 6.7(c)。

(3) 设 $D_{b.x}$ 的概率值 $P_{b.x}(D_{b.x})$，根据全概率公式，有面-面型相遇概率 $f_{22}(D_a;D_b)=\int\limits_{D_{b.x}}P_{b.x}(D_{b.x})\cdot f_{12}(D_a;D_{b.x})\mathrm{d}(D_{b.x})$。其中，$f_{12}(D_a;D_{b.x})$ 是线-面型相遇概率。这样，面-面型相遇概率可由线-面型相遇概率推导出来。

事实上，面-面型相遇公式不仅由点-点型、线-面型相遇公式构建，还可以由点-线型、点-面型、线-线型相遇公式构建。这种联系为复杂面-面相遇公式的简化提供理论依据。

6.1.4　体-型相遇原理

通过将点与体相遇中的点在线、面、体的扩展，可以形成线-体型、面-体型、体-体型相遇。

1. 线-体型相遇原理

由于线-体型的相遇可以由点-体型的相遇扩展而来，即将点-体型相遇中的点(如 L_b)以一定的线(如 S_b)轨迹移动即可形成线-体型的相遇。

(1) 在点-体型相遇中，对于点 L_b 有相遇概率：$f_{03}(V_a;L_b)$。

(2) 在线-体型相遇中，对于 S_b 上的任一点 L_b 有相遇概率：$f_{03}(V_a;L_b)\times P_b(L_b)$。

其中，移动对象 β 分布在点 L_b 处的概率为 $P_b(L_b)$；$f_{03}(V_a;L_b)$ 是一条件概率。

(3) 在线-体型相遇中，根据全概率公式对于 S_b 上的所有点 L_b，有相遇概率 $f_{13}(V_a;S_b)=\int\limits_{L_b\in S_b} P_b(L_b)\cdot f_{03}(V_a;L_b)\mathrm{d}(L_b)$。

2. 面-体型相遇原理

在点-体型相遇中，当点 L_b 在面 D_b 上移动时，可以形成面 D_b 上的所有点 L_b 分别与体 V_a 相遇的概率 $f_{03}(V_a;L_b)\times P_b(L_b)$。其中，移动对象 β 分布在点 L_b 处的概率为 $P_b(L_b)$；$f_{03}(V_a;L_b)$ 是一条件概率。根据全概率公式，面-体型相遇概率：

$$f_{23}(V_a;D_b)=\iint\limits_{L_b\in D_b} P_b(L_b)\cdot f_{03}(V_a;L_b)\mathrm{d}(L_b)$$

3. 体-体型相遇原理

在点-体型相遇中，当点 L_b 在体 V_b 上移动时，可以形成体 V_b 上的所有点 L_b 分别与体 V_a 相遇的概率 $f_{03}(V_a;L_b)\times P_b(L_b)$；其中，移动对象 β 分布在点 L_b 处的概率为 $P_b(L_b)$；$f_{03}(V_a;L_b)$ 是一条件概率。根据全概率公式，体-体型相遇概率：

$$f_{33}(V_a;D_b)=\iiint\limits_{L_b\in V_b} P_b(L_b)\cdot f_{03}(V_a;L_b)\mathrm{d}(L_b)$$

体-体型相遇公式不仅由点-体型相遇公式构建，还可以由线-体型、面-体型相遇公式构建。这种联系为复杂体-体型相遇公式的分解和简化提供理论依据。

6.2　相遇概率的积分法

根据随机相遇的连续型概率原理，采用积分法对随机相遇概率进行连续计算。积分法适用于移动对象在其空间可达域上的均匀分布和非均匀分布情形。

6.2.1　算法基础

由于点可以扩展成线、面，因此点-点型相遇概率通过积分可形成点-线型、线-线型、线-面型和面-面型的相遇概率。由于会面问题通过笛卡儿积，将两个一维的线空间形成二维平面空间，以分析相遇的样本空间和事件。然而，二维或三维空间难以表达两个二维的面空间的笛卡儿积，这主要是由于会面问题的笛卡儿积带来的升维方法造成的。因此，对于高维度几何之间的相遇问题，需要采用降维方法。一种简单的思路是：①将几何 A-几何 B 型相遇问题中的几何 A 分解成低维度的几何 a，有：几何 $A=\bigcup$(几何 a)；②分别计算几何 a-几何 B 型的相遇概率，并将这一相遇概率值标记在一个几何 a 上；③对几何 a 上的概率值在区间{几何 A}内积分，形成几何 A-几何 B 型相遇概率。这种思路的基础是积分，而核心则是降维。

1. 几何体的关系

在逻辑上，线、面可以认为是点的集合。在 GIS 中，连续的线、面可以通过离散的方法形成可数的、边界明确的点。

对于线 S，有 $S=\{L_1,\cdots,L_i,\cdots\}$，$\bigcup_i L_i = S$。

对于面 D，有 $D=\{L_1,\cdots,L_i,\cdots\}$，$\bigcup_i L_i = D$。

2. 点-点型相遇的一次扩展算法

对于点Ⅰ-点Ⅱ型相遇问题，在固定点Ⅱ的位置 L_b 时，相遇事件会随点Ⅰ的位置 L_a 的变化而变化，并形成一系列独立的点Ⅰ-点Ⅱ型相遇事件。

1) 点Ⅱ与线Ⅰ型的相遇

由于 $S_a=\{L_{a,1},\cdots,L_{a,i},\cdots\}$，因此位于位置 L_b 的点Ⅱ分别与 S_a 的每个点Ⅰ($L_{a,i}$)可能相遇，有点Ⅰ-点Ⅱ型相遇事件：$\{L_{a,1}\cap L_b\},\cdots,\{L_{a,i}\cap L_b\},\cdots$。这些相遇事件的集合就是点Ⅱ与线Ⅰ型的相遇事件，有 $S_a\cap L_b=\{L_{a,1}\cap L_b,\cdots,L_{a,i}\cap L_b,\cdots\}=\bigcup_{L_{a,i}\in S_a}(L_{a,i}\cap L_b)$。由于 $L_{a,i}\cap L_{a,j}=\varnothing, i\neq j$，因此相遇事件$\{L_{a,i}\cap L_b\}$与$\{L_{a,j}\cap L_b\}$独立[图 6.8(a)]。

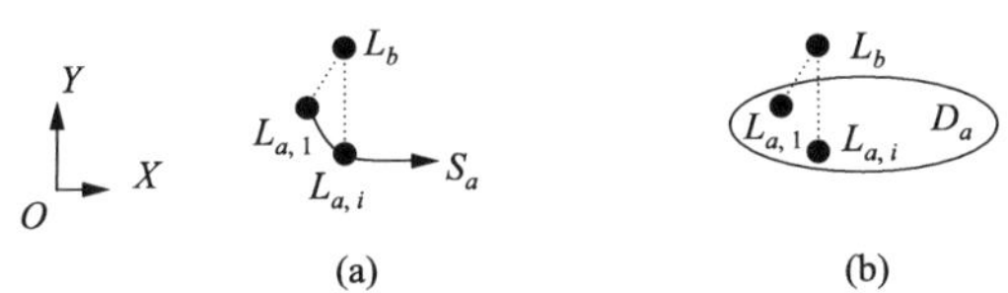

图 6.8　点-点型相遇的一次扩展

(a) 点-线型相遇；(b) 点-面型相遇

任一概率值 $P(L_{a,i}\cap L_b)$对应于唯一的点 $L_{a,i}$，因此能将 $P(L_{a,i}\cap L_b)$标记在点 $L_{a,i}$上；这样，期望概率 $\sum_{L_{a,i}\in S_a} P(L_{a,i}\cap L_b)\cdot P(L_{a,i})$ 就是点 L_b-线 S_a 型相遇的概率 $f_{01}(S_a;L_b)$，即

$$
\begin{aligned}
f_{01}(S_a;L_b) &= P(S_a\cap L_b)\\
&= P\Big(\bigcup_{L_{a,i}\in S_a}[(L_{a,i}\cap L_b)\mid L_{a,i}]\Big)\\
&= \sum_{L_{a,i}\in S_a} P(L_{a,i}\cap L_b)\cdot P(L_{a,i})\\
&= \sum_{L_{a,i}\in S_a} f_{00}(L_{a,i};L_b)\cdot P(L_{a,i})
\end{aligned}
$$

2) 点Ⅱ与面 D_a 型的相遇

由于 $D_a=\{L_{a,1},\cdots,L_{a,i},\cdots\}$，因此点 L_b 与面中的任一点 $L_{a,i}(L_{a,i}\in D_a)$可形成相遇事件：$L_{a,i}\cap L_b$[图 6.8(b)]。显然，$\{L_{a,i}\cap L_b\}\cap\{L_{a,j}\cap L_b\}=\varnothing, i\neq j$。

任一概率值 $P(L_{a,i}\cap L_b)$对应于唯一的点 $L_{a,i}$，因此能将 $P(L_{a,i}\cap L_b)$标记在点 $L_{a,i}$ 上；这样，期望概率 $\sum_{L_{a,i}\in D_a} P(L_{a,i}\cap L_b)\cdot P(L_{a,i})$ 就是点 L_b-面 D_a 型相遇的概率 $f_{02}(D_a;$

L_b)，即 $f_{02}(D_a;L_b)=\sum\limits_{L_{a,i}\in D_a}P(L_{a,i}\cap L_b)\cdot P(L_{a,i})=\sum\limits_{L_{a,i}\in D_a}f_{00}(L_{a,i};L_b)\cdot P(L_{a,i})$。

3. 点-点型相遇的二次扩展算法

点Ⅰ-点Ⅱ型相遇的一次扩展，形成了线Ⅰ-点Ⅱ型相遇、面Ⅰ-点Ⅱ型相遇的概率值。在此基础上固定线Ⅰ、面Ⅰ，则线Ⅰ-点Ⅱ型相遇、面Ⅰ-点Ⅱ型相遇的概率值会随点Ⅱ的位置点 L_b 的变化而变化，并形成一系列独立的线Ⅰ-点Ⅱ型相遇、面Ⅰ-点Ⅱ型相遇的事件，这就是点-点型相遇的二次扩展。

1) 线Ⅰ与线Ⅱ型的相遇

由于 $S_b=\{L_{b,1},\cdots,L_{b,i},\cdots\}$，因此位于 S_b 中位置 $L_{b,i}$ 处的点Ⅱ分别与 S_a 的相遇，可形成一系列独立的线Ⅰ-点Ⅱ型相遇事件：$S_a\cap S_b=\{S_a\cap L_{b,1},\cdots,S_a\cap L_{b,i},\cdots\}$[图 6.9(a)]。其中，事件 $\{S_a\cap L_{b,i}\}\cap\{S_a\cap L_{b,j}\}=\varnothing,i\neq j$。

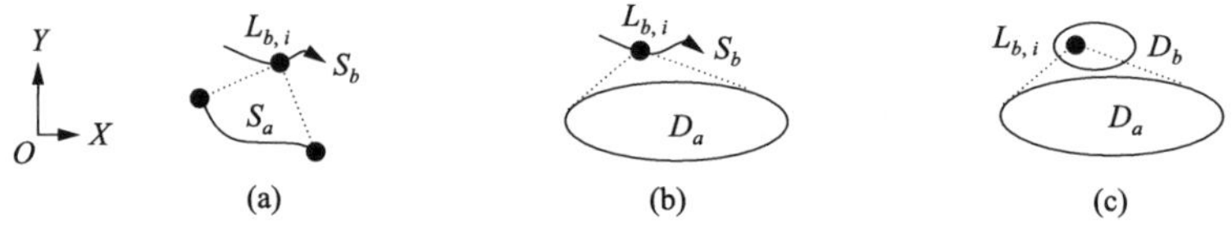

图 6.9　点-点型相遇的二次扩展

(a) 线-线型相遇；(b) 线-面型相遇；(c) 面-面型相遇

任一概率值 $P(S_a\cap L_{b,i})$ 对应于唯一的点 $L_{b,i}$，因此 $P(S_a\cap L_{b,i})$ 可标记在点 $L_{b,i}$ 上；这样，期望概率 $\sum\limits_{L_{b,i}\in S_b}P(S_a\cap L_{b,i})\cdot P_b(L_{b,i})$ 就是线 S_b-线 S_a 型相遇的概率 $f_{11}(S_a;S_b)=\sum\limits_{L_{b,i}\in S_b}P(S_a\cap L_{b,i})\cdot P_b(L_{b,i})=\sum\limits_{L_{b,i}\in S_b}P_b(L_{b,i})\cdot f_{01}(S_a;L_{b,i})$。

2) 面Ⅰ-线Ⅱ型的相遇

由于 $S_b=\{L_{b,1},\cdots,L_{b,i},\cdots\}$，因此位于 S_b 中位置 $L_{b,i}$ 处的点Ⅱ分别与 D_a 的相遇，可形成一系列独立的面Ⅰ-点Ⅱ型相遇事件：$D_a\cap S_b=\{D_a\cap L_{b,1},\cdots,D_a\cap L_{b,i},\cdots\}$[图 6.9(b)]。

任一概率值 $P(D_a\cap L_{b,i})$ 对应于唯一的点 $L_{b,i}$，因此 $P(D_a\cap L_{\mathrm{b,i}})$ 可标记在一个点 $L_{b,i}$ 上；这样，期望概率 $\sum\limits_{L_{b,i}\in S_b}P(D_a\cap L_{b,i})\cdot P_b(L_{b,i})$ 就是线 S_b-面 D_a 型相遇的概率 $f_{12}(D_a;S_b)=\sum\limits_{L_{b,i}\in S_b}P_b(L_{b,i})\cdot P(D_a\cap L_{b,i})=\sum\limits_{L_{b,i}\in S_b}P_b(L_{b,i})\cdot f_{02}(D_a;L_{b,i})$。

3) 面Ⅰ-面Ⅱ型的相遇

由于 $D_b=\{L_{b,1},\cdots,L_{b,i},\cdots\}$，因此位于 D_b 中位置 $L_{b,i}$ 处的点Ⅱ分别与 D_a 的相遇，可形成一系列独立的面Ⅰ-点Ⅱ型相遇事件：$D_a\cap D_b=\{D_a\cap L_{b,1},\cdots,D_a\cap L_{b,i},\cdots\}$[图 6.9(c)]。

任一概率值 $P(D_a\cap L_{b,i})$ 对应于唯一的点 $L_{b,i}$，因此 $P(D_a\cap L_{b,i})$ 可标记在一个点 $L_{b,i}$ 上；这样，期望概率 $\sum\limits_{L_{b,i}\in D_b}P(D_a\cap L_{b,i})\cdot P_b(L_{b,i})$ 就是面 D_b-面 D_a 型相遇的概率 $f_{22}(D_a;D_b)=\sum\limits_{L_{b,i}\in D_b}P_b(L_{b,i})\cdot P(D_a\cap L_{b,i})=\sum\limits_{L_{b,i}\in D_b}P_b(L_{b,i})\cdot f_{02}(D_a;L_{b,i})$。

上述求和符号换成积分号就是积分型算法的基本原理。

6.2.2　点-线型相遇的积分法

在点-点型的相遇事件中，当一个点沿着线移动时可以形成一系列的点-点型相遇事件，因此点-线型相遇事件可转化为点-点型相遇事件。

1. 点-点型相遇的扩展

点-点型相遇是两个几何 L_a、L_b 之间的相遇[图 6.10(a)]，相遇的结果概率值只有一个，因此可以将相遇概率值标记在一个几何 L_a 上[图 6.10(b)]。当点 $L_{a,i}$ 在线 S_a 上移动时，则 $L_{a,i}$ 与 L_b 之间的相遇概率值可以在线上每个点 $L_{a,i}$($L_{a,i} \in S_a$)处标记[图 6.10(c)]。

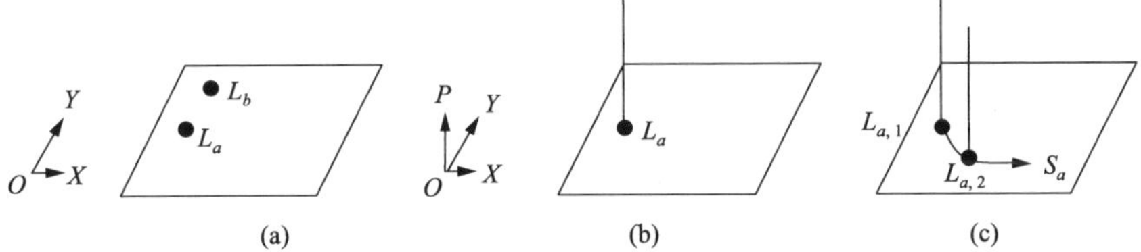

图 6.10　点-点型相遇的扩展

(a) 空间参考；(b) 概率标记；(c) 线上的概率标记

分别位于 L_a、L_b 的对象 α、β 的点-点相遇概率 $f_{00}(L_a;L_b)$，会随位置 L_a 的变化而变化[图 6.11(a)]。

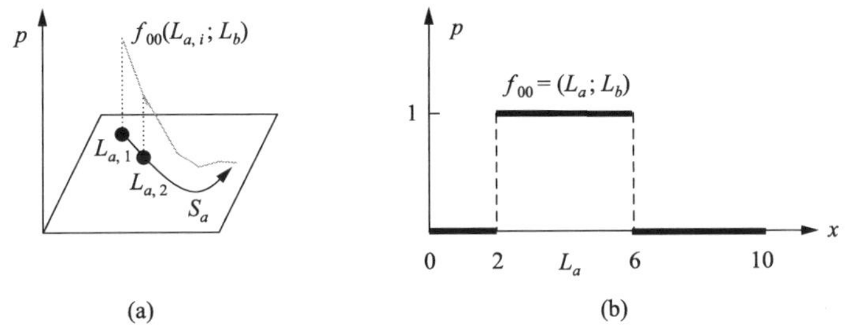

图 6.11　点-点型相遇

(a) 相遇概率的三维过程；(b) 相遇概率的二维过程

设，点 L_a 在线段 $S_a = [0,10]$ 上移动，相遇半径 $R=2$；O 是 S_a 的一个点，$x = OL_a$，$y = OL_b = 4$，则 $f_{00}(L_a;L_b)$ [图 6.11(b)]：

$$f_{00}(L_a;L_b) = \begin{cases} 1, x \in [2,6] \\ 0, x \in [0,2) \cup (6,10] \end{cases}$$

点-点型相遇的样本空间 $\Omega_{\alpha\beta} = \{\langle L_a, L_b \rangle\}$，会随 L_a 在 S_a 上的变化而变化，其轨迹在笛卡儿空间$\{\langle x,y \rangle\}$中是一线段[图 6.12(a)]，即$[0,4] \times [0,10]$。由于样本空间是一必然事件，因此 $f_{00}(\Omega_{\alpha\beta} \mid L_a \in S_a) = 1$[图 6.12(b)]。

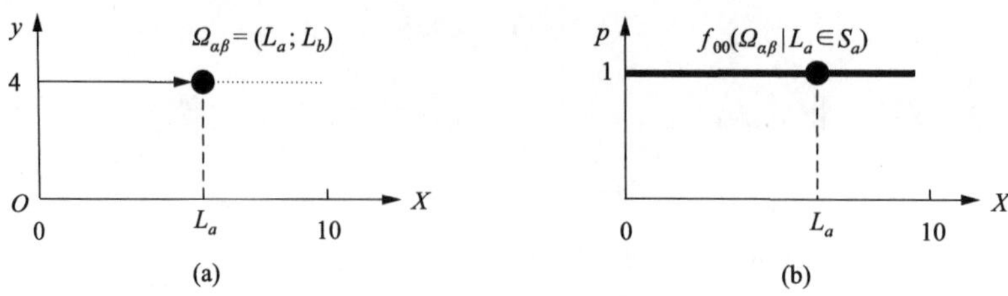

图 6.12 (a)点-点型样本空间,(b)及其概率

2. 点-线型相遇的概率

点-线型的相遇概率是对点-点型相遇概率在 S_a 上的累积的规范化，即，$f_{01}(S_a;L_b)=\sum_{L_{a,i}\in S_a} P_a(L_{a,i})\cdot f_{00}(L_{a,i};L_b)$。其中，对象 α 在 S_a 上的概率密度函数 $P_a(L_a)$，可以是均匀分布 $P_a(L_a)=\frac{1}{|S_a|}$，也可以非均匀分布。设，对象 β 在点 $OL_b=4$ 处。

1) 对象 α 为均匀分布时的相遇概率

对象 α 在空间 S_a 中移动：①点-点相遇的概率累积 $=\int_0^{10} f_{00}(L_a;L_b)\mathrm{d}L_a=4$[图 6.13(a)阴影面积]；②样本空间的概率累积 $=|S_a|=10$[图 6.13(b)阴影面积]。这样，点对象 β 与可达域为线段[0,10]的对象 α 相遇的概率 $=4\div10=0.4$。

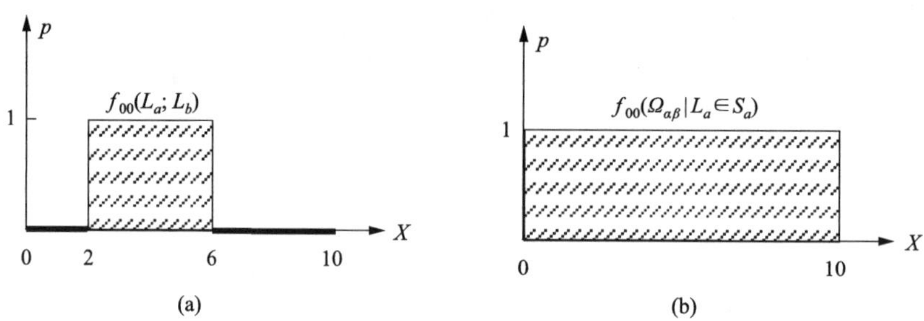

图 6.13 点-点型相遇概率累积

(a) 相遇概率累积；(b) 样本空间概率累积

这个相遇概率正是在点状可达域($OL_b=4$)的对象 β 与均匀分布在线状可达域([0,10])的对象 α 的相遇概率。

2) 对象 α 为非均匀分布时的相遇概率

点-线相遇概率 $f_{01}(S_a;L_b)$，可以分为三个步骤。

首先，确定 $P_a(L_a)$ 的概率分布函数，如三角形分布 $P_a(L_a=x;a,b,c)=\begin{cases}\frac{2(x-a)}{(b-a)(c-a)}, & a\leqslant x\leqslant c\\ \frac{2(b-x)}{(b-a)(b-c)}, & c<x\leqslant b\end{cases}$，这里 a、b、c 分别设为 0、10、5。这样，$P_a(L_a=x;0,10,5)$

$$=\begin{cases}\frac{x}{25}, & 0\leqslant x\leqslant 5\\ \frac{10-x}{25}, & 5<x\leqslant 10\end{cases}$$ [图 6.14(a)]。

然后，对 $P_a(L_{a,i})\cdot f_{00}(L_{a,i};L_b)$ 进行点乘[图 6.14(b)]。由于 $f_{00}(L_{a,i};L_b)=\{0,1\}$，因此 $P_a(L_{a,i})\cdot f_{00}(L_{a,i};L_b)=\begin{cases}P_a(L_{a,i}),f_{00}(L_{a,i};L_b)=1\\0,f_{00}(L_{a,i};L_b)=0\end{cases}$ [图 6.14(c)]。

最后，计算积分 $\sum\limits_{L_{a,i}\in S_a}P_a(L_{a,i})\cdot f_{00}(L_{a,i};L_b)=f_{01}(S_a;L_b)$。积分就是三角形分布函数与 X 轴上线段[2,6]之间的面积[图 6.14(d)]，即

$$f_{01}(S_a;L_b)=\begin{cases}\int\limits_{L_{a,i}\in[2,5]}P_a(L_{a,i})\cdot f_{00}(L_{a,i};L_b)=\dfrac{21}{50}\\\int\limits_{L_{a,i}\in[5,6]}P_a(L_{a,i})\cdot f_{00}(L_{a,i};L_b)=\dfrac{9}{50}\\0,L_{a,i}\in[0,2]\cup[6,10]\end{cases}$$

$$=0.6$$

显然，$P_a(L_a)$ 的不同分布使得相遇概率不同。

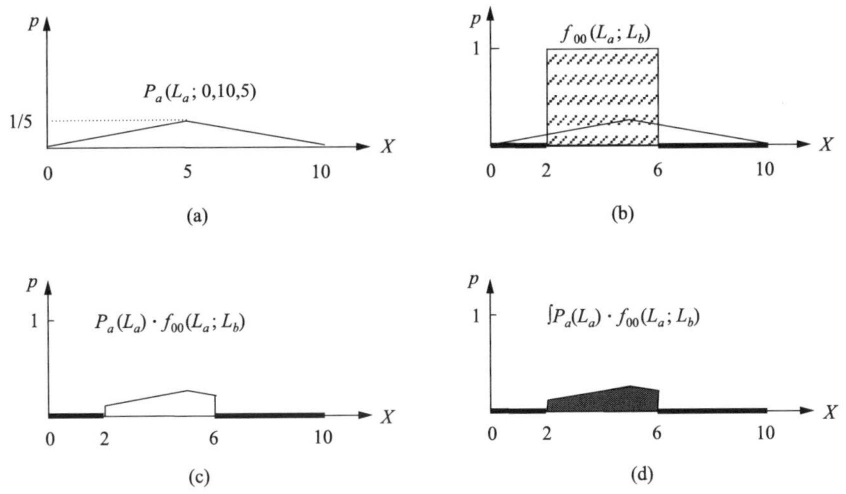

图 6.14　相遇概率累积

(a) 三角形分布；(b) 点乘；(c) 点乘结果；(d) 积分

3) 对象 β 在任一位置的相遇概率

根据上述步骤，可以计算对象 β 所在任一位置点 $L_b(y)$ 与非均匀分布的线 S_a 的相遇概率公式。

首先，假设移动对象 β 位于 S_a 上，则可将 S_a 划分成子域[0,2]∪[2,3]∪[3,5]∪[5,10]。

其次，计算每个区间的相遇概率：①在 $y\in[0,2]$ 时，可与 $L_b(y)$ 相遇的 x 区间为 $x\in[0,y+2]\subseteq[0,4]$，则 $f_{01}(S_a;L_b=y)=\int_0^{y+2}\frac{x}{25}\mathrm{d}x=\frac{(y+2)^2}{50}$；②在 $y\in[2,3]$ 时，$x\in[y-2,y+2]\subseteq[0,5]$，则 $f_{01}(S_a;L_b=y)=\int_{y-2}^{y+2}\frac{x}{25}\mathrm{d}x=\frac{(y+2)^2-(y-2)^2}{50}=\frac{4y}{25}$；

③在 $y\in[3,5]$时，$x\in[y-2,y+2]\subseteq[1,7]$，这意味着 $x\in[y-2,5]\subseteq[1,5]$和 $x\in[5,y+2]\subseteq[5,7]$条件下分段函数 $P_a(L_a=x;0,10,5)$ 的值不同，从而有

$$\begin{aligned}
f_{01}(S_a;L_b) &= \sum_{L_{a,i}\in S_a} P_a(L_{a,i})\cdot f_{00}(L_{a,i};L_b) \\
&= \sum_{L_{a,i}\in[y-2,y+2]} P_a(L_{a,i})\cdot f_{00}(L_{a,i};L_b) \\
&= \sum_{L_{a,i}\in[y-2,5]} P_a(L_{a,i})\cdot f_{00}(L_{a,i};L_b) + \sum_{L_{a,i}\in[5,y+2]} P_a(L_{a,i})\cdot f_{00}(L_{a,i};L_b) \\
&= \int_{y-2}^{5}\frac{x}{25}\mathrm{d}x + \int_{5}^{y+2}\frac{10-x}{25}\mathrm{d}x \\
&= \frac{-y^2+4y+21}{50} + \frac{-y^2+16y-39}{50} = \frac{-y^2+10y-9}{25}
\end{aligned}$$

最后，获得整个区间的相遇概率：

$$f_{01}(S_a;L_b=y)=\begin{cases}\dfrac{(y+2)^2}{50}, y\in[0,2]\cup[8,10]\\[2mm] \dfrac{4y}{25}, y\in[2,3]\cup[7,8]\\[2mm] \dfrac{-y^2+10y-9}{25}, y\in[3,7]\end{cases}$$

这样，可得点-线相遇的概率图形(图 6.15)：

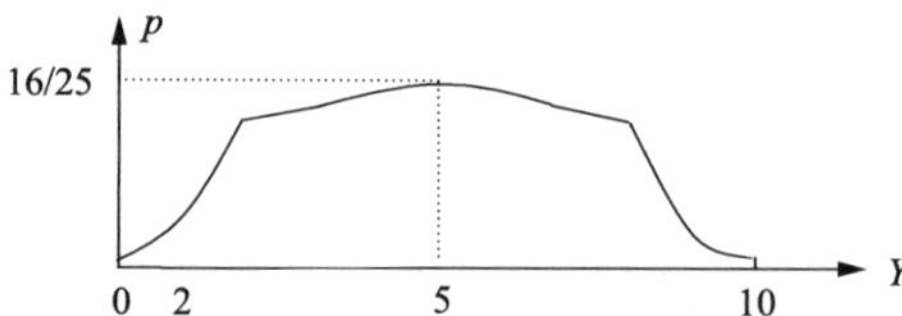

图 6.15　点-线型相遇的函数图形

利用上面的方法，也可计算对象 β 在点 $OL_b=0$ 时两对象的相遇概率$=0.2$。

6.2.3　点-面型相遇的积分法

在点-点型的相遇事件中，当一个点沿着面移动时，可以形成一系列的点-点型相遇事件，因此点-面型相遇事件可转化为点-点型相遇事件。

1. 点-点型相遇的扩展

点-点型相遇是两个几何 L_a、L_b 之间的相遇[图 6.16(a)]，相遇的结果概率值只有一个，可以标记在一个几何 L_a 上[图 6.16(b)]。这样，当点 $L_{a,i}$在面 D_a 上移动时，点 $L_{a,i}$与点 L_b 的相遇概率值可以标记在点 $L_{a,i}(L_{a,i}\in D_a)$处[图 6.16(c)]。

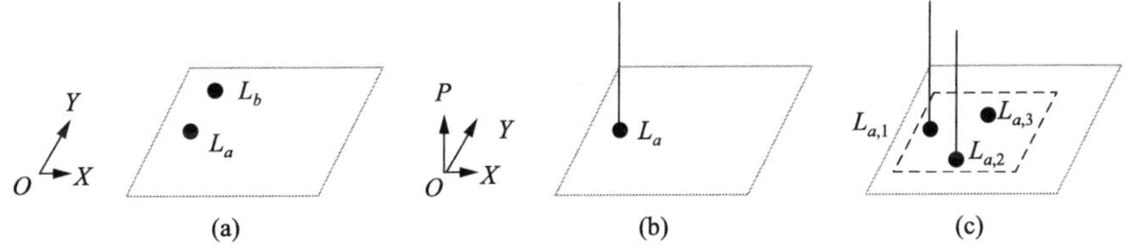

图 6.16　点-点型相遇的扩展

(a) 空间参考；(b) 一个点的概率；(c) 面上各点的概率

分别位于 L_a、L_b 的对象 α、β 的点-点型相遇概率 $f_{00}(L_a;L_b)$，会随位置 L_a 的变化而变化(图 6.17)。

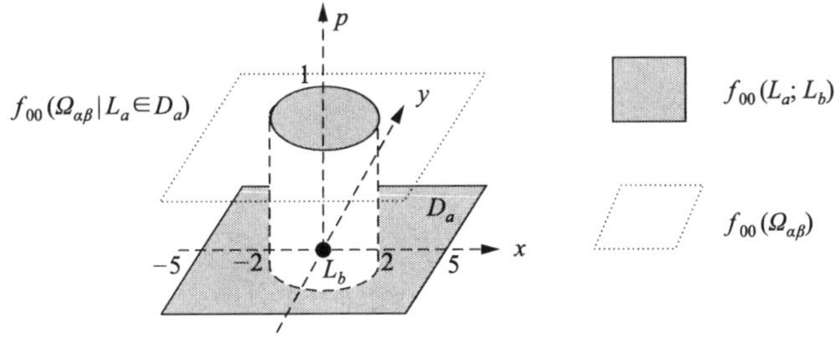

图 6.17　点-点型相遇的过程

设，点 L_a 在曲面 D_a 上移动，且令 D_a 为边长 10 的正方形，$L_b=(5,5)$，则 $f_{00}(L_a;L_b)$：

$$f_{00}(L_a;L_b)=\begin{cases}1, & |L_a-L_b|\leqslant 2\\ 0, & \text{other}\end{cases}$$

由于样本空间是一必然事件，因此其概率始终为 1，即 $f_{00}(\Omega_{\alpha\beta}\mid L_a\in D_a)=1$。

2. 点-面型相遇的概率

点-面型的相遇概率是对点-点型相遇概率在 D_a 上的累积的规范化，即，$f_{02}(D_a;L_b)=\sum_{L_{a,i}\in D_a}P_a(L_{a,i})\cdot f_{00}(L_{a,i};L_b)$。其中，对象 α 在 D_a 上的概率密度函数 $P_a(L_a)$，可以是均匀分布 $P_a(L_a)=\dfrac{1}{\|D_a\|}$，也可以非均匀分布。

1) $P_a(L_a)$ 为均匀分布

对象 α 在空间 D_a 移动时：①点-点型相遇事件的概率累积$=\pi R^2=4\pi$；②样本空间的概率累积=100。这样，点对象 β 与面状可达域 D_a 的对象 α 相遇的概率=0.1256。

2) $P_a(L_a)$ 为非均匀分布

点-面型相遇概率 $f_{02}(D_a;L_b)$，可以分为三个步骤。

首先，确定 $P_a(L_a)$ 的概率分布函数，如正态分布 $P_a(L_a\mid x,y)=\dfrac{1}{2\pi}e^{-\frac{x^2+y^2}{2}}$ [图 6.18(a)]。

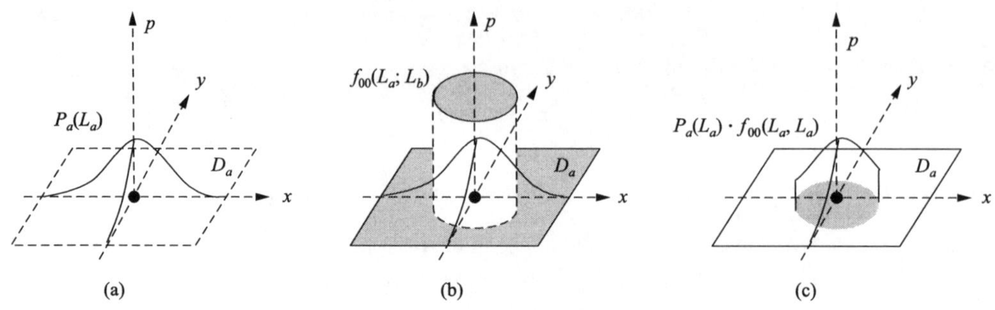

图 6.18 点-面型相遇

(a) 正态分布;(b) 点乘;(c) 相遇概率

然后,对 $P_a(L_{a,i})\cdot f_{00}(L_{a,i};L_b)$ 进行点乘[图 6.18(b)],即对每个点 $L_{a,i}\in D_a$ 计算 $P_a(L_{a,i})\cdot f_{00}(L_{a,i};L_b)$。由于 $f_{00}(L_{a,i};L_b)=\{0,1\}$,因此 $P_a(L_{a,i})\cdot f_{00}(L_{a,i};L_b)=\begin{cases}P_a(L_{a,i})=\dfrac{1}{2\pi}\mathrm{e}^{-\frac{L_{a,i}(x)^2+L_{a,i}(y)^2}{2}}, & f_{00}(L_{a,i};L_b)=1\\0, & f_{00}(L_{a,i};L_b)=0\end{cases}$ [图 6.18(c)]。

最后,计算积分 $\sum\limits_{L_{a,i}\in D_a}P_a(L_{a,i})\cdot f_{00}(L_{a,i};L_b)=f_{02}(D_a;L_b)$。积分就是正态分布函数与 XOY 平面上圆(圆心(0,0),半径 R)之间的体积。由于 $R=2$,是正态分布的 2 倍标准差,因此 $f_{02}(D_a;L_b)\approx 0.96$。

根据上述步骤,也可以计算对象 β 在任一位置点 $L_b(x,y)$ 与非均匀分布的固定面 D_a 的相遇概率公式。

6.2.4 线-线型相遇的积分法

在点-线型的相遇事件中,当点沿着一条线移动时可以形成一系列的点-线型相遇事件,因此线-线型相遇事件可转化为点-线型相遇事件。

1. 点-线型相遇的扩展

点-线型相遇是两个几何 S_a、L_b 之间的相遇[图 6.19(a)],相遇的结果概率值只有一个,可以标记在一个几何 L_b 上[图 6.19(b)]。这样,当点 $L_{b,i}$ 在线 S_b 上移动时,线 S_a 与点 $L_{b,i}$ 之间的相遇概率值可以标记在线上的每个点 $L_{b,i}(L_{b,i}\in S_b)$ 处[图 6.19(c)]。

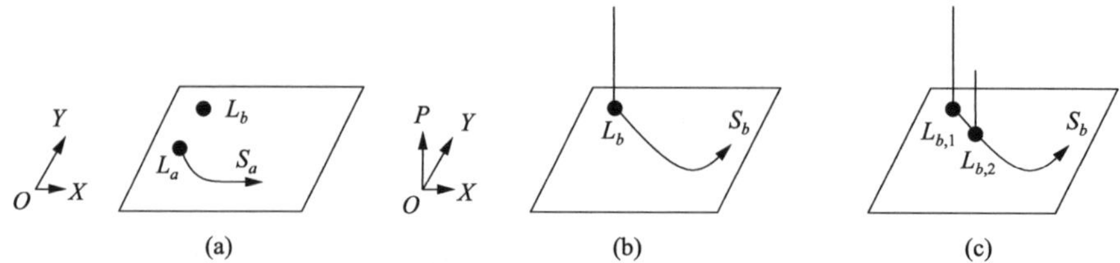

图 6.19 点-点型相遇的扩展

(a) 空间参考;(b) 概率标记;(c) 线上的概率标记

对象 α、β 的点-线型相遇概率 $f_{01}(S_a;L_b)$，会随位置 L_b 在 S_b 上的变化而变化[图 6.20(a)]。

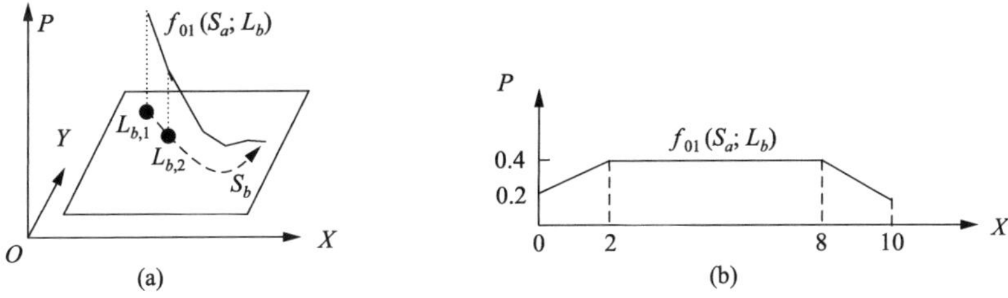

图 6.20　点-线型相遇

(a) 相遇概率的三维过程；(b) 相遇概率的二维过程

由于可以定义线 S_b 的一个端点为坐标原点 O，令 $x=OL_b$，从而可以将平面曲线 S_b 转换为 X 轴的直线[图 6.20(b)]，以简化概率累积及其平均概率计算。设，$S_a=S_b=[0,10]$，即 S_a 与 S_b 重合。根据点-线型相遇概率算法，当 $P_a(L_a)$ 为均匀分布时，

$$f_{01}(S_a;L_b)=\begin{cases}(L_b+2)/10, L_b\in[0,2]\\ 2/5, L_b\in[2,8]\\ (12-L_b)/10, L_b\in[8,10]\end{cases}。$$

2. 点-线型相遇样本空间

点-线型相遇的样本空间 $\Omega_{\alpha\beta}=\{\langle S_a,L_b\rangle\}$ 是一直线段，且会随着 L_b 的变化而变化，其轨迹在笛卡儿空间可形成一个矩形(图 6.21)，即$[0,10]\times[0,10]$。

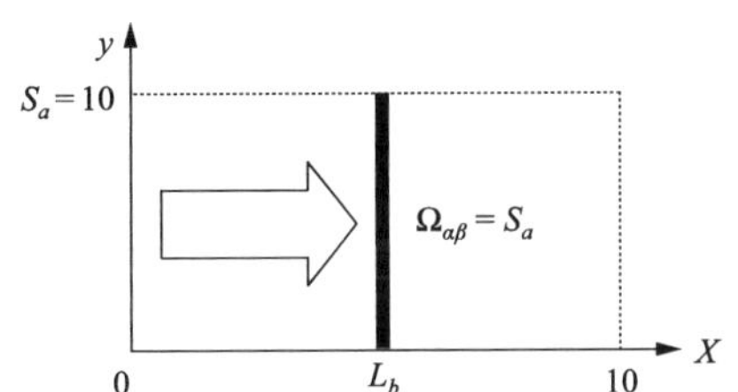

图 6.21　点-线型相遇样本空间的变化过程

3. 线-线型相遇的概率

线 S_b-线 S_a 型的相遇概率是对点 L_b-线 S_a 型相遇概率在 S_b 上的累积的规范化，即 $f_{11}(S_a;S_b)=\sum\limits_{L_{b,i}\in S_b}P_b(L_{b,i})\cdot f_{01}(S_a;L_{b,i})$。其中，对象 β 分布在 S_b 上的概率密度函数 $P_b(L_b)$ 可以是均匀分布 $P_b(L_b)=\dfrac{1}{|S_b|}$，也可以非均匀分布。这样，$P_a(L_a)$、$P_b(L_b)$ 的分布组合有 4 类(表 6.1)。

表 6.1　线-线型相遇的概率组合

序号	$P_a(L_a), L_a \in S_a$	$P_b(L_b), L_b \in S_b$
1	均匀分布	均匀分布
2	均匀分布	非均匀分布
3	非均匀分布	均匀分布
4	非均匀分布	非均匀分布

1) $P_a(L_a)$ 与 $P_b(L_b)$ 都为均匀分布

对象 β 在空间 S_b 中移动时：①点-线型相遇事件的概率累积$=\int_0^{10} f_{01}(S_a;L_b)\mathrm{d}L_b=3.6$[图 6.22(a)阴影面积]；②样本空间的概率累积$=|S_b|=10$[图 6.22(b)阴影面积]。这样，均匀分布在线状可达域([0,10])的两对象 α、β 的相遇概率 $f_{11}(S_a;S_b)=3.6/10=0.36$。

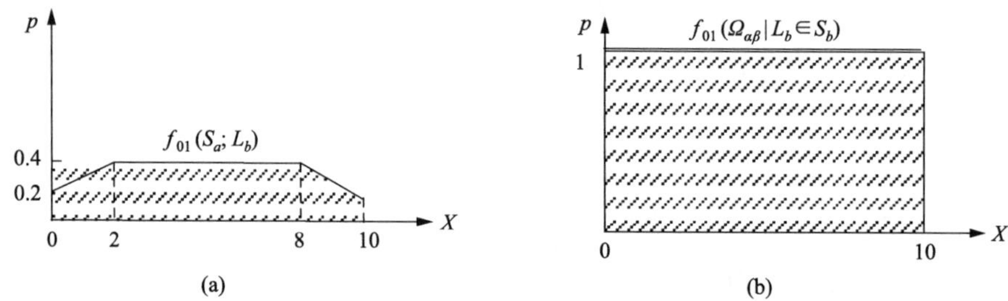

图 6.22　点-线型相遇的概率累积

(a) 相遇概率累积；(b) 样本空间概率累积

2) $P_a(L_a)$ 为均匀分布和 $P_b(L_b)$ 为非均匀分布

由于对象 α 均匀分布在 S_a 上，因而 S_b 上任一点 L_b 与线 S_a 相遇的点-线型相遇概率 $f_{01}(S_a;L_b)$ 在上述部分介绍过了。线-线型相遇概率 $f_{11}(S_a;S_b)$ 的计算可分为三个步骤。

首先，确定 $P_b(L_b)$ 的概率分布函数，如三角形分布 $P_b(L_b=x;0,10,5)=\begin{cases}\dfrac{x}{25}, & 0\leqslant x\leqslant 5\\ \dfrac{10-x}{25}, & 5<x\leqslant 10\end{cases}$[图 6.23(a)]。

然后，对 $P_b(L_{b,i})\cdot f_{01}(S_a;L_{b,i})$ 进行点乘[图 6.23(b)]。即，对每个点 $L_{b,i}\in S_b$，计算 $P_b(L_{b,i})\cdot f_{01}(S_a;L_{b,i})$ 值并标记在 XOP 空间的 $L_{b,i}$ 位置上[图 6.23(c)]。

最后，计算积分 $\sum\limits_{L_{b,i}\in S_b} P_b(L_{b,i})\cdot f_{01}(S_a;L_{b,i})=f_{11}(S_a;S_b)$。积分就是函数 $P_b(L_{b,i})\cdot f_{01}(S_a;L_{b,i})$ 与 X 轴之间的面积[图 6.23(d)]，即 $f_{11}(S_a;S_b)\approx 10\times 0.08\div 2=0.4$。

3) $P_a(L_a)$ 和 $P_b(L_b)$ 都为非均匀分布

线-线型相遇概率 $f_{11}(S_a;S_b)$ 也可以分为三个步骤。已知 $P_a(L_a)$ 为三角形分布 $P_a(L_a=x;0,10,5)=\begin{cases}\dfrac{x}{25}, & 0\leqslant x\leqslant 5\\ \dfrac{10-x}{25}, & 5<x\leqslant 10\end{cases}$，相应的点 $L_b(y)$-线 S_a 型相遇概率公式

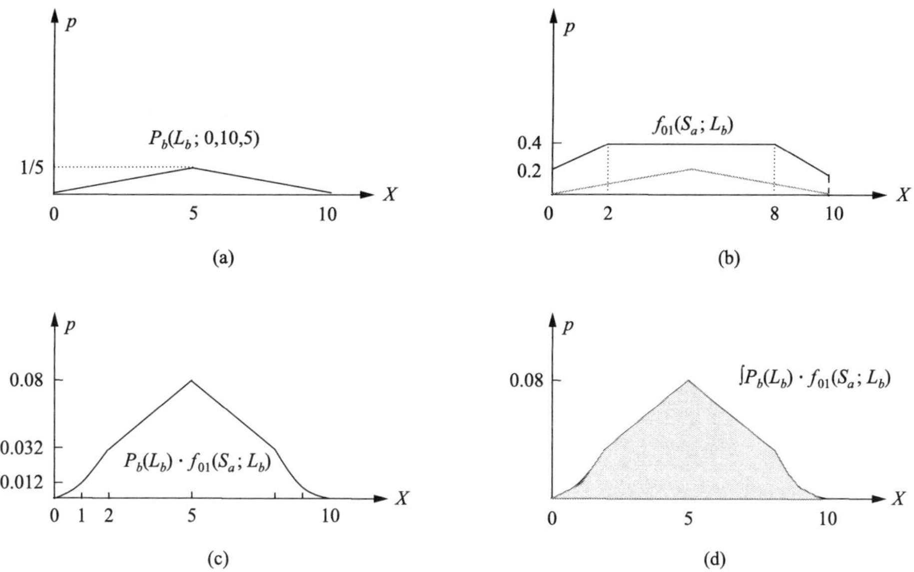

图 6.23　相遇概率累积

(a) 三角形分布;(b) 点乘;(c) 点乘结果;(d) 相遇概率

为 $f_{01}(S_a;L_b=y)=\begin{cases}\dfrac{(y+2)^2}{50}, & y\in[0,2]\cup[8,10]\\ \dfrac{4y}{25}, & y\in[2,3]\cup[7,8]\\ \dfrac{-y^2+10y-9}{25}, & y\in[3,7]\end{cases}$。

首先,确定 $P_b(L_b)$ 为三角形分布 $P_b(L_b=y;0,10,5)=\begin{cases}\dfrac{y}{25}, & 0\leqslant y\leqslant 5\\ \dfrac{10-y}{25}, & 5<y\leqslant 10\end{cases}$。

其次,对 $P_b(L_{b,i})\cdot f_{01}(S_a;L_{b,i})$ 进行点乘[图 6.24(a)]。即,对每个点 $L_{b,i}\in S_b$,计算 $P_b(L_{b,i})\cdot f_{01}(S_a;L_{b,i})$ 值并标记在 XOP 空间的 $L_{b,i}$ 位置上[图 6.24(b)]。对于 $y\in[0,5]$,有

$$P_b(L_{b,i})\cdot f_{01}(S_a;L_{b,i})=\begin{cases}\dfrac{(y+2)^2}{50}\cdot\dfrac{y}{25}, & y\in[0,2]\\ \dfrac{4y}{25}\cdot\dfrac{y}{25}, & y\in[2,3]\\ \dfrac{-y^2+10y-9}{25}\cdot\dfrac{y}{25}, & y\in[3,5]\end{cases}$$

$$=\begin{cases}\dfrac{y(y+2)^2}{1250}, & y\subset[0,2]\\ \dfrac{4y^2}{625}, & y\in[2,3]\\ \dfrac{-y^3+10y^2-9y}{625}, & y\in[3,5]\end{cases}$$

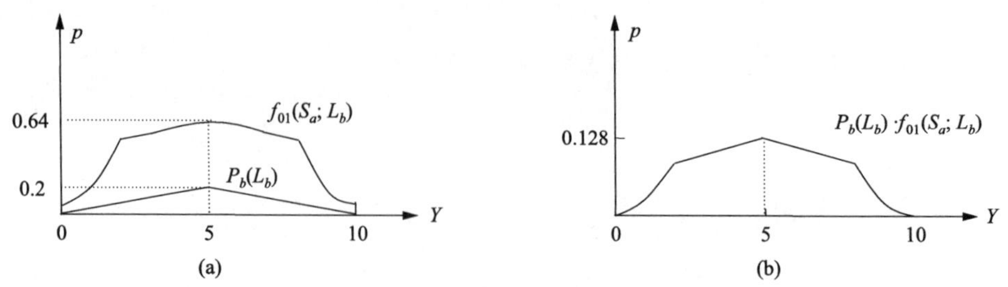

图 6.24　相遇概率累积

(a) 点乘;(b) 相遇概率

最后,计算积分 $\sum_{L_{b,i}\in S_b} P_b(L_{b,i})\cdot f_{01}(S_a;L_{b,i}) = f_{11}(S_a;S_b)$。积分就是函数 $P_b(L_{b,i})\cdot f_{01}(S_a;L_{b,i})$ 与 X 轴之间的面积。对于 $y\in[0,5]$,有:

$$
\begin{aligned}
f_{11}(S_a;S_b) &= \int_{y\in[0,2]} \frac{y(y+2)^2}{1250}\mathrm{d}y + \int_{y\in[2,3]} \frac{4y^2}{625}\mathrm{d}y + \int_{y\in[3,5]} \frac{-y^3+10y^2-9y}{625}\mathrm{d}y \\
&= 0.01813 + 0.0405333333333333 + 0.189866666672 = 0.24853
\end{aligned}
$$

则,整个区间[0,10]的相遇概率=2×0.24853=0.497067。

6.2.5　线-面型相遇的积分法

在点-面型的相遇事件中,当点在一条线上移动时,可以形成一系列的点-面型相遇事件,因此线-面型相遇事件可转化为点-面型相遇事件。

1. 点-面型相遇的扩展

点-面型相遇是两个几何 D_a、L_b 之间的相遇[图 6.25(a)],相遇的结果概率值只有一个,可以标记在一个几何 L_b 上[图 6.25(b)]。当点 $L_{b,i}$ 在线 S_b 上移动时,则 D_a、$L_{b,i}$ 之间的相遇概率值可以标记在线上每个点 $L_{b,i}(L_{b,i}\in S_b)$ 处[图 6.25(c)]。

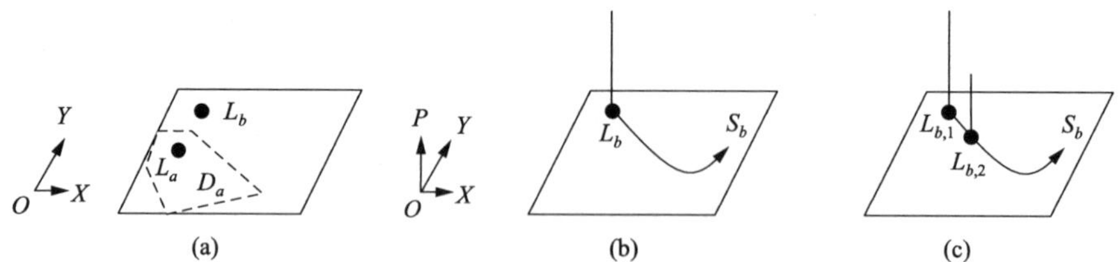

图 6.25　点-面型相遇的扩展

(a) 空间参考;(b) 概率标记;(c) 线上的概率标记

设,$S_b\subseteq D_a$,D_a=10×10 的正方形,原点 O 为 D_a 的左下角点,线 $S_b=\{y=5, x\in[0,10]\}$[图 6.26(a)]。两对象 α、β 的点-面相遇概率 $f_{02}(D_a;L_b)$ 会随位置 $L_b\in S_b$ 的变化而变化。

由于 L_b 的位置可由一个坐标 x 表示,因而可以将平面曲线 S_b 转换为 X 轴的直线[图 6.26(b)],从而便于概率的累积及其平均概率计算。由于样本空间是一必然事件,因

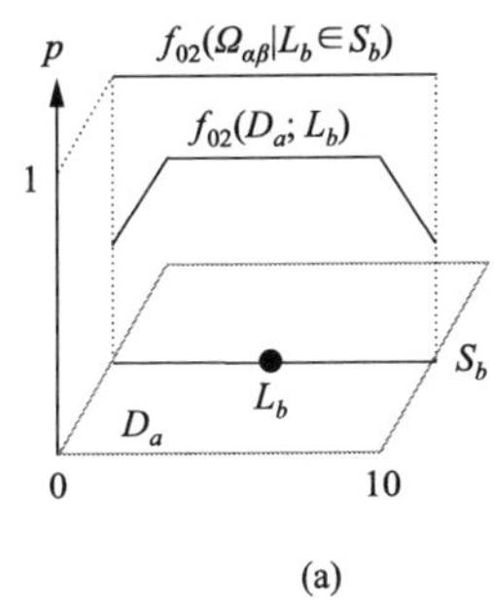

(a)

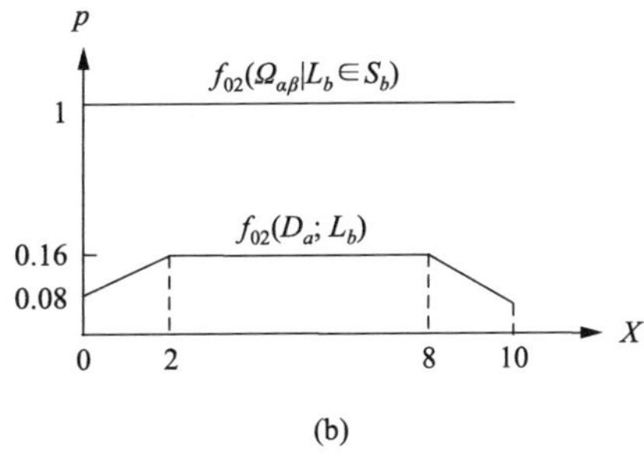

(b)

图 6.26　点-面型相遇过程

(a) 三维过程；(b) 二维过程

此其概率始终为 1，有 $f_{02}(\Omega_{\alpha\beta} \mid L_b \in S_b) = 1$。

为了简单起见，相遇点邻域采用正方形代替圆。根据点-面型相遇的概率算法，如果对象 α 在 D_a 上的概率密度函数 $P_a(L_a)$ 为均匀分布时，有

$$f_{02}(D_a;L_b) = \begin{cases} 4(L_b.x+2)/100, & L_b.x \in [0,2] \\ 16/100, & L_b.x \in [2,8] \\ 4(12-L_b.x)/100, & L_b.x \in [8,10] \end{cases}$$

2. 线-面型相遇的概率

线 S_b-面 D_a 型的相遇概率是对点 L_b-面 D_a 型相遇概率在 $S_b(L_b \in S_b)$上的累积的规范化，即，$f_{12}(D_a;S_b) = \sum\limits_{L_{b,i} \in S_b} P_b(L_{b,i}) \cdot f_{02}(D_a;L_{b,i})$。其中，对象 β 在 S_b 上的概率密度函数 $P_b(L_b)$，可以是均匀分布 $P_b(L_b) = \dfrac{1}{|S_b|}$，也可以非均匀分布。这样，$P_a(L_a)$、$P_b(L_b)$ 的分布组合有 4 类(表 6.2)。

表 6.2　线-面型相遇的概率组合

序号	$P_a(L_a), L_a \in D_a$	$P_b(L_b), L_b \in S_b$
1	均匀分布	均匀分布
2	均匀分布	非均匀分布
3	非均匀分布	均匀分布
4	非均匀分布	非均匀分布

1) $P_a(L_a)$ 与 $P_b(L_b)$ 都为均匀分布

在 $P_a(L_a)$ 与 $P_b(L_b)$ 都为均匀分布时，线 S_b-面 D_a 型的相遇概率＝点 L_b-面 D_a 型相遇概率在 S_b 上的累积值÷点 L_b-面 D_a 型相遇样本空间概率在 S_b 上的累积：

$$f_{12}(D_a;S_b) = \frac{\int_{L_b \in S_b} f_{02}(D_a;L_b)\mathrm{d}(L_b)}{|S_b|}$$

其中，$\int_{L_b \in S_b} f_{02}(D_a; L_b)\mathrm{d}(L_b) = \int_0^{10} f_{02}(D_a; L_b)\mathrm{d}L_b = 1.44$[图 6.27(a)阴影面积]；$|S_b| = 10$[图 6.27(b)阴影面积]。这样，$f_{12}(D_a; S_b) = 1.44/10 = 0.144$。

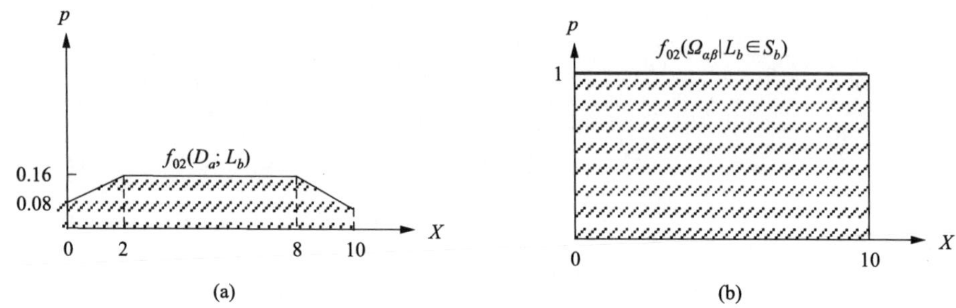

图 6.27　点-面型相遇事件的概率累积

(a) 相遇概率累积；(b) 样本空间概率累积

当 S_a 为曲线时，可以通过路径距离将 S_a 曲线转换为 X 轴上的线段。

2) $P_a(L_a)$ 为均匀分布和 $P_b(L_b)$ 为非均匀分布

线 S_b-面 D_a 型相遇概率 $f_{12}(D_a; S_b)$ 算法可分为三个步骤。在 $P_a(L_a)$ 为均匀分布时，S_b 上每个点 L_b 与 D_a 相遇的点-面型相遇概率 $f_{02}(D_a; L_b)$ 在上述部分介绍过了。

首先，确定 $P_b(L_b)$ 的概率分布函数，如三角形分布 $P_b(L_b = x; 0, 10, 5) = \begin{cases} \dfrac{x}{25}, & 0 \leqslant x \leqslant 5 \\ \dfrac{10-x}{25}, & 5 < x \leqslant 10 \end{cases}$ [图 6.28(a)]。

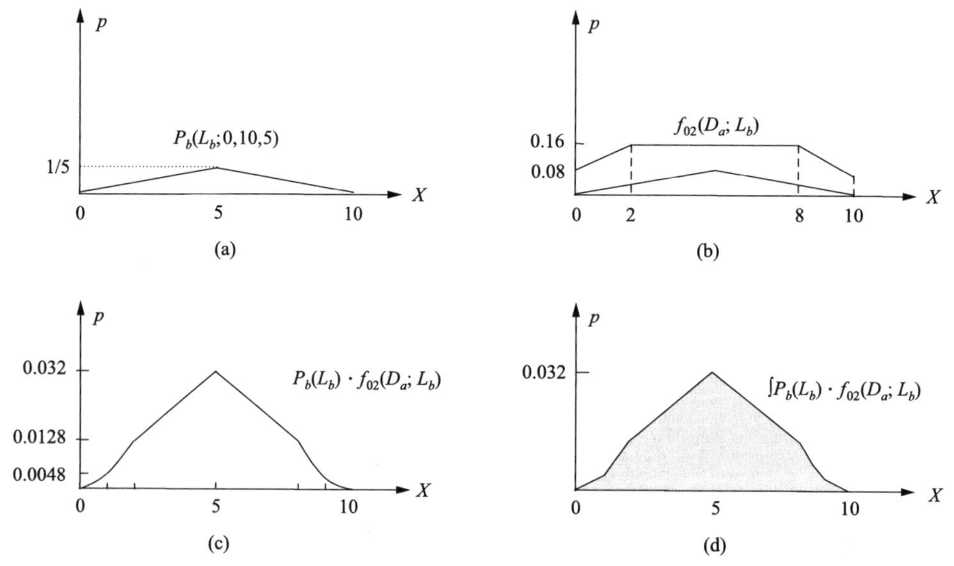

图 6.28　线-面型相遇概率

(a) 三角形分布；(b) 点乘；(c) 点乘结果；(d) 相遇概率

然后，对 $P_b(L_{b,i})\cdot f_{02}(D_a;L_{b,i})$ 进行点乘[图 6.28(b)]。即，对每个点 $L_{b,i}\in S_b$，计算 $P_b(L_{b,i})\cdot f_{02}(D_a;L_{b,i})$ 值并标记在 XOP 空间的 $L_{b,i}$ 位置上[图 6.28(c)]。

最后，计算积分 $\sum\limits_{L_{b,i}\in S_b} P_b(L_{b,i})\cdot f_{02}(D_a;L_{b,i})=f_{12}(D_a,S_b)$。积分就是函数 $P_b(L_{b,i})\cdot f_{02}(D_a;L_{b,i})$ 与 X 轴之间的面积[图 6.28(d)]，即 $f_{12}(D_a;S_b)\approx 10\times 0.032\div 2=0.16$。

对于其他的 2 类组合，在此不再叙述。

6.2.6　面-面型相遇的积分法

在点-面型的相遇事件中，当点在一个面上移动时可以形成一系列的点-面型相遇事件，因此面-面型相遇事件可转化为点-面型相遇事件。

1. 点-面型相遇的扩展

点 L_b-面 D_a 型相遇是两个几何 D_a、L_b 之间的相遇[图 6.29(a)]，相遇的结果概率值只有一个，可以标记在一个几何 L_b 上[图 6.29(b)]。当点 $L_{b,i}$ 在面 D_b 上移动时，则 D_a 与 $L_{b,i}$ 之间的相遇概率值可以标记在面上每个点 $L_{b,i}(L_{b,i}\in D_b)$ 处。

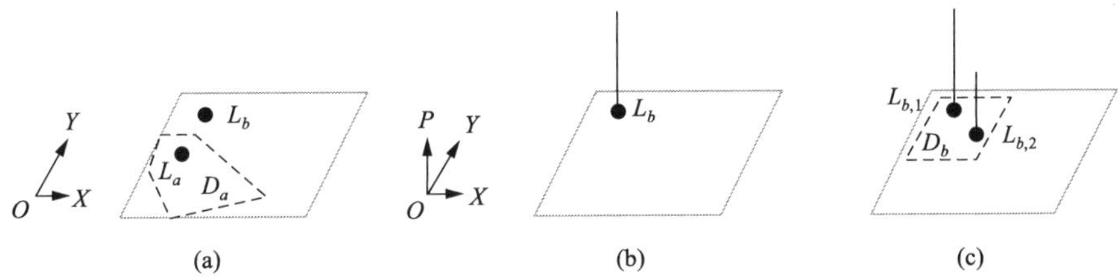

图 6.29　点-面型相遇

(a) 空间参考；(b) 概率标记；(c) 面上的概率标记

两对象 α、β 的点-面型相遇概率 $f_{02}(D_a;L_b)$ 会随位置 $L_b\in D_b$ 的变化而变化。设，$D_b\subseteq D_a$，且 D_a 与 D_b 同中心点 O；$D_a=10\times 10$ 的正方形；$D_b=5\times 5$ 的正方形(图 6.30)。为了简单起见，相遇点邻域采用边长为 4 的正方形代替圆。根据点-面型相遇的概率算法，如果对象 α 在 D_a 上的概率密度函数 $P_a(L_a)$ 为均匀分布，则 $f_{02}(D_a;L_b)=\begin{cases}16/100, & L_b\in D_b\\ 0, & \text{other}\end{cases}$。

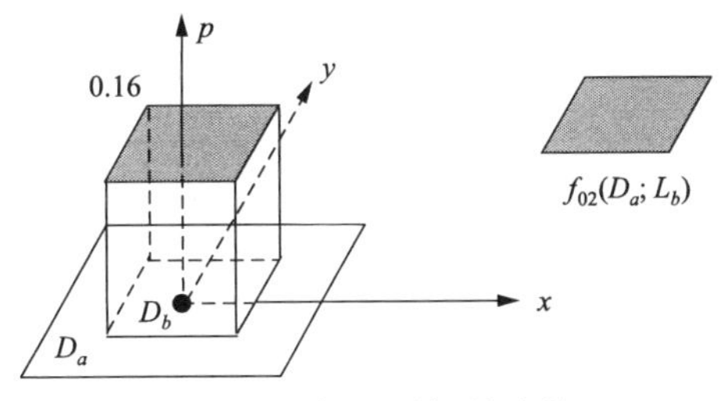

图 6.30　点-面型相遇过程

2. 面-面型相遇的概率

面 D_b-面 D_a 型的相遇概率是对点 L_b-面 D_a 型相遇概率在 D_b 上的累积的规范化，即，$f_{22}(D_a;D_b)=\sum\limits_{L_{b,i}\in D_b} P_b(L_{b,i})\cdot f_{02}(D_a;L_{b,i})$。其中，对象 β 在 D_b 上的概率密度函数 $P_b(L_b)$，可以是均匀分布 $P_b(L_b)=\dfrac{1}{\|D_b\|}$，也可以非均匀分布。这样，$P_a(L_a)$、

$P_b(L_b)$ 的分布组合有 4 类(表 6.3)。

表 6.3　相遇两事件的概率分布组合

序号	$P_a(L_a), L_a \in D_a$	$P_b(L_b), L_b \in D_b$
1	均匀分布	均匀分布
2	均匀分布	非均匀分布
3	非均匀分布	均匀分布
4	非均匀分布	非均匀分布

1) $P_a(L_a)$ 与 $P_b(L_b)$ 都为均匀分布

$f_{22}(D_a;D_b)$ 是点-面型相遇概率 $f_{02}(D_a;L_b)$ 在 D_b 上的累积值÷点-面型相遇样本空间概率在 D_b 上的累积：

$$f_{22}(D_a;D_b) = \frac{\iint\limits_{L_b \in D_b} f_{02}(D_a;L_b)\mathrm{d}(L_b)}{\| D_b \|}$$

当对象 β 在空间 D_b 中移动时：① $\iint\limits_{L_b \in D_b} f_{02}(D_a;L_b)\mathrm{d}(L_b) = 0.16 \times 25 = 4$(图 6.30 阴影面积)；② $\| D_b \| = 25$。这样，$f_{22}(D_a;D_b) = 4/25 = 0.16$。

2) $P_a(L_a)$ 为均匀分布和 $P_b(L_b)$ 为非均匀分布

面-面型相遇概率 $f_{22}(D_a;D_b)$ 算法可以分为三个步骤。由于对象 α 均匀分布在 D_a 上，因而 D_b 上每个点 L_b 与 D_a 相遇的点 L_b-面 D_a 型相遇概率 $f_{02}(D_a;L_b)$ 在上述部分介绍过了。

首先，确定 $P_b(L_b)$ 的概率分布函数，如 D_b 上的截断正态分布 $P_b(L_b \mid x,y) = \frac{1}{2\pi}\mathrm{e}^{-\frac{x^2+y^2}{2}}$［图 6.31(a)］。

然后，对 $P_b(L_{b,i}) \cdot f_{02}(D_a;L_{b,i})$ 进行点乘［图 6.31(b)］。由于 $f_{02}(D_a;L_{b,i}) = 0.16$，与 $L_{b,i}(x,y)$ 无关，因此 $P_b(L_{b,i}) \cdot f_{02}(D_a;L_{b,i}) = 0.16 \times P_b(L_{b,i})$［图 6.31(c)］。

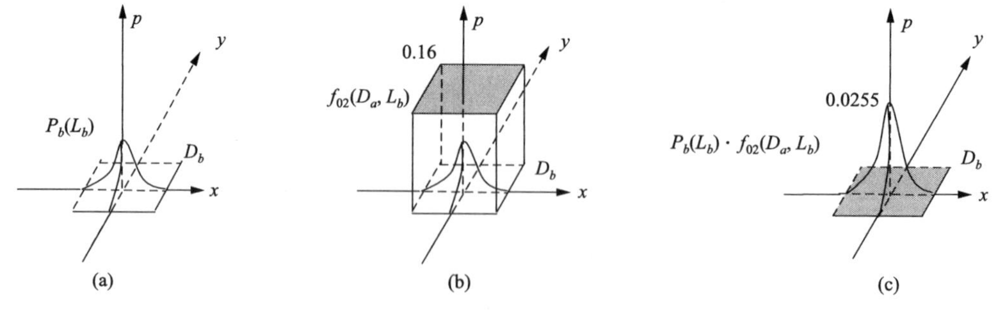

图 6.31　相遇概率累积

(a) 截断正态；(b) 点乘；(c) 被积函数

最后，计算积分 $f_{22}(D_a;D_b) = \sum\limits_{L_{b,i} \in D_b} P_b(L_{b,i,j}) \cdot f_{02}(D_a;L_{b,i}) = 0.16 \cdot \sum\limits_{L_{b,i} \in D_b} P_b(L_{b,i})$。

由于 $P_b(L_b \mid x,y)=\frac{1}{2\pi}e^{-\frac{x^2+y^2}{2}}$ 是 D_b 上的截断正态，因此 D_b 内的正态分布累积概率 $P_b(L_{b,i})=1$。这样，$f_{22}(D_a,D_b)=0.16$。

这也意味着，在 D_b 包含于 D_a，且距离 D_a 的边界距离都大于 R 时，$P_b(L_b)$ 的不同分布具有相同的相遇概率。如果 D_b 等于 D_a 时，$P_b(L_b)$ 的不同分布会具有不同的相遇概率。

对于其他的两类组合，在此不再叙述。

3. 线-面型相遇概率的积分方法实例

面-面型相遇概率也可以由线-面型相遇概率通过积分法构建。设，$D_b=D_a$，$D_a=10\times10$ 的正方形。下面考虑 $P_a(L_a)$ 与 $P_b(L_b)$ 都为均匀分布情形。

首先，在 XOY 空间将可达域 D_b[图 6.32(a)]离散成直线段的集合：$\bigcup D_{b.x}$[图 6.32(b)]。

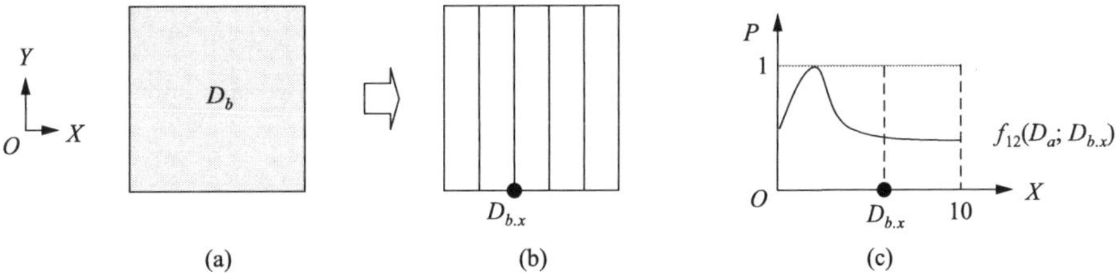

图 6.32　(a)面状可达域；(b)离散的直线段；(c)线-面型相遇概率

其次，对每条直线段 $D_{b.x}$，根据线-面型相遇概率算法可以获得线 $D_{b.x}$ 与面 D_a 相遇的概率 $f_{12}(D_a;D_{b.x})$[图 6.32(c)]，如：

(1) 对于直线段 $D_{b.x}=0$[图 6.33(a)]，有 $f_{12}(D_a;D_{b.x})=0.072$[图 6.33(b)]。

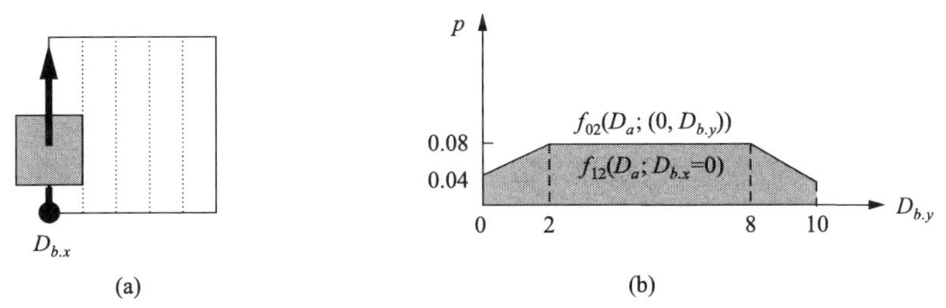

图 6.33　(a)直线段；(b)线-面相遇概率

(2) 对于直线段 $D_{b.x}=2$[图 6.34(a)]，有 $f_{12}(D_a;D_{b.x})=0.144$[图 6.34(b)]。

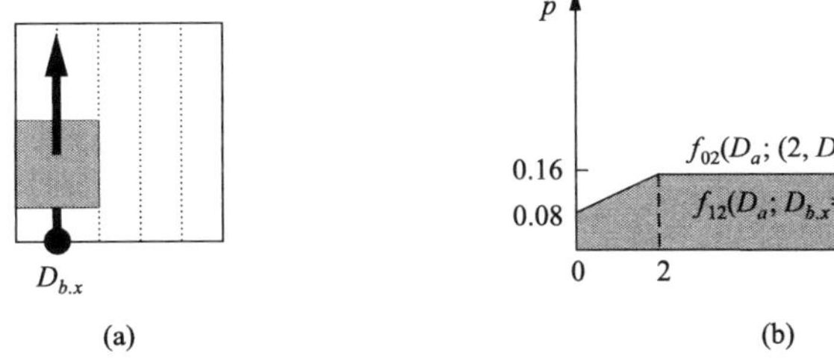

图 6.34　(a)直线段；(b)线-面相遇概率

类似地，$D_{b.x}=8$，$D_{b.x}=10$，$f_{12}(D_a;D_{b.x})$ 分别为 0.144、0.072。

最后，在 POX 平面空间标记线-面型相遇概率（$D_{b.x}$，$f_{12}(D_a;D_{b.x})$）（图 6.35），并进行积分及其规范化处理，即 $f_{22}(D_a;D_b)=f_{22}(D_a;\bigcup D_{b.x})=\dfrac{\int_{D_{b.x}} f_{12}(D_a;D_{b.y})\mathrm{d}(D_{b,x})}{|D_{b.x}|}$。

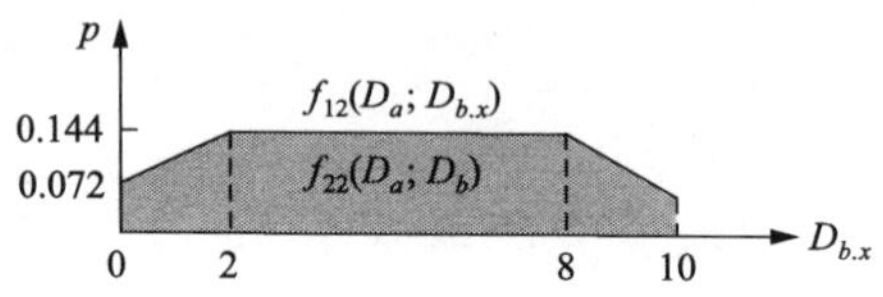

图 6.35　面-面型相遇概率

根据积分及其规范化，相遇概率=0.1296。

6.3　相遇概率的微分法

根据随机相遇的连续型概率原理，采用微分法对随机相遇概率进行连续计算。微分法适用于移动对象在其空间可达域上的均匀分布和非均匀分布情形，但受限于积分函数的计算复杂性。由于微分型相遇概率算法的点-点型、点-线型、点-面型相遇类型与积分型相遇概率算法一致，因此下面只分析线-线型、线-面型、面-面型 3 种类型。

6.3.1　算法基础

作为微积分三大类分支的极限、微分学和积分学之间相互联系，其中微分和积分是互逆运算。这意味着，对于同一相遇问题，可以同时采用微分和积分进行等效运算，但算法的复杂度可能不同。因此，相遇概率的微分法和积分法不是简单的重复或可互换，而在具体应用中具有各自的优缺点，从而为复杂相遇概率计算提供可选的不同工具。

1. 微分原理

通常把自变量 x 的增量 Δx 称为自变量的微分，记作 $\mathrm{d}x$，即 $\mathrm{d}x=\Delta x$。由于连续型概率分布中任何点 L 的概率 $P(L)=0$，因此可以采用微分的形式 ΔL 描述移动对象所在位置的测度；这样，移动对象分布在位置 ΔL 的概率可以采用 ΔP 表示。

位置点 $L(x)$ 的大小在欧氏空间中被定义为 0，而在微分方法中可以定义成 $\Delta L(x)$ 或 $\mathrm{d}L(x)$ 的线段[图 6.36(a)]。这样，线段 $\Delta L(x)$ 的起点就是 $L(x)$，线段的长度为 $\Delta L(x)$，因此线段的另一端点为 $L(x)+\Delta L(x)$。类似地，位置点 $L(x,y)$ 的大小在欧氏空间中被定义为 0，而在微分方法中可以定义成正方形，其中心点在 $L(x,y)$ 处，边长为 ΔL 或 $\mathrm{d}L$[图 6.36(b)]。

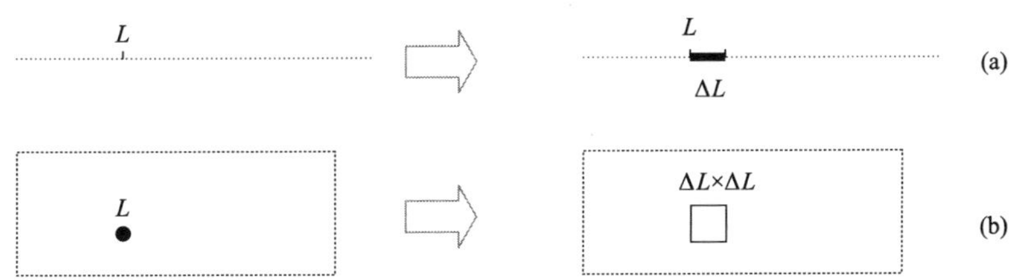

图 6.36　位置点到微分的扩展

由上可知，连续空间上的数学点（位置，0 大小）可以映射到微分（位置、不小于 0 的大小）。在微分上继承了数学点的位置，扩展了数学点的大小，即将数学点的 0 大小扩展成微分的不小于 0 的大小。因此，可以简单地认为

微分（位置，不小于 0 的大小）＝数学点（位置，0 大小）＋大小

2. 点概率到微分概率的映射

移动对象 α 的连续型概率密度函数，分布在点 L_a、微分 dL_a 上的概率值分别为 0 值（$P_a(L_a)\times|L_a|, |L_a|\rightarrow 0$），和不小于 0 的值（$P_a(L_a)dL_a$）。在 dL_a 足够小时，$P_a(L_a)dL_a$ 可以近似表示点 L_a 上的概率值。

(1) 点 L_a 在可达域线 S_a 上的微分概率，是对象 α 的概率密度函数 P_a 分布在点 L_a 处的概率值 $P_a(L_a)$ 与微分线段长度 dL_a 的乘积，$P_a(L_a)dL_a$［图 6.37(a)中阴影部分的面积］。

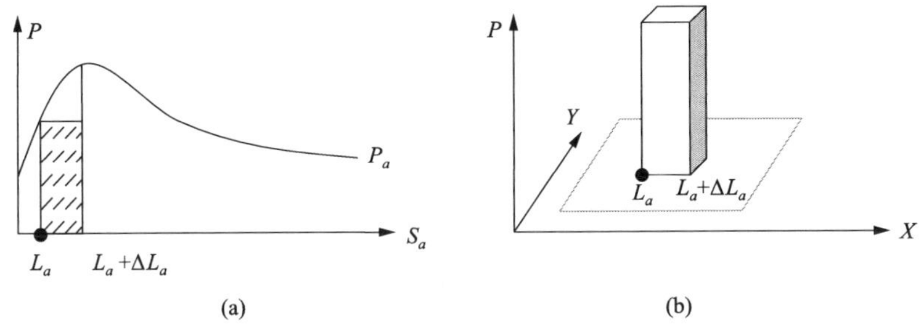

图 6.37　(a)线上的微分概率；(b)面上的微分概率

(2) 点 L_a 在可达域面 D_a 上的微分概率，是对象 α 的概率密度函数 P_a 分布在点 L_a 处的概率值 $P_a(L_a)$ 与微分正方形面积 $dL_a\times dL_a$ 的乘积，$P_a(L_a)dL_a\times dL_a$［图 6.37(b)中柱体的体积］。

(3) 点 L_a 在可达域点 $\{L_a\}$ 上的微分概率，是对象 α 的冲激概率密度函数 P_a 分布在点 L_a 处的冲激概率值 $P_a(L_a)$ 与微分单元 dL_a 的乘积，$P_a(L_a)dL_a=1$。

3. 相遇概率

1) 微分概率公式

当一个对象 α 位于一个点 L_a 处时，可以计算对象 α 在位置 L_a 处的微分概率 $P_a(L_a)$

dL_a，以及另一对象 β 分布在这些点 L_b 处的概率累积值 $\oint_{0\leqslant|L_a-L_b|\leqslant R;L_b\in\{\beta\text{可达域}\}} P_b(L_b)dL_b$，这些点 L_b 位于点 L_a 周围半径不超过 R 范围内。

(1) 在微分概率 $P_a(L_a)dL_a$ 中，P_a 可以是连续型非均匀分布的概率密度函数。

(2) 在 $\oint_{0\leqslant|L_a-L_b|\leqslant R;L_b\in\{\beta\text{可达域}\}} P_b(L_b)dL_b$ 中，P_b 为对象 β 的连续型概率密度函数；$P_b(L_b)$ 为对象 β 分布在点 L_b 处的概率；$P_b(L_b)dL_b$ 为对象 β 分布在点 L_b 处的微分概率；$0\leqslant|L_a-L_b|\leqslant R;L_b\in\{\beta\text{可达域}\}$ 为点 L_b 的取值范围；$\oint_{0\leqslant|L_a-L_b|\leqslant R;L_b\in\{\beta\text{可达域}\}} P_b(L_b)dL_b$ 为对象 β 分布在 $0\leqslant|L_a-L_b|\leqslant R;L_b\in\{\beta\text{可达域}\}$ 内的概率累积值，是 L_a 的函数。

2) 相遇概率公式

两对象 α、β 可相遇的概率 P_{ab}，是 β 位于其可达域内任何位置点可与 α 相遇的概率，或，α 位于其可达域内任何位置点可与 β 相遇的概率 P_{ab}。

(1) 对于对象 α 可达域内给定的点 L_a，两对象 α、β 可相遇的概率值 $P_{ab}(L_a)=P_a(L_a)\times\oint_{0\leqslant|L_a-L_b|\leqslant R;L_b\in\{\beta\text{可达域}\}} P_b(L_b)dL_b$，可采用微分概率 $P_{ab}(L_a)dL_a=P_a(L_a)dL_a\times\oint_{0\leqslant|L_a-L_b|\leqslant R;L_b\in\{\beta\text{可达域}\}} P_b(L_b)dL_b$ 表示。这里，α、β 交换位置不影响在点 L_a 处的相遇概率；$P_a(L_a)dL_a$ 是一独立概率，$\oint_{0\leqslant|L_a-L_b|\leqslant R;L_b\in\{\beta\text{可达域}\}} P_b(L_b)dL_b$ 是基于 L_a 条件的概率。

(2) 对于对象 α 可达域内任意点，有 P_{ab}

$$
\begin{aligned}
&=\oint_{L_a\in\{\alpha\text{可达域}\}} P_{ab}(L_a)dL_a\\
&=\oint_{L_a\in\{\alpha\text{可达域}\}} P_a(L_a)dL_a\oint_{0\leqslant|L_a-L_b|\leqslant R;L_b\in\{\beta\text{可达域}\}} P_b(L_b)dL_b\\
&=\oint_{L_a\in\{\alpha\text{可达域}\}} P_a(L_a)\oint_{0\leqslant|L_a-L_b|\leqslant R;L_b\in\{\beta\text{可达域}\}} P_b(L_b)dL_bdL_a
\end{aligned}
$$

这里，① $\oint_{L_a\in\{\alpha\text{可达域}\}} P_a(L_a)\oint_{0\leqslant|L_a-L_b|\leqslant R;L_b\in\{\beta\text{可达域}\}} P_b(L_b)dL_bdL_a$ 是一全概率公式的积分形式；②相遇概率公式由两个积分构成，每个积分对应于一个可达域。

根据可达域的空间几何类型，可以将上述相遇概率公式分为点-点、点-线、点-面；线-线、线-面；面-面的相遇类型。对于点-点型、点-线型、点-面型等含点状可达域的相遇类型，其中一个积分函数就是冲激函数。不失一般性，设 $P_a(L_a)=1$，对象 α 的可达域为一个点 $\{L_a\}$，有 $\oint_{L_a\in\{\alpha\text{可达域}\}} P_a(L_a)dL_a=1$。这样，相遇概率公式可以简化为：$P_{ab}=\oint_{0\leqslant|L_a-L_b|\leqslant R;L_b\in\{\beta\text{可达域}\}} P_b(L_b)dL_b$。因此，含点状可达域的相遇概率公式 P_{ab} 退化为对象 β 的位置点 L_b 位于已知区域 $0\leqslant|L_a-L_b|\leqslant R,L_b\in\{\beta\text{可达域}\}$ 的累积概率。

3）相遇概率的算法

根据上述相遇概率公式，结合对象 α、β 的可达域，可以计算两对象的相遇概率。

（1）在计算过程中，需要对｛α 的可达域｝进行分段或分区，使得 $\oint_{0\leqslant|L_a-L_b|\leqslant R;L_b\in\{\beta\text{可达域}\}} P_b(L_b)\mathrm{d}L_b$ 的被积函数 $P_b(L_b)$ 在同一段内相同，在不同段之间不同。

（2）当被积函数复杂时，可以采用折线代替被积曲线函数，实现积分的粗略估值。

（3）当 $\oint_{0\leqslant|L_a-L_b|\leqslant R;L_b\in\{\beta\text{可达域}\}} P_b(L_b)\mathrm{d}L_b$ 不是 L_a 的简单函数时，则相遇概率 $\oint_{L_a\in\{\alpha\text{可达域}\}} P_a(L_a) \oint_{0\leqslant|L_a-L_b|\leqslant R;L_b\in\{\beta\text{可达域}\}} P_b(L_b)\mathrm{d}L_b\mathrm{d}L_a$ 难以积分。这也就是说，微分法在理论上适用于非均匀分布的概率密度函数，但在实际上则受限于积分的复杂性，对复杂函数则难以计算相遇概率。

6.3.2　线-线型相遇的微分法

在时刻 t，两个对象 α、β 的可达域分别为线 S_a 和线 S_b，位置点分别记为 L_a、L_b（$L_a\in S_a$，$L_b\in S_b$）。这里，只考虑线 S_a 和线 S_b 位于同一曲线 S 上的情形；O 是 S 的一个端点。令：x、y 分别表示 L_a、L_b 与端点 O 之间在路径 S 上的距离；x_0、y_0 分别表示线 S_a、线 S_b 的一个端点位置。

1. 均匀分布的实例——邻域半径不同

设，$x_0=0$，$y_0=0$，$S_a=S_b=10$，L_a、L_b 均呈均匀分布，则相遇概率 $p(r_a,r_b)$ 见表 6.4。

表 6.4　相遇概率的微分法与坐标系法的实例对比

序号	r_a	r_b	坐标系法 p	微分法 p
1	1	1	36%	36%
2	2	1	51%	51%

这里，以 $r_a=2$，$r_b=1$，即 $R=r_a+r_b=3$ 为例进行说明。

1）对象 α 可达域的分段

对 S_a 进行分段，$S_a=[0,3]\cup[3,7]\cup[7,10]$，使 $\oint_{0\leqslant|L_a-L_b|\leqslant R;L_b\in\{\beta\text{可达域}\}} P_b(L_b)\mathrm{d}L_b$ 的被积函数 $P_b(L_b)$ 在同一段内相同，在不同段之间不同（图 6.38）。

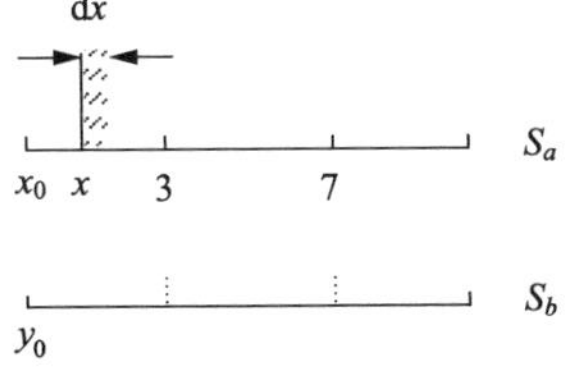

图 6.38　可达域的分段

2) 在 $L_a \in [0,3]$或 $x \in [0,3]$时的相遇概率

(1) 计算对象 α 在位置 L_a 处的微分概率 $P_a(L_a)\mathrm{d}L_a$。对象 α 在位置点 $L_a(x)$的微分为 $\mathrm{d}x$,根据几何概型,有 $P_a(L_a)\mathrm{d}L_a = \mathrm{d}x/10$。

(2) 计算对象 β 分布在可与 $L_a(x)$相遇范围内的概率累积值。对象 β 分布在可与 $L_a(x)$相遇的位置范围——相遇点邻域[中心点 $L_a(x)$,半径 R]与 S_b 的交集,即$[0, x+R]=[0, x+3]$。依据几何概型,β 位于该区间的概率:

$$\oint_{0 \leqslant |L_a - L_b| \leqslant R; L_b \in \{\beta\text{可达域}\}} P_b(L_b)\mathrm{d}L_b = \oint_{y \in [0, x+3]} \frac{\mathrm{d}y}{10} = \frac{x+3}{10}$$

(3) 计算在点 L_a 处的微分相遇概率:

$$\begin{aligned} P_{ab}(L_a)\mathrm{d}L_a &= P_a(L_a)\mathrm{d}L_a \times \oint_{0 \leqslant |L_a - L_b| \leqslant R; L_b \in \{\beta\text{可达域}\}} P_b(L_b)\mathrm{d}L_b \\ &= \frac{\mathrm{d}x}{10} \cdot \frac{x+3}{10} = \frac{x+3}{100}\mathrm{d}x \end{aligned}$$

(4) 计算在点 $L_a \in [0,3]$的相遇概率: $\oint_{x \in [0,3]} P_{ab}(L_a)\mathrm{d}L_a = \oint_{x \in [0,3]} \frac{x+3}{100}\mathrm{d}x = \frac{27}{200}$

3) 在 $L_a \in [3,7]$或 $x \in [3,7]$时的相遇概率

(1) 计算对象 α 在位置 L_a 处的微分概率 $P_a(L_a)\mathrm{d}L_a$。对象 α 在位置点 $L_a(x)$的微分为 $\mathrm{d}x$,根据几何概型,有 $P_a(L_a)\mathrm{d}L_a = \mathrm{d}x/10$。

(2) 计算对象 β 分布在可与 $L_a(x)$相遇范围内的概率累积值。对象 β 分布在可与 $L_a(x)$相遇的位置范围——相遇点邻域$[L_a(x), R]$与 S_b 的交集,即$[x-R, x+R]=[x-3, x+3]$。依据几何概型,β 位于该区间的概率:

$$\oint_{0 \leqslant |L_a - L_b| \leqslant R; L_b \in \{\beta\text{可达域}\}} P_b(L_b)\mathrm{d}L_b = \oint_{y \in [x-3, x+3]} \frac{\mathrm{d}y}{10} = \frac{3}{5}$$

(3) 计算在点 L_a 处的微分相遇概率:

$$P_{ab}(L_a)\mathrm{d}L_a = P_a(L_a)\mathrm{d}L_a \times \oint_{0 \leqslant |L_a - L_b| \leqslant R; L_b \in \{\beta\text{可达域}\}} P_b(L_b)\mathrm{d}L_b = \frac{\mathrm{d}x}{10} \cdot \frac{3}{5} = \frac{3}{50}\mathrm{d}x$$

(4) 计算在点 $L_a \in [3,7]$的相遇概率:

$$\oint_{x \in [3,7]} P_{ab}(L_a)\mathrm{d}L_a = \oint_{x \in [3,7]} \frac{3}{50}\mathrm{d}x = \frac{6}{25}$$

4) 在 $L_a \in [7,10]$或 $x \in [7,10]$时的相遇概率

相遇概率与 $L_a \in [0,3]$的相同,即 $\frac{27}{200}$。

5) 计算相遇概率 $P_{ab} = \frac{27}{200} + \frac{6}{25} + \frac{27}{200} = 0.51$,与其他连续型算法一致。

2. 均匀分布的实例——起点不同

设 $x_0=0, S_a=S_b=10, r_a=r_b=1, L_a$、$L_b$ 均呈均匀分布，则相遇概率 $p(y_0)$ 见表 6.5。

表 6.5　相遇概率的微分法与坐标系法的实例对比

序号	y_0	坐标系法 $p(y_0)$	微分法 $p(y_0)$
1	1	35%	35%
2	2	32%	32%
3	3	28%	28%
4	5	20%	20%
5	7	12%	12%

这里，以 $y_0=2, R=2$ 为例进行算法过程说明。

1) 对象 α 可达域的分段

对 S_a 进行分段，$S_a=[0,4]\cup[4,10]$。函数 $P_b(L_b)$ 在同一段内相同，在不同段之间不同(图 6.39)。

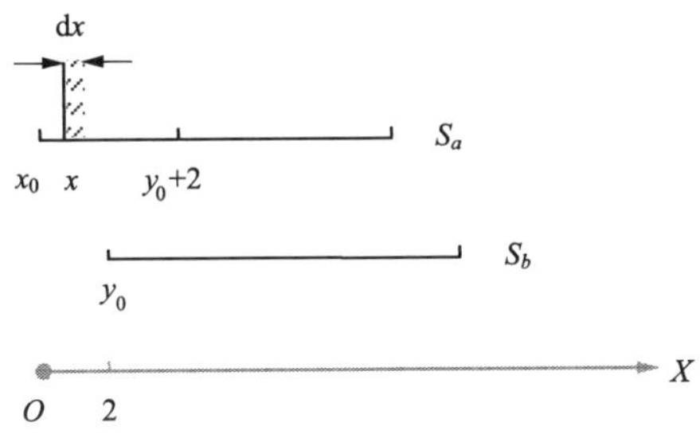

图 6.39　可达域的分段

2) 在 $L_a\in[0,4]$或 $x\in[0,4]$时的相遇概率

(1) 计算对象 α 在位置 L_a 处的微分概率 $P_a(L_a)\mathrm{d}L_a=\mathrm{d}x/10$。

(2) 计算对象 β 分布在可与 $L_a(x)$ 相遇范围内的概率累积值。相遇范围——$[y_0, x+R]=[2,x+2]$。依据几何概型，$\oint_{0\leqslant|L_a-L_b|\leqslant R;L_b\in\{\beta\text{可达域}\}} P_b(L_b)\mathrm{d}L_b=\oint_{y\in[2,x+2]}\frac{\mathrm{d}y}{10}=\frac{x}{10}$。

(3) 计算在点 L_a 处的微分相遇概率：

$$P_{ab}(L_a)\mathrm{d}L_a=P_a(L_a)\mathrm{d}L_a\times\oint_{0\leqslant|L_a-L_b|\leqslant R;L_b\in\{\beta\text{可达域}\}}P_b(L_b)\mathrm{d}L_b=\frac{\mathrm{d}x}{10}\cdot\frac{x}{10}=\frac{x}{100}\mathrm{d}x$$

(4) 计算在点 $L_a\in[0,4]$的相遇概率：

$$\oint_{x\in[0,4]}P_{ab}(L_a)\mathrm{d}L_a=\oint_{x\in[0,4]}\frac{x}{100}\mathrm{d}x=\frac{2}{25}$$

3) 在 $L_a\in[4,10]$或 $x\in[4,10]$时的相遇概率

(1) 计算对象 α 在位置 L_a 处的微分概率 $P_a(L_a)\mathrm{d}L_a=\mathrm{d}x/10$。

(2) 计算对象 β 分布在可与 $L_a(x)$ 相遇范围内的概率累积值。相遇范围$[x-R,x+R]=[x-2,x+2]$。依据几何概型，$\oint\limits_{0\leqslant|L_a-L_b|\leqslant R;L_b\in\{\beta可达域\}} P_b(L_b)\mathrm{d}L_b=\oint\limits_{y\in[x-2,x+2]}\frac{\mathrm{d}y}{10}=\frac{2}{5}$。

(3) 计算在点 L_a 处的微分相遇概率：

$$P_{ab}(L_a)\mathrm{d}L_a=P_a(L_a)\mathrm{d}L_a\times\oint\limits_{0\leqslant|L_a-L_b|\leqslant R;L_b\in\{\beta可达域\}} P_b(L_b)\mathrm{d}L_b=\frac{\mathrm{d}x}{10}\cdot\frac{2}{5}=\frac{1}{25}\mathrm{d}x$$

(4) 计算在点 $L_a\in[4,10]$的相遇概率：

$$\oint\limits_{x\in[4,10]} P_{ab}(L_a)\mathrm{d}L_a=\oint\limits_{x\in[4,10]}\frac{1}{25}\mathrm{d}x=\frac{6}{25}$$

4) 计算相遇概率 $P_{ab}=\frac{2}{25}+\frac{6}{25}=8/25$，与其他连续型算法一致。

3. 非均匀分布的实例分析——均匀分布+非均匀分布

设：$x_0=y_0=0;S_a=S_b=10;r_a=r_b=1,R=2$；对象 α 所在位置 L_a 服从三角形分布 $P_a(L_a=x;0,10,5)=\begin{cases}\frac{x}{25}, & 0\leqslant x\leqslant 5\\ \frac{10-x}{25}, & 5<x\leqslant 10\end{cases}$，对象 β 所在位置 L_b 服从均匀分布。

1) 对象 α 可达域的分段

对 S_a 进行分段，$S_a=[0,2]\cup[2,5]\cup[5,10]$。

2) 在 $L_a\in[0,2]$或 $x\in[0,2]$时的相遇概率

(1) 计算对象 α 在位置 L_a 处的微分概率 $P_a(L_a)\mathrm{d}L_a=(x/25)\mathrm{d}x$。

(2) 计算对象 β 分布在可与 $L_a(x)$ 相遇范围内的概率累积值。相遇范围为$[0,x+R]=[0,x+2]$。依据几何概型，$\oint\limits_{0\leqslant|L_a-L_b|\leqslant R;L_b\in\{\beta可达域\}} P_b(L_b)\mathrm{d}L_b=\oint\limits_{y\in[0,x+2]}\frac{\mathrm{d}y}{10}=\frac{x+2}{10}$。

(3) 计算在点 L_a 处的微分相遇概率：

$$P_{ab}(L_a)\mathrm{d}L_a=P_a(L_a)\mathrm{d}L_a\times\oint\limits_{0\leqslant|L_a-L_b|\leqslant R;L_b\in\{\beta可达域\}} P_b(L_b)\mathrm{d}L_b=\frac{x}{25}\mathrm{d}x\cdot\frac{x+2}{10}=\frac{x^2+2x}{250}\mathrm{d}x$$

(4) 计算在点 $L_a\in[0,2]$的相遇概率：

$$\oint\limits_{x\in[0,2]} P_{ab}(L_a)\mathrm{d}L_a=\oint\limits_{x\in[0,2]}\frac{x^2+2x}{250}\mathrm{d}x=\frac{2}{75}$$

3) 在 $L_a\in[2,5]$或 $x\in[2,5]$时的相遇概率

(1) 计算对象 α 在位置 L_a 处的微分概率 $P_a(L_a)\mathrm{d}L_a=(x/25)\mathrm{d}x$。

(2) 计算对象 β 分布在可与 $L_a(x)$ 相遇范围内的概率累积值。相遇范围为$[x-R,x+R]=[x-2,x+2]$。依据几何概型，$\oint\limits_{0\leqslant|L_a-L_b|\leqslant R;L_b\in\{\beta可达域\}} P_b(L_b)\mathrm{d}L_b=\oint\limits_{y\in[x-2,x+2]}\frac{\mathrm{d}y}{10}=\frac{2}{5}$。

(3) 计算在点 L_a 处的微分相遇概率：

$$P_{ab}(L_a)\mathrm{d}L_a = P_a(L_a)\mathrm{d}L_a \times \oint_{0\leqslant|L_a-L_b|\leqslant R;L_b\in\{\beta\text{可达域}\}} P_b(L_b)\mathrm{d}L_b = \frac{x}{25}\mathrm{d}x \cdot \frac{2}{5} = \frac{2x}{125}\mathrm{d}x$$

(4) 计算在点 $L_a\in[2,5]$的相遇概率：

$$\oint_{x\in[2,5]} P_{ab}(L_a)\mathrm{d}L_a = \oint_{x\in[2,5]} \frac{2x}{125}\mathrm{d}x = \frac{21}{125}$$

4) 计算相遇概率

由于相遇概率关于中间位置点 5 处对称，因此概率 $P_{ab}=2\times\left(\frac{2}{75}+\frac{21}{125}\right)=0.38933$。相较于积分型的算法结果：约 0.4，微分型能直接进行计算。这也意味着，对于同一相遇事件，虽然积分法和微分法是等效的，但算法的复杂度不同。

4. 非均匀分布的实例分析——非均匀分布+非均匀分布

设：$x_0=y_0=0$；$S_a=S_b=10$；$r_a=r_b=1$，$R=2$；对象 α、β 所在位置服从三角形分布：

$$P(x;0,10,5)=\begin{cases}\dfrac{x}{25}, & 0\leqslant x\leqslant 5\\ \dfrac{10-x}{25}, & 5< x\leqslant 10\end{cases}$$

1) 对象 α 可达域的分段

对 S_a 进行分段，$S_a=[0,2]\cup[2,3]\cup[3,5]\cup[5,10]$。

2) 在 $L_a\in[0,2]$或 $x\in[0,2]$时的相遇概率

(1) 计算对象 α 在位置 L_a 处的微分概率 $P_a(L_a)\mathrm{d}L_a=(x/25)\mathrm{d}x$。

(2) 计算对象 β 分布在可与 $L_a(x)$相遇范围内的概率累积值

$$\oint_{0\leqslant|L_a-L_b|\leqslant R;L_b\in\{\beta\text{可达域}\}} P_b(L_b)\mathrm{d}L_b = \oint_{y\in[0,x+2]} \frac{y}{25}\mathrm{d}y = \frac{(x+2)^2}{50}$$

其中，相遇范围为$[0,x+R]=[0,x+2]$。

(3) 计算在点 L_a 处的微分相遇概率：

$$\begin{aligned}P_{ab}(L_a)\mathrm{d}L_a &= P_a(L_a)\mathrm{d}L_a \times \oint_{0\leqslant|L_a-L_b|\leqslant R;L_b\in\{\beta\text{可达域}\}} P_b(L_b)\mathrm{d}L_b\\ &= \frac{x}{25}\mathrm{d}x \cdot \frac{(x+2)^2}{50} = \frac{x(x+2)^2}{1250}\mathrm{d}x\end{aligned}$$

(4) 计算在点 $L_a\in[0,2]$的相遇概率：

$$\begin{aligned}\oint_{x\in[0,2]} P_{ab}(L_a)\mathrm{d}L_a &= \oint_{x\in[0,2]} \frac{x(x+2)^2}{1250}\mathrm{d}x = \oint_{x\in[0,2]} \frac{x^3+4x^2+4x}{1250}\mathrm{d}x\\ &= \frac{68}{1250\times 3} = 0.01813\end{aligned}$$

3) 在 $L_a\in[2,3]$或 $x\in[2,3]$时的相遇概率

(1) 计算 α 在 L_a 处的微分概率 $P_a(L_a)\mathrm{d}L_a=(x/25)\mathrm{d}x$。

(2) 计算 β 分布在可与 $L_a(x)$ 相遇范围内的概率累积值

$$\oint_{0\leqslant|L_a-L_b|\leqslant R;L_b\in\{\beta\text{可达域}\}} P_b(L_b)\mathrm{d}L_b=\oint_{y\in[x-2,x+2]}\frac{y}{25}\mathrm{d}y=\frac{4x}{25}$$

其中，相遇范围$[x-R,x+R]=[x-2,x+2]$。

(3) 计算在点 L_a 处的微分相遇概率：

$$\begin{aligned}P_{ab}(L_a)\mathrm{d}L_a&=P_a(L_a)\mathrm{d}L_a\times\oint_{0\leqslant|L_a-L_b|\leqslant R;L_b\in\{\beta\text{可达域}\}}P_b(L_b)\mathrm{d}L_b\\&=\frac{x}{25}\mathrm{d}x\cdot\frac{4x}{25}=\frac{4x^2}{625}\mathrm{d}x\end{aligned}$$

(4) 计算在点 $L_a\in[2,3]$的相遇概率：

$$\oint_{x\in[2,3]}P_{ab}(L_a)\mathrm{d}L_a=\oint_{x\in[2,3]}\frac{4x^2}{625}\mathrm{d}x=0.0405333$$

4) 在 $L_a\in[3,5]$或 $x\in[3,5]$时的相遇概率

(1) 计算 α 在 L_a 处的微分概率：

$$P_a(L_a)\mathrm{d}L_a=(x/25)\mathrm{d}x$$

(2) 计算 β 分布在可与 $L_a(x)$ 相遇范围内的概率累积值 $\oint_{0\leqslant|L_a-L_b|\leqslant R;L_b\in\{\beta\text{可达域}\}}P_b(L_b)\mathrm{d}L_b$，其中，相遇范围 $y\in[x-R,x+R]=[x-2,x+2]\subseteq[1,7]$。由于 $P_b(L_b)$在点 $y=5$ 处不连续，因此需要将区间$[x-2,x+2]$划分成两个子域$[x-2,5]$、$[5,x+2]$。即

$$\begin{aligned}\oint_{0\leqslant|L_a-L_b|\leqslant R;L_b\in\{\beta\text{可达域}\}}P_b(L_b)\mathrm{d}L_b&=\oint_{L_b\in[x-2,x+2]}P_b(L_b)\mathrm{d}L_b\\&=\oint_{L_b\in[x-2,5]}P_b(L_b)\mathrm{d}L_b+\oint_{L_b\in[5,x+2]}P_b(L_b)\mathrm{d}L_b\\&=\oint_{y\in[x-2,5]}\frac{y}{25}\mathrm{d}y+\oint_{y\in[5,x+2]}\frac{10-y}{25}\mathrm{d}y\\&=\frac{-x^2+4x+21}{50}+\frac{-x^2+16x-39}{50}=\frac{-x^2+10x-9}{25}\end{aligned}$$

(3) 计算在点 L_a 处的微分相遇概率：

$$\begin{aligned}P_{ab}(L_a)\mathrm{d}L_a&=P_a(L_a)\mathrm{d}L_a\times\frac{-x^2+10x-9}{25}\\&=\frac{x}{25}\mathrm{d}x\times\frac{-x^2+10x-9}{25}=\frac{1}{625}\times(-x^2+10x-9)x\mathrm{d}x\end{aligned}$$

(4) 计算在点 $L_a\in[3,5]$的相遇概率：

$$\oint_{x\in[3,5]} P_{ab}(L_a)\mathrm{d}L_a = \oint_{x\in[3,5]} \frac{1}{625}\times(-x^2+10x-9)x\mathrm{d}x$$
$$=\frac{1}{625}\times\left[-\oint_{x\in[3,5]} x^3\mathrm{d}x+10\oint_{x\in[3,5]} x^2\mathrm{d}x-9\oint_{x\in[3,5]} x\mathrm{d}x\right]$$
$$=\frac{1}{625}\times\left[-136+\frac{980}{3}-72\right]=0.1898667$$

综上，相遇概率 $P_{ab}=2\times(0.0181333+0.0405333+0.1898667)=0.4970666$。该结果与积分法的结果相同。此外，当 α、β 分别为三角形分布、均匀分布时相遇概率为 0.3573；当 α、β 都为三角形分布时相遇概率为 0.4970666。这样，在 β、α 分别为搜寻者、走失者时，β 的差异性分布会带来差异化的效果。

由上可知，对于线-线型相遇概率算法，积分法与微分法等效但复杂度在不同实例中可能不同。

6.3.3　线-面型相遇的微分法

在时刻 t，两个对象 α、β 的可达域分别为线 S_a 和面 D_b，所在位置点分别记为 L_a、L_b（$L_a\in S_a, L_b\in D_b$）。这里，只考虑 $S_a\subseteq D_b$，$D_b=10\times10$ 的正方形，原点 O 为 D_b 的左下角点，线 $S_a=\{y=5, x\in[0,10]\}$。为了简单起见，相遇点邻域采用正方形。

1. 均匀分布的实例分析

对象 α、β 所在位置点 L_a、L_b 均呈均匀分布，$R=2$。

1）对象 α 可达域的分段

令，$S_a=[0,2]\cup[2,8]\cup[8,10]$，使函数 $P_b(L_b)$ 在同一段内相同，不同段上不同（图 6.40）。

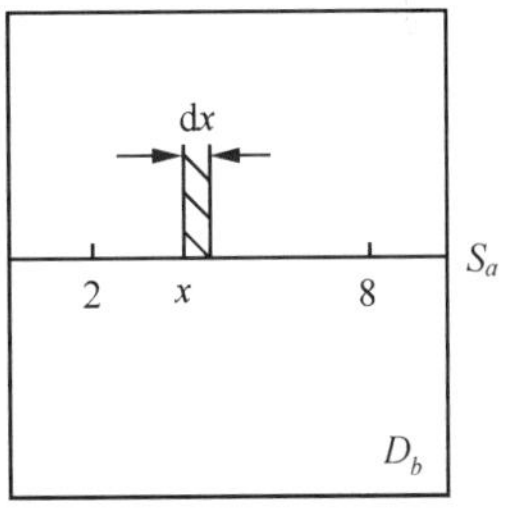

2）在 $L_a\in[0,2]$ 或 $x\in[0,2]$ 时的相遇概率

（1）计算对象 α 在位置 L_a 处的微分概率 $P_a(L_a)\mathrm{d}L_a$。对象 α 在位置点 $L_a(x)$ 的微分为 $\mathrm{d}x$，根据几何概型，有 $P_a(L_a)\mathrm{d}L_a=\mathrm{d}x/10$。

图 6.40　可达域的分段

（2）计算对象 β 分布在可与 $L_a(x=u)$ 相遇范围内的概率累积值。相遇范围——相遇点邻域[以 $L_a(u)$ 为中心，边长为 $2R$ 正方形]与 D_b 的交集，即 $x\in[0,u+R]=[0,u+2]$，$y\in[3,7]$。依据几何概型，β 位于该区间的概率：

$$\oint_{0\leqslant|L_a-L_b|\leqslant R;L_b\in\{\beta\text{可达域}\}} P_b(L_b)\mathrm{d}L_b=\oint_{x\in[0,u+2];y\in[3,7]}\frac{\mathrm{d}x\mathrm{d}y}{100}=\frac{u+2}{25}$$

（3）计算在点 L_a 处的微分相遇概率：

$$P_{ab}(L_a)\mathrm{d}L_a=P_a(L_a)\mathrm{d}L_a\times\oint_{0\leqslant|L_a-L_b|\leqslant R;L_b\in\{\beta\text{可达域}\}} P_b(L_b)\mathrm{d}L_b=\frac{\mathrm{d}x}{10}\cdot\frac{u+2}{25}=\frac{u+2}{250}\mathrm{d}x$$

(4) 计算在点 $L_a \in [0,2]$ 的相遇概率：

$$\oint_{x\in[0,2]} P_{ab}(L_a)\mathrm{d}L_a = \oint_{x\in[0,2]} \frac{u+2}{250}\mathrm{d}x = \oint_{x\in[0,2]} \frac{x+2}{250}\mathrm{d}x = \frac{3}{125}$$

3) 在 $L_a \in [2,8]$ 或 $x\in[2,8]$ 时的相遇概率

(1) 计算对象 α 在位置 L_a 处的微分概率 $P_a(L_a)\mathrm{d}L_a$。对象 α 在位置点 $L_a(x)$ 的微分为 $\mathrm{d}x$，根据几何概型，有 $P_a(L_a)\mathrm{d}L_a = \mathrm{d}x/10$。

(2) 计算对象 β 分布在可与 $L_a(x=u)$ 相遇范围内的概率累积值。相遇范围为相遇点邻域[以 $L_a(x=u)$ 为中心，边长为 $2R$ 正方形]与 D_b 的交集，即 $x\in[u-R,u+R]=[u-2,u+2]$，$y\in[3,7]$。依据几何概型，β 位于该区间的概率：

$$\oint_{0\leqslant|L_a-L_b|\leqslant R;L_b\in\{\beta\text{可达域}\}} P_b(L_b)\mathrm{d}L_b = \oint_{x\in[u-2,u+2];y\in[3,7]} \frac{\mathrm{d}x\mathrm{d}y}{100} = \frac{4}{25}$$

(3) 计算在点 L_a 处的微分相遇概率：

$$P_{ab}(L_a)\mathrm{d}L_a = P_a(L_a)\mathrm{d}L_a \times \oint_{0\leqslant|L_a-L_b|\leqslant R;L_b\in\{\beta\text{可达域}\}} P_b(L_b)\mathrm{d}L_b = \frac{\mathrm{d}x}{10}\cdot\frac{4}{25} = \frac{2}{125}\mathrm{d}x$$

(4) 计算在点 $L_a \in [2,8]$ 的相遇概率：

$$\oint_{x\in[2,8]} P_{ab}(L_a)\mathrm{d}L_a = \oint_{x\in[2,8]} \frac{2}{125}\mathrm{d}x = \frac{12}{125}$$

4) 在 $L_a\in[8,10]$ 或 $x\in[8,10]$ 时的相遇概率

相遇概率与 $L_a\in[0,2]$ 的相同，即 $\frac{3}{125}$。

5) 计算相遇概率 $P_{ab} = \frac{12}{125}+\frac{3}{125}+\frac{3}{125} = 0.144$

2. 非均匀分布的实例分析——均匀分布+非均匀分布

设：对象 α 的位置服从三角形分布 $P_a(L_a = x;0,10,5) = \begin{cases} \frac{x}{25}, & 0\leqslant x\leqslant 5 \\ \frac{10-x}{25}, & 5< x\leqslant 10 \end{cases}$，对象 β 服从均匀分布；$R=2$。

1) 对象 α 可达域的分段

对 S_a 进行分段，$S_a=[0,2]\cup[2,5]\cup[5,10]$。

2) 在 $L_a\in[0,2]$ 或 $x\in[0,2]$ 时的相遇概率

(1) 计算对象 α 在位置 L_a 处的微分概率 $P_a(L_a)\mathrm{d}L_a=(x/25)\mathrm{d}x$。

(2) 计算对象 β 分布在可与 $L_a(x=u)$ 相遇范围内的概率累积值：

$$\oint_{0\leqslant|L_a-L_b|\leqslant R;L_b\in\{\beta\text{可达域}\}} P_b(L_b)\mathrm{d}L_b = \oint_{x\in[0,u+2];y\in[3,7]} \frac{\mathrm{d}x\mathrm{d}y}{100} = \frac{u+2}{25}$$

(3) 计算在点 L_a 处的微分相遇概率：

$$P_{ab}(L_a)\mathrm{d}L_a = P_a(L_a)\mathrm{d}L_a \times \oint_{0\leqslant|L_a-L_b|\leqslant R;L_b\in\{\beta可达域\}} P_b(L_b)\mathrm{d}L_b = \frac{x\mathrm{d}x}{25}\cdot\frac{u+2}{25} = \frac{x(2+x)\mathrm{d}x}{625}$$

(4) 计算在点 $L_a\in[0,2]$的相遇概率：

$$\oint_{x\in[0,2]} P_{ab}(L_a)\mathrm{d}L_a = \oint_{x\in[0,2]} \frac{x(2+x)}{625}\mathrm{d}x = \frac{1}{625}\cdot\frac{20}{3} = \frac{4}{375}$$

3) 在 $L_a\in[2,5]$或 $x\in[2,5]$时的相遇概率

(1) 计算对象 α 在位置 L_a 处的微分概率：

$$P_a(L_a)\mathrm{d}L_a = (x/25)\mathrm{d}x$$

(2) 计算对象 β 分布在可与 $L_a(x=u)$ 相遇范围内的概率累积值：

$$\oint_{0\leqslant|L_a-L_b|\leqslant R;L_b\in\{\beta可达域\}} P_b(L_b)\mathrm{d}L_b = \oint_{x\in[u-2,u+2];y\in[3,7]} \frac{\mathrm{d}x\mathrm{d}y}{100} = \frac{4}{25}$$

(3) 计算在点 L_a 处的微分相遇概率：

$$P_{ab}(L_a)\mathrm{d}L_a = P_a(L_a)\mathrm{d}L_a \times \oint_{0\leqslant|L_a-L_b|\leqslant R;L_b\in\{\beta可达域\}} P_b(L_b)\mathrm{d}L_b = \frac{x\mathrm{d}x}{25}\cdot\frac{4}{25} = \frac{4x}{625}\mathrm{d}x$$

(4) 计算在点 $L_a\in[2,5]$的相遇概率：

$$\oint_{x\in[2,5]} P_{ab}(L_a)\mathrm{d}L_a = \oint_{x\in[2,5]} \frac{4x}{625}\mathrm{d}x = \frac{42}{625}$$

4) 计算相遇概率

由于相遇概率关于中间位置点对称，因此相遇概率 $P_{ab}=2\times\left(\frac{4}{375}+\frac{42}{625}\right)=0.15573$。相较于积分型的算法结果：约 0.16，微分型能直接进行计算。

上述结果与积分法一致。

6.3.4　面-面型相遇的微分法

在时刻 t，两个对象 α、β 的可达域分别为面 D_a 和面 D_b，所在位置点分别记为 L_a、L_b（$L_a\in D_a$，$L_b\in D_b$）。这里，只考虑 $D_b=D_a$，$D_a=10\times10$ 的正方形。

1. 均匀分布的实例分析

设，原点 O 为 D_a 左下角点；相遇点邻域为正方形；L_a、L_b 均服从均匀分布；$R=2$。

1) 对象 α 可达域的分区

对 D_a 进行分区，$D_a=4A\cup4B\cup C$，其中 A 是边长为 R 的正方形(图 6.41)，使函数 $P_b(L_b)$ 在同一段内相同，在不同段之间不同。

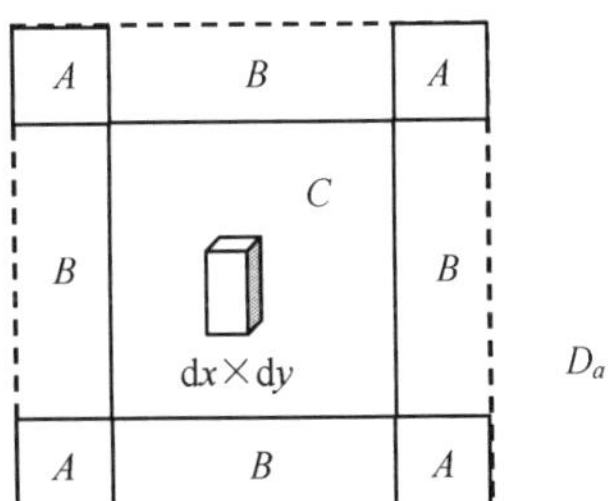

图 6.41　可达域的分区

2) 在 $L_a \in A$ 时的相遇概率

(1) 计算对象 α 在位置 L_a 处的微分概率 $P_a(L_a)$ $\mathrm{d}L_a$。对象 α 在位置点 $L_a(x,y)$ 的微分为 $\mathrm{d}x\mathrm{d}y$，根据几何概型，有 $P_a(L_a)\mathrm{d}L_a = \mathrm{d}x\mathrm{d}y/100$。

(2) 计算对象 β 分布在可与 $L_a(x=u, y=v)$ 相遇范围内的概率累积值。相遇范围为相遇点邻域[以 $L_a(u,v)$ 为中心，边长为 $2R$ 正方形]与 D_b 的交集，即 $x\in[0,u+\mathrm{R}]=[0,u+2]$，$y\in[0,v+\mathrm{R}]=[0,v+2]$。依据几何概型，$\beta$ 位于该区间的概率：

$$\oint_{0\leqslant|L_a-L_b|\leqslant R;L_b\in\{\beta\text{可达域}\}} P_b(L_b)\mathrm{d}L_b = \oint_{x\in[0,u+2];y\in[0,v+2]} \frac{\mathrm{d}x\mathrm{d}y}{100} = \frac{(u+2)(v+2)}{100}$$

(3) 计算在点 L_a 处的微分相遇概率：

$$\begin{aligned} P_{ab}(L_a)\mathrm{d}L_a &= P_a(L_a)\mathrm{d}L_a \times \oint_{0\leqslant|L_a-L_b|\leqslant R;L_b\in\{\beta\text{可达域}\}} P_b(L_b)\mathrm{d}L_b = \frac{\mathrm{d}x\mathrm{d}y}{100}\cdot\frac{(u+2)(v+2)}{100} \\ &= \frac{(u+2)(v+2)\mathrm{d}x\mathrm{d}y}{10000} = \frac{(x+2)(y+2)}{10000}\mathrm{d}x\mathrm{d}y \end{aligned}$$

(4) 计算在点 $L_a\in A$ 的相遇概率：$\oint_{L_a\in A} P_{ab}(L_a)\mathrm{d}L_a = \iint_{x\in[0,2];y\in[0,2]} \frac{(x+2)(y+2)}{10000}\mathrm{d}x\mathrm{d}y = \frac{1}{10000}\int_{x\in[0,2]}(x+2)\mathrm{d}x\int_{y\in[0,2]}(y+2)\mathrm{d}y = \frac{36}{10000}$

3) 在 $L_a \in B$ 时的相遇概率

(1) 计算对象 α 在位置 L_a 处的微分概率 $P_a(L_a)\mathrm{d}L_a = \mathrm{d}x\mathrm{d}y/100$。

(2) 计算对象 β 分布在可与 $L_a(x=u,y=v)$ 相遇范围内的概率累积值。相遇范围为相遇点邻域(以 $L_a(u,v)$ 为中心，边长为 $2R$ 正方形)与 D_b 的交集，即 $x\in[0,u+\mathrm{R}]=[0,u+2]$，$y\in[v-R,v+R]=[v-2,v+2]$。依据几何概型，$\beta$ 位于该区间的概率：

$$\oint_{0\leqslant|L_a-L_b|\leqslant R;L_b\in\{\beta\text{可达域}\}} P_b(L_b)\mathrm{d}L_b = \oint_{x\in[0,u+2];y\in[v-2,v+2]} \frac{\mathrm{d}x\mathrm{d}y}{100} = \frac{u+2}{25}$$

(3) 计算在点 L_a 处的微分相遇概率：

$$\begin{aligned} P_{ab}(L_a)\mathrm{d}L_a &= P_a(L_a)\mathrm{d}L_a \times \oint_{0\leqslant|L_a-L_b|\leqslant R;L_b\in\{\beta\text{可达域}\}} P_b(L_b)\mathrm{d}L_b = \frac{\mathrm{d}x\mathrm{d}y}{100}\cdot\frac{u+2}{25} \\ &= \frac{(u+2)\mathrm{d}x\mathrm{d}y}{2500} = \frac{x+2}{2500}\mathrm{d}x\mathrm{d}y \end{aligned}$$

(4) 计算在点 $L_a\in B$ 的相遇概率：

$$\oint_{L_a\in B} P_{ab}(L_a)\mathrm{d}L_a = \iint_{x\in[0,2];y\in[2,8]} \frac{x+2}{2500}\mathrm{d}x\mathrm{d}y = \frac{1}{2500}\int_{x\in[0,2]}(x+2)\mathrm{d}x\int_{y\in[2,8]}\mathrm{d}y = \frac{36}{2500}$$

4) 在 $L_a \in C$ 时的相遇概率

(1) 计算对象 α 在位置 L_a 处的微分概率 $P_a(L_a)\mathrm{d}L_a = \mathrm{d}x\mathrm{d}y/100$。

(2) 计算对象 β 分布在与 $L_a(x=u,y=v)$ 相遇范围内的概率累积值。相遇范围为相遇点邻域[以 $L_a(u,v)$ 为中心，边长为 $2R$ 正方形]与 D_b 的交集，即 $x\in[u-R,u+R]=[u-2,u+2]$，$y\in[v-R,v+R]=[v-2,v+2]$。依据几何概型，β 位于该区间的概率：

$$\oint_{0\leqslant|L_a-L_b|\leqslant R;L_b\in\{\beta\text{可达域}\}} P_b(L_b)\mathrm{d}L_b=\oint_{x\in[u-2,u+2];y\in[v-2,v+2]}\frac{\mathrm{d}x\mathrm{d}y}{100}=\frac{4}{25}$$

(3) 计算在点 L_a 处的微分相遇概率：

$$P_{ab}(L_a)\mathrm{d}L_a=P_a(L_a)\mathrm{d}L_a\times\oint_{0\leqslant|L_a-L_b|\leqslant R;L_b\in\{\beta\text{可达域}\}} P_b(L_b)\mathrm{d}L_b=\frac{\mathrm{d}x\mathrm{d}y}{100}\cdot\frac{4}{25}=\frac{\mathrm{d}x\mathrm{d}y}{625}$$

(4) 计算在点 $L_a\in C$ 的相遇概率：$\oint_{L_a\in B}P_{ab}(L_a)\mathrm{d}L_a=\iint_{x\in[2,8];y\in[2,8]}\frac{1}{625}\mathrm{d}x\mathrm{d}y=\frac{36}{625}$

5) 计算相遇概率

这样，相遇概率 $P_{ab}=4\times\frac{36}{10000}+4\times\frac{36}{2500}+\frac{36}{625}=0.1296$

上述结果与积分法一致。

2. 非均匀分布的实例分析——非均匀分布+非均匀分布

设，$D_a=D_b$，是一以原点 O 为中心以 $r=5$ 为半径的圆；相遇点邻域采用弧段为底的梯形；对象 α、β 的位置服从二元三角形分布，即圆锥体(底面半径 $r=5$，高 $h=0.0381971$，圆柱体的体积 $\pi r^2h/3=1$)[图 6.42(a)]。

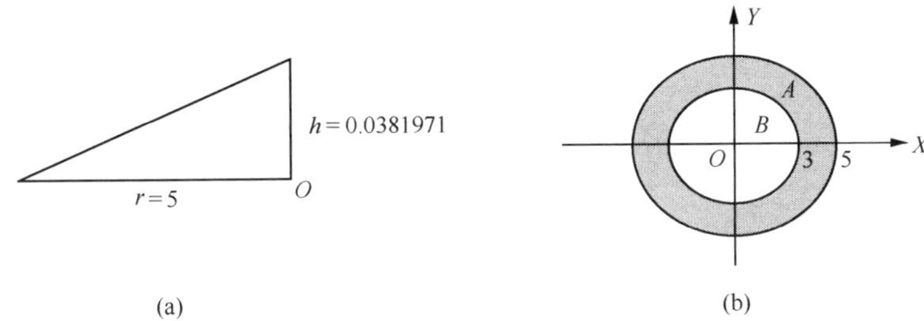

图 6.42　(a)二元三角形分布的旋转三角形；(b)可达域的分区

1) 对象 α 可达域的分区

对 D_a 进行分区，$D_a=A\cup B$，$R=2$，其中 A 是圆环[图 6.42(b)]，采用极坐标系(ρ,θ)。

2) 在 $L_a\in A=\{\rho\in[3,5]\}$ 时的相遇概率

(1) 计算对象 α 在位置 $L_a(\rho,\theta)$ 处的微分概率 $P_a(L_a)\mathrm{d}L_a=\frac{h(r-\rho)}{r}\mathrm{d}\rho\,\mathrm{d}\theta$。

(2) 计算对象 β 分布在可与 $L_a(\rho,\theta)$ 相遇范围内的概率累积值：

$$\oint_{0\leqslant|L_a-L_b|\leqslant R;L_b\in\{\beta\text{ 可达域}\}} P_b(L_b)\mathrm{d}L_b=\oint_{\delta\in[\rho-2,r];\vartheta\in[\theta,\theta+4/r]}\frac{h(r-\delta)}{r}\mathrm{d}\delta\,\mathrm{d}\vartheta=\frac{2h}{r^2}[\rho^2-2(r+2)\rho+(r+2)^2]。$$

其中，相遇范围 $\delta\in[\rho-2,r]$；$\vartheta\in\left[\theta,\theta+\frac{4}{r}\right]$。

(3) 计算在点 L_a 处的微分相遇概率：

$$P_{ab}(L_a)\mathrm{d}L_a = P_a(L_a)\mathrm{d}L_a \times \oint_{0\leqslant|L_a-L_b|\leqslant R;L_b\in\{\beta\text{可达域}\}} P_b(L_b)\mathrm{d}L_b$$

$$= \frac{h(r-\rho)}{r}\cdot\frac{2h}{r^2}[\rho^2-2(r+2)\rho+(r+2)^2]\mathrm{d}\rho\mathrm{d}\theta$$

$$= \frac{2h^2}{r^3}[-\rho^3+(3r+4)\rho^2-(3r^2+8r+4)\rho+r(r+2)^2]\mathrm{d}\rho\mathrm{d}\theta$$

(4) 计算在点 $L_a\in A$ 的相遇概率：

$$= \iint_{\rho\in[3,5],\theta\in[0,2\pi]} \frac{2h^2}{r^3}[-\rho^3+(3r+4)\rho^2-(3r^2+8r+4)\rho+r(r+2)^2]\mathrm{d}\rho\mathrm{d}\theta$$

$$= \frac{4\pi h^2}{r^3}\cdot 22.6667 = 0.003325$$

3) 在 $L_a\in B=\{\rho\in[0,3]\}$ 时的相遇概率

(1) 计算对象 α 在位置 $L_a(\rho,\theta)$ 处的微分概率：$P_a(L_a)\mathrm{d}L_a=\frac{h(r-\rho)}{r}\mathrm{d}\rho\mathrm{d}\theta$。

(2) 计算对象 β 分布在可与 $L_a(\rho,\theta)$ 相遇范围内的概率累积值 $\oint_{0\leqslant|L_a-L_b|\leqslant R;L_b\in\{\beta\text{可达域}\}} P_b(L_b)\mathrm{d}L_b = \oint_{\delta\in[\rho-2,\rho+2];\vartheta\in[\theta,\theta+4/r]} \frac{h(r-\delta)}{r}\mathrm{d}\delta\mathrm{d}\vartheta = \frac{16h}{r^2}(r-\rho)$。显然，在 $\rho=1$ 时，$[\rho-2,\rho+2]=[-1,3]$，意味着三角形分布的密度函数不是单调的、单一的密度函数，而是分段的。这样，就不能采用微分方法进行直接计算。如果直接进行计算，则下面获得一种大估的相遇概率值。

(3) 计算在点 L_a 处的微分相遇概率：$P_{ab}(L_a)\mathrm{d}L_a = P_a(L_a)\mathrm{d}L_a \times \oint_{0\leqslant|L_a-L_b|\leqslant R;L_b\in\{\beta\text{可达域}\}} P_b(L_b)\mathrm{d}L_b = \frac{h(r-\rho)}{r}\cdot\frac{16h}{r^2}(r-\rho)\mathrm{d}\rho\mathrm{d}\theta = \frac{16h^2(r-\rho)^2}{r^3}\mathrm{d}\rho\mathrm{d}\theta$

(4) 计算在点 $L_a\in B$ 的相遇概率：

$$\oint_{L_a\in B} P_{ab}(L_a)\mathrm{d}L_a = \iint_{\rho\in[0,3],\theta\in[0,2\pi]} \frac{16h^2(r-\rho)^2}{r^3}\mathrm{d}\rho\mathrm{d}\theta\,\frac{96\pi h^2(r^2-3r+3)}{r^3} = 0.04576$$

4) 计算相遇概率 $P_{ab}=0.003325+0.04576=0.049088$。这是一种大估概率值。

3. 应用

在二战期间的德国潜艇袭击案例中，德国潜艇与英美运输船队出现在大西洋上的事件可以认为是独立的。即，设大西洋的面积为 D；德国潜艇的均匀分布概率为 M/D，M 为德国潜艇的数量；英美运输船队的编次为 N，相应的均匀分布概率为 N/D。这样，双方相遇的概率$=N\times(M/D)\times(N/D)$，显然 N 越大相遇概率越大。

6.4 连续型算法的特点

针对移动对象所在位置服从连续型概率分布的相遇事件，概率论中的会面问题能解决部分相遇问题，在此基础上扩展形成的积分法和微分法则能解决会面问题不能解决的

其他情形。虽然积分法和微分法密切联系，但在解决思路上或计算方法上各不同，因而针对特定的问题的复杂性不同。

1. 连续型相遇概率算法特征

1）空间参考定义方面

对于积分法、微分法，相遇的两个几何在三维空间是任意的，既可以是位于同一平面，也可以是曲面、曲线。其中，曲线通过路径距离可以映射成直线。

对于坐标系法，点-线型、线-线型相遇中的两几何则需要满足一定的条件：移动对象在点、线上的位置只能通过一个变量来表示。因此，对于点-线型相遇问题，需要点在线上，或者点、线同属于另一条线；对于线-线型相遇问题，需要两线同属于第三条线。这样，可以定义点-线型、线-线型相遇中的一条线的端点为坐标原点，对象 α、β 所在位置沿着线到达原点的路径距离可采用不同变量 x、y 表示。

2）维度限制方面

在几何-几何相遇算法中的维度方面，积分法采用两个几何中最小维度的几何体作为积分变量；坐标系法则是两个几何维度的和。这样，会造成坐标系法难以适应超过三维空间的相遇问题。

3）对概率分布的要求方面

不同算法适用于不同类型的概率分布。其中，坐标系法必须均匀分布；积分法可以采用非均匀分布；微分法虽然在理论上可以适用于非均匀分布，但在实际上往往难以计算积分，因此通常适用于均匀分布和可积分的概率分布。当可达域的形状、移动对象的概率分布函数比较复杂时，积分法、微分法则难以实现。

2. 连续型相遇概率算法的适应性和简便性

对同一相遇问题，可以采用不同的连续型算法。这样，一方面可以相互验证连续型各算法的有效性；另一方面可以为离散型算法提供结果参考。不同算法在适用性和简便性方面存在差异（表 6.6）。

表 6.6　连续型算法的适用性和简便性

问题类型	适用性			简便性
	坐标系法	积分法	微分法	
点-点型相遇	√	√	√	积/微分法
点-线型相遇	√	√	√	积/微分法
点-面型相遇		√	√	积/微分法
线-线型相遇	√	√	√	坐标系法
线-面型相遇		√	√	积/微分法
面-面型相遇		√	√	积/微分法

3. 连续型相遇概率算法的未来发展

开发时间地理相遇事件的概率计算软件模块，能借助其他软件（如 Matlab 等）的积分、微分计算功能，计算移动对象所在位置服从任意概率分布的相遇事件的概率。

第 7 章　随机相遇的离散型概率

时间地理学中基于离散型概率分布的相遇算法，在数学上是离散分布在可达域上的概率密度函数之间的相乘问题，Winter 和 Yin(2011)构建的相遇概率就属于此类。连续型相遇概率算法理论上能解决任何相遇问题，但由于受限于积分、微分等复杂性等因素，因此在实际计算中难以覆盖所有的相遇问题。

7.1　基本原理

连续型算法具有完备性和唯一性，但计算较为复杂，而离散型算法则相对简洁，能适用于任何情形(独立于概率分布、几何类型)，但也存在误差。这种误差主要是由于点邻域划分在空间位置上的单一性造成的。在同一可达域空间，划分点邻域的方法多种多样，而在离散型算法中往往随机采用其中的一种，因而难以确保划分的等价性(一种划分方法与其他划分方法在相遇概率结果上是一致的)和独立性(划分方法独立于相遇概率结果)，从而造成离散型算法的误差。在现实中，移动对象本身是有大小的，且有的移动对象具有足够大的可视范围，如手机附近，因此在相遇事件中有必要考虑有大小的质点，即点邻域。

7.1.1　时间地理学的点邻域

点邻域同质点一样，都是物体的一种理想化的模型。质点是一种将物体抽象成没有大小、形状的模型，而点邻域则在质点基础上将物体抽象成为有一定大小、形状的模型。

1. 点邻域

邻域可以是点、线、面、体等任何几何体的邻域，这些不同几何体的邻域存在一定的联系。例如，由于线、面、体可视为点的集合，则线、面、体的邻域可视为这些几何体中所有点的邻域的集合。因此，点的邻域是邻域概念的基础。

1) 点邻域概念

在拓扑学中，邻域是拓扑空间中的基本概念。直觉上说，一个点的邻域是包含这个点的集合。拓扑空间 X 中，$A,B\subseteq X$，则 B 是 A 的邻域，当且仅当以下条件之一成立：

(1) 存在开集 C，使得 $A\subseteq C\subseteq B$；

(2)$A\subseteq B^0$。(B^0是 B 的内部)

在时间地理学中，点的邻域[图 7.1(c)]是点[图 7.1(b)]在周围一定范围内的区域，在 GIS 中往往可视为点的缓冲区[图 7.1(d)]。其中，点邻域的点往往是移动对象[图 7.1(a)]的中心点、质心、内点等。当点邻域的半径趋于 0 时，点邻域就退化为(质)点；这样，(质)点是点邻域的特例。在现实世界中，这种点邻域的例子很普遍，如基站服务范围是基站的点邻域，树冠是树干的点邻域。如果树上的爬行动物能沿着树干到达树冠任何位置，则对于爬行动物而言，树冠是移动对象(爬行动物)的点邻域。

图 7.1　(a)移动对象；(b)质点；(c)点邻域；(d)缓冲区

点的邻域是一种与质点相反的抽象模型：质点将有面积的对象抽象成无面积的对象；点的邻域则将质点还原为有面积的对象。

2) 点邻域分类

点的邻域，按照维度可分为点的线段邻域、点的面邻域和点的体邻域。其中，点的面邻域按照形态通常可分为圆、栅格、三角形、泰森多边形等。显然，体邻域在平面的投影就是面邻域；面邻域在一维空间的投影就是线邻域。因此，质点与其邻域之间存在转换关系，表示同一对象的不同邻域之间也可以相互转换。

2. 点邻域的尺度

尺度问题是 GIS 的基本问题之一，是地理信息的本质与核心问题，因此在(概率)时间地理学中同样需要考虑尺度问题。

1) 尺度问题

在时间地理学中尺度问题主要是时空对象的大小问题。通常情况下，现实中的地理对象是有大小的，只是在分析地理对象的本质规律时为了简单起见才转化为了没有大小的质点，典型的有醉汉随机走中的质点。然而，作为有质量而忽略大小与形状的质点(mass point，particle)，只有在物体的大小和形状对所研究问题不起作用或可以忽略不计时，才可以用于表达现实中有大小与形状的物体，以便通过这一理想模型来把握研究问题的本质。因此，将有大小与形状的物体理想化为质点的条件之一：在所研究的问题中物体的大小与两两物体之间距离的比值为极小值。这意味着，质点本身就属于尺度问题。

当物体的大小与形状对研究问题所起的作用大到不可忽略的程度时，在通过理想化的质点模型所获得物体的本质规律之后，需要在质点基础上新增大小与形状等个性因子以形成邻域模型来研究物体的个性化规律。

2) 尺度对相遇的影响

在相遇概率算法中，点邻域的引入能有效避免可以相遇的两对象出现 0 概率的现象，但又引出了另一个问题，那就是邻域的尺度大小影响相遇概率的计算结果(Winter and Yin，2011)。也就是说，同一相遇事件的概率会随邻域尺度大小的变化而发生变化。例如，当对象 B 的面状可达域刚好为一个栅格单元时，则 B 与点状可达域的对象 A 的相遇概率为 1；当减小栅格单元的大小时，则由于一个单元内的概率值小于 1 而且 A 只能包含于一个栅格单元，因而 A、B 的相遇概率也小于 1；随着栅格单元大小的减小，相遇概率会不断减小，并趋于 0。又如，当点状可达域的对象 A 的邻域圆恰好与对象 B 的面状可达域相同时，则 A 与 B 的相遇概率为 1；当减小邻域圆时，则对象 B 分布在邻域圆上的概率值(即相遇概率)就会减小。

3. 点邻域的大小

为了解决上述尺度问题，需要根据实际应用确定合理的邻域粒度或大小。

1) 点邻域大小的测度

一种简单的方法是，邻域大小＝目标对象的空间几何面积，如邻域圆半径 $r_a=\sqrt{(\text{目标对象所占面积}/\pi)}$。这种方法顾及了目标对象的大小，但忽略了对象的可视范围，而可视范围是直接决定可否相遇的基础。

另一种顾及可视范围的方法是，邻域大小＝目标对象的影响范围，如人的最大视域、雷达的跟踪范围、手机找附近的人的识别范围等。当影响范围半径为 0 时，顾及可视范围的邻域大小就退化为目标对象本身的大小。

点邻域大小的设置方法，顾及了时空对象或其影响范围的大小，但没有考虑对象的形状，因此也是物体的一种理想化的模型。

2) 时间地理学的点邻域

在时间地理学中，可达域中所有点的点邻域的并集，可以形成可达域的缓冲区。规定：同一对象的点邻域是该对象可达域缓冲区的一种划分。这意味着，同一对象的不同点邻域之间是互斥的，即不存在相交、包含关系；这种特征是与随机事件或样本空间中的样本点之间的互斥性或完备事件组一致。这样，可达域的缓冲区可视为样本空间，而点邻域则为样本点。

4. 点邻域的物理意义

(1) 点邻域是一种离散空间结构。作为一种离散单元，点邻域可以认为是连续空间的一种离散结构，对应于 GIS 中的栅格数据结构。但值得一提的是，点邻域具有现实的物理大小，而不是一种单纯的与尺度无关的栅格数据结构。

(2) 点邻域是一种具有大小的现实对象模型。质点是邻域半径为 0 的点邻域，点邻域是质点的一种扩展。具有大小的点邻域较质点在模拟现实中的地理对象时更加接近地物。

(3) 点邻域影响着相遇概率。对于会面问题中两船不同时停泊一码头的案例，考虑到了轮船的大小，也就是说在同一个码头不能同时容纳有大小的两艘轮船。

由上可知，点邻域不仅仅具有模拟现实物体的功能，还在空间关系的计算中具有决定性的作用。

7.1.2 基于点邻域的相遇事件

两移动对象 α、β 基于点邻域的相遇，是 α、β 可达域的缓冲区的一类空间拓扑关系＝{相遇∪相交∪包含∪相等}，即两个缓冲区存在公共点。这种空间关系，在布尔时间地理中能回答两对象“是”或“否”相遇。

1. 点邻域的定义

当两个对象 α、β 的大小相较于可达域足够大时，可以采用一种点邻域表达。设：

(1) 移动对象 α、β 的可达域 $\Omega_a=\{L_{a,1},L_{a,2},\cdots\}$、$\Omega_b=\{L_{b,1},L_{b,2},\cdots\}$;

(2) Ω_a 的 r_a 邻域是 Ω_a 的半径为 r_a 的邻域,可以划分成若干点邻域 $NL_a(r_a)$,即 Ω_a 的 r_a 邻域$=\bigcup_i NL_{a,i}(r_a)$;类似地,Ω_b 的 r_b 邻域是 Ω_b 的半径为 r_b 的邻域,有 Ω_b 的 r_b 邻域$=\bigcup_j NL_{b,j}(r_b)$。这样,$NL_{a,i}(r_a)\cap NL_{a,j}(r_a)=\Phi$,$NL_{b,i}(r_b)\cap NL_{b,j}(r_b)=\Phi$,$i\neq j$。

点邻域是一种单元,可以是圆,也可以是矩形、六边形、TIN(triangulated irregular network,不规则三角网)、Voronoi 图等数据结构。在一个可达域上,只能采用一种点邻域单元。

2. 相遇点邻域的定义

1) 基于点邻域的相遇条件

设,对象 α、β 的点邻域半径分别为 r_a、r_b,则分别位于点 L_a、L_b 的对象 α、β 可相遇的几何条件是

$$|L_a-L_b|\leqslant(r_a+r_b),\ |*,*|\text{表示 * 与 * 两点之间的距离}$$

当 r_a、r_b 均趋于 0 时,则点邻域趋于质点,上述条件就退化为基于质点的相遇条件。

2) 相遇点邻域

根据基于点邻域的相遇条件,当固定 α 的点邻域 $NL_a(r_a)$[如圆(中心 L_a,半径 r_a)]时,则可与位于点 L_a 的对象 α 相遇的对象 β 所在的位置点 L_b 可有无穷个。这些点 L_b 位于点邻域圆(L_a,r_a+r_b)内,这种点邻域圆我们称为相遇点邻域圆(图 7.2)。

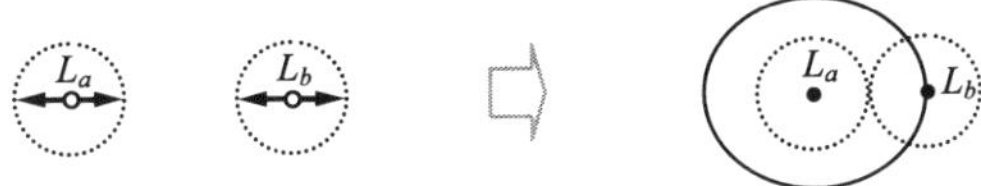

图 7.2 点邻域圆与相遇点邻域圆

Ω_a 的(r_a+r_b)邻域是 Ω_a 的半径为(r_a+r_b)的邻域,可以划分成若干相遇点邻域 $NL_a(r_a+r_b)$,即 Ω_a 的 r_a+r_b 邻域$=\bigcup_i NL_{a,i}(r_a+r_b)$;类似地,$\Omega_b$ 的(r_a+r_b)邻域$=\bigcup_j NL_{b,j}(r_a+r_b)$。有,$NL_{a,i}(r_a+r_b)\cap NL_{a,j}(r_a+r_b)=\Phi$,$NL_{b,i}(r_a+r_b)\cap NL_{b,j}(r_a+r_b)=\Phi$,$i\neq j$。

3) 点邻域与相遇点邻域的关系

相遇点邻域仍是一种点邻域,只是邻域半径发生了变化。例如,相遇点邻域 $NL_{a,i}(L_a,r_a+r_b)$就是以点 L_a 为中心以 r_a+r_b 为半径的点邻域。当对象 β 的邻域半径 r_b 很小时,则相遇邻域圆 $NL_{a,i}(L_a,r_a+r_b)$就趋近于 α 的点邻域圆 $NL_{a,i}(L_a,r_a)$。因此,相遇点邻域是点邻域的特例。值得一提的是,无论是点邻域还是相遇点邻域,都是中心点或质心点的特征,都是表示质心点的势力(影响)范围。

由于点邻域与相遇点邻域都与中心点、半径密切相关,因此在标记时需要给出。如果中心点、半径等变量在省略时不造成歧义,则在具体实例中可以省略,如 $NL_{a,b,i}$、$NL_{a,b,i}(L_a)$、$NL_{a,i}(r_a+r_b)$可以分别是 $NL_{a,i}(L_a,r_a+r_b)$的一种缩写。又如,$NL_{a,i}$、$NL_{a,i}(r_a)$、$NL_{a,i}(L_a)$可以分别是 $NL_{a,i}(L_a,r_a)$的一种缩写。

3. 基于点邻域的相遇事件

1) 一个点邻域的相遇事件

对于对象 α 的任一点邻域 $NL_{a,i}(r_a)$，可与对象 β 的 0 个、1 个或多个点邻域 $\bigcup_{k(i)=0,1,2,\cdots} NL_{b,k(i)}(r_b)$ 相遇，即相遇事件 $[NL_{a,i}(r_a)] \cap [\bigcup_{k(i)} NL_{b,k(i)}(r_b)]$。其中，$k(i)$ 是与 i 有关的函数。

(1) $NL_{a,i}(r_a)$ 与 $\bigcup_{k(i)} NL_{b,k(i)}(r_b)$ 分属于对象 α、β 的不同随机试验，因而无关；

(2) 在同一试验中，不同点邻域 $NL_{b,k(1)}(r_b)$ 与 $NL_{b,k(2)}(r_b)$ 是互斥的。

2) 多个点邻域的相遇事件

对于对象 α 的所有点邻域 $\{NL_{a,i}(r_a), i=1,\cdots,m\}$，则两对象 α、β 的相遇事件是 $\bigcup_i \left\{[NL_{a,i}(r_a)] \cap [\bigcup_{k(i)} NL_{b,k(i)}(r_b)]\right\}$。根据时间地理学的积事件特点，有：$\left\{[\bigcup_{k(1)} NL_{b,k(1)}(r_b \mid i)] \cap [NL_{a,i}(r_a)]\right\}$ 与 $\left\{[\bigcup_{k(2)} NL_{b,k(2)}(r_b \mid i)] \cap [NL_{a,l}(r_a)]\right\}$ 是互斥关系。

在现实世界中，一种简单的多点邻域相遇事件的例子：道路两侧按照一定距离 r 种植系列树，树冠之间相互连接，则道路一侧树上的爬行动物(如蛇)可以到达另一侧树上的鸟窝，或蛇与鸟窝相遇。这里，每棵树的树冠就是一个点邻域，其半径可以即设为 r。

4. 基于相遇点邻域的相遇事件

1) 一个相遇点邻域的相遇事件

对于对象 α 的任一相遇点邻域 $NL_{a,i}(r_a+r_b)$，可与对象 β 的可达域 Ω_b 中的 0 个、1 个或多个子域 $\bigcup_{k(i)} C_{b,k(i)}$ 相遇，$C_{b,k(i)} \subseteq \Omega_b$。这样，相遇事件是 $[NL_{a,i}(r_a+r_b)] \cap [\bigcup_{k(i)} C_{b,k(i)}]$，具有：

(1) $NL_{a,i}(r_a+r_b)$ 与 $\bigcup_{k(i)} C_{b,k(i)}$ 分属于对象 α、β 的不同随机试验，因而是无关事件；

(2) 同一试验中，不同子域 $C_{b,k(1)}$ 与 $C_{b,k(2)}$ 互斥。

2) 多个相遇点邻域的相遇事件

对于对象 α 的所有相遇点邻域 $\{NL_{a,i}(r_a+r_b), i=1,\cdots,m\}$，则两对象 α、β 的相遇事件是 $\bigcup_i \left\{[NL_{a,i}(r_a+r_b)] \cap [\bigcup_{k(i)} C_{b,k(i)}]\right\}$。根据时间地理学的积事件特点，有：$\left\{[NL_{a,1}(r_a+r_b)] \cap [\bigcup_{k(1)} C_{b,k(1)}]\right\}$ 与 $\left\{[NL_{a,2}(r_a+r_b)] \cap [\bigcup_{k(2)} C_{b,k(2)}]\right\}$ 是互斥关系。

由上可知，点邻域的相遇事件与相遇点邻域的相遇事件具有相同结构。

7.1.3 基于点邻域的相遇概率

基于点邻域的相遇概率是基于点邻域的相遇事件的概率。

1. 点邻域的概率

根据移动对象 α 的可达域 Ω_a 及其点邻域(NL_a)和概率密度函数 P_a，可以计算点邻域(NL_a)的概率 $=P_a$ 分布在($NL_a \cap \Omega_a$)上的概率累积值。值得一提的是，(相遇)点邻域的概率可以表征其中心点或质心点的概率。

1) 点状可达域的点邻域及其概率

由于点状可达域只含一个点[图 7.3(a)],因此也就只有一个可构建邻域的中心点,这样的邻域或缓冲区有正方形或矩形单元、圆等[图 7.3(b)]。这意味着,对于点状可达域,移动对象在点邻域的概率[图 7.3(d)]就是移动对象在点状可达域的概率[图 7.3(c)]。

图 7.3 点状可达域的点邻域及其概率

(a) 可达域;(b) 点邻域;(c) 概率密度;(d) 点邻域的概率

2) 线状可达域的点邻域及其概率

如果将线可达域上每个点扩展成一个点邻域,则存在无穷个互相覆盖的邻域;这些邻域的并可构成线的缓冲区。其中,每个邻域的概率等于其中心点的概率,也就是趋于 0。

一种构建线状可达域[图 7.4(a)]的点邻域的方法:确定点邻域的宽、高;以点邻域高度的一半作为半径构建线状可达域的缓冲区;沿着线可达域以点邻域宽度划分缓冲区为离散的点邻域[图 7.4(b)]。如果点邻域采用正方形栅格单元表示,则线状可达域的系列点邻域可形成走样的、光栅化的线;如果高度为 0,则形成的点邻域就退化为线段本身。

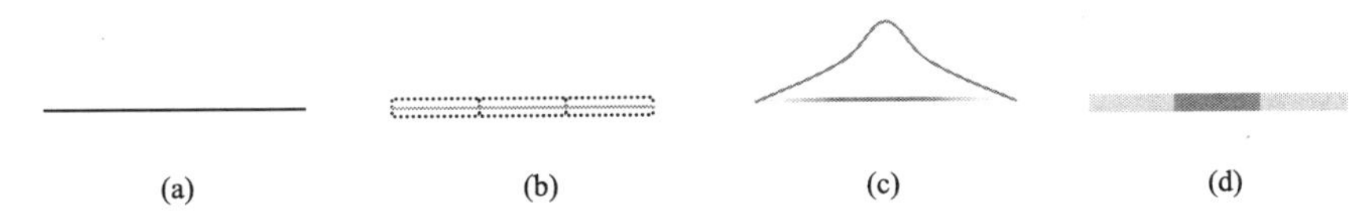

图 7.4 线状可达域的点邻域及其概率

(a) 可达域;(b) 点邻域;(c) 概率密度;(d) 点邻域的概率

由于每个点邻域包含有线状可达域,因此点邻域的概率=移动对象的概率密度函数[图 7.4(c)]分布在点邻域所包含的线状可达域部分上的累积概率[图 7.4(d)]。这样,线可达域上所有点邻域的概率和等于 1。

3) 面状可达域的点邻域及其概率

面状可达域同线状可达域一样,也包含无穷个点,因而也可构建无穷个互相覆盖的邻域。一种构建面状可达域[图 7.5(a)]的点邻域的方法:确定点邻域的宽、高;以 max{点邻域的宽,高}/2 为半径构建面的外缓冲区;在外缓冲区内以大小一致的点邻域为剖分单元构建场模型,每个单元(如正方形单元)就是其中心点的邻域[图 7.5(b)]。

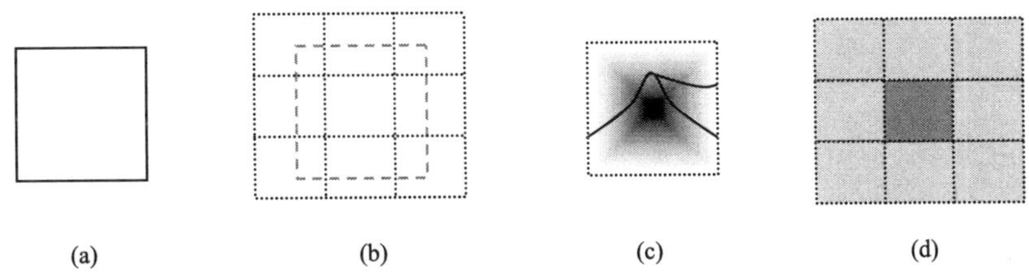

图 7.5 面状可达域的点邻域及其概率

(a) 可达域;(b) 点邻域;(c) 概率密度;(d) 点邻域的概率

由于每个点邻域包含有面状可达域，因此点邻域的概率＝移动对象的概率密度函数[图 7.5(c)]分布在点邻域所包含的面状可达域部分上的累积概率[图 7.5(d)]。这样，面可达域上所有点邻域的概率和等于 1。

2. 基于点邻域的相遇概率

1）一个点邻域的相遇概率

移动对象 α 的一个点邻域 $NL_{a,i}(r_a)$ 与对象 β 的相遇概率：

$$
\begin{aligned}
&P\left\{[NL_{a,i}(r_a)]\cap[\bigcup_{k(i)}NL_{b,k(i)}(r_b)]\right\} && NL_{a,i}(r_a)\text{ 与}[\bigcup_{k(i)}NL_{b,k(i)}(r_b)]\text{无关}\\
&=P_a[NL_{a,i}(r_a)]\cdot P_b\left\{\bigcup_{k(i)}NL_{b,k(i)}(r_b)\right\} && NL_{b,k(1)}(r_b)\text{ 与 }NL_{b,k(2)}(r_b)\text{ 互斥}\\
&=\sum_{k(i)}P_a[NL_{a,i}(r_a)]\cdot P_b[NL_{b,k(i)}(r_b)]
\end{aligned}
$$

2）多个点邻域的相遇概率

根据时间地理学的积事件概率公式，对象 α、β 基于点邻域的相遇概率：

$$
\begin{aligned}
P_{ab}&=P\left\{\bigcup_i\left\{[NL_{a,i}(r_a)]\cap[\bigcup_{k(i)}NL_{b,k(i)}(r_b)]\right\}\right\}\\
&=\sum_i P_a[NL_{a,i}(r_a)]\cdot P_b[\bigcup_{k(i)}NL_{b,k(i)}(r_b)]\\
&=\sum_i P_a[NL_{a,i}(r_a)]\cdot\sum_{k(i)}P_b[NL_{b,k(i)}(r_b)]
\end{aligned}
$$

例如，仍以蛇吃鸟蛋为例，进一步假设道路两侧分别种植 5 棵同样大小的树，现在已知一条蛇在一侧的一棵树上，另一侧的一棵树上有一枚鸟蛋。如果规定蛇不能在同一侧的不同树上自由移动，且一侧的树只与另一侧的一棵树相接，则蛇吃到鸟蛋的概率：

$$
\begin{aligned}
P_{ab}&=\sum_{\mathrm{i=1}}^{5}P_a[NL_{a,i}(r_a)]\sum_{\mathrm{k(i)=1}}^{1}P_b[NL_{b,k(i)}(r_b)]\\
&=\sum_{\mathrm{i=1}}^{5}0.2\sum_{\mathrm{k(i)=1}}^{1}0.2=0.2
\end{aligned}
$$

3. 基于相遇点邻域的相遇概率

1）一个相遇点邻域的相遇概率

对于移动对象 α 的任一相遇点邻域 $NL_{a,i}(r_a+r_b)$ 与对象 β 的相遇概率：

$$
\begin{aligned}
&P\left\{[NL_{a,i}(r_a+r_b)]\cap[\bigcup_{k(i)}C_{b,k(i)}]\right\} && NL_{a,i}(r_a+r_b)\text{ 与 }\bigcup_{k(i)}C_{b,k(i)}\text{ 无关}\\
&=P_a[NL_{a,i}(r_a+r_b)]\cdot P_b[\bigcup_{k(i)}C_{b,k(i)}] && C_{b,k(1)}\text{ 与 }C_{b,k(2)}\text{ 互斥}\\
&=\sum_{k(i)}P_a[NL_{a,i}(r_a+r_b)]\cdot P_b(C_{b,k(i)})
\end{aligned}
$$

这里，$C_{b,k}$ 概率 $P(C_{b,k})=P_b$ 分布在 $C_{b,k}$ 上的概率累积值。

2）多个相遇点邻域的相遇概率

根据时间地理学的积事件概率公式，对象 α、β 基于相遇点邻域的相遇概率：

$$
\begin{aligned}
P_{ab} &= P\Big\{\bigcup_i \Big\{[NL_{a,i}(r_a+r_b)]\cap[\bigcup_{k(i)} C_{b,k(i)}]\Big\}\Big\} \\
&= \sum_i P_a[NL_{a,i}(r_a+r_b)]\cdot P_b[\bigcup_{k(i)} C_{b,k(i)}] \\
&= \sum_i P_a[NL_{a,i}(r_a+r_b)]\cdot \sum_{k(i)} P_b[C_{b,k(i)}]
\end{aligned}
$$

4. 基于点邻域的相遇概率公式的特点

(1) 相遇点邻域是点邻域基于半径增大的一种扩展，因而基于相遇点邻域的相遇概率公式也是基于点邻域的相遇概率公式的扩展，主要是将 $NL_{b,k}(r_b \mid i)$ 扩展成 $C_{b,k}(i)$。因此，对于同一相遇事件，将可以有两种基于点邻域的相遇算法。

(2) 两个移动对象的邻域半径 r_a、r_b，是基于点邻域、相遇点邻域的相遇概率公式的基本参数，因而相遇概率是 r_a、r_b 的函数。

7.2　相遇概率的邻域法

相遇概率的邻域法是利用邻域工具分析两个移动对象相遇的可能性的方法，其主要特征是需要将连续分布的概率密度函数基于点邻域划分成离散分布的概率密度函数，因而是一种基于离散型概率密度函数的随机相遇概率算法。

7.2.1　算法基础

在时间地理学中，质点的邻域分为点邻域和相遇点邻域，因此基于邻域的相遇概率算法分为基于点邻域的相遇概率算法和基于相遇点邻域的相遇概率算法。两个移动对象之间的相遇根据对象可达域的几何形态还可分为：点-点、点-线、点-面、线-线、线-面和面-面等 6 种类型。

1. 相遇概率公式的简化

1) 基于点邻域的相遇概率公式化简

对于包含点状可达域的相遇类型中，有，$i=1, 0\leqslant k$，因此在点-点、点-线、点-面型等相遇事件中，基于点邻域的相遇概率公式 $P_{ab} = \sum_i P_a[NL_{a,i}(r_a)]\cdot P_b[\bigcup_{k(i)} NL_{b,k(i)}(r_b)]$，可简化为

$$
P_{ab} = P_a[NL_{a,1}(r_a)]\cdot P_b[\bigcup_{k(1)} NL_{b,k(1)}(r_b)] = 1\times P_b[\bigcup_{k(1)} NL_{b,k(1)}(r_b)]
$$

进一步，对于点-点型相遇，有 $i=1, 0\leqslant k\leqslant 1$。这样，基于点邻域的相遇概率：

$$
P_{ab} = P_b[\bigcup_{k(1)=1} NL_{b,k(1)}(r_b)] = P_b(NL_{b,1}(r_b))
$$

2) 基于相遇点邻域的相遇概率公式化简

对于点-点、点-线、点-面型等相遇事件中，基于相遇点邻域的相遇概率公式：

$$P_{ab} = \sum_i P_a[NL_{a,i}(r_a + r_b)] \cdot P_b[\bigcup_{k(i)} C_{b,k(i)}]$$

可简化为

$$\begin{aligned} P_{ab} &= \sum_{i=1} P_a[NL_{a,i}(r_a + r_b)] \cdot P_b[\bigcup_{k(i)} C_{b,k(i)}] \\ &= P_a[NL_{a,1}(r_a + r_b)] \cdot P_b[\bigcup_{k(1)} C_{b,k(1)}] \\ &= 1 \times P_b[\bigcup_{k(1)} C_{b,k(1)}] = \sum_{k(1)} P_b(C_{b,k(1)}) \end{aligned}$$

其中，点-点型基于相遇点邻域的相遇概率：$P_{ab} = \sum_{k(1)=1} P_b(C_{b,k(1)}) = P_b(C_{b,1})$

2. 相遇概率算法的步骤

根据基于(相遇)点邻域的相遇概率公式，相遇概率的基本算法主要可以分为两步：

1) 构建相遇事件

(1) 定义移动对象 α 的邻域 $NL_{a,i}$，包括点邻域 $NL_{a,i}(r_a)$ 和相遇点邻域 $NL_{a,i}(r_a + r_b)$，$i=1,2,3,\cdots$。

(2) 将任一单元 $NL_{a,i}$ 与另一移动对象 β 的可达域进行叠置分析并获得公共区域 C_i，C_i 可以空集。

这样，相遇事件为 $\bigcup\{NL_{a,i} \cap C_i\}$。

2) 构建相遇概率

计算点邻域的概率 $P_a(NL_{a,i})$ 与 $P_b(C_i)$。

这样，相遇概率 $\sum P_a(NL_{a,i}) \cdot P_b(C_i)$。

7.2.2　点-点型相遇的邻域法

点-点型的相遇是其他几何-几何相遇类型的基础。设：对象 α 在时刻 t 的可达域为 $\{L_a\}$，即点状可达域，因而，$P_a(L_a) = P_a[NL_a(r_a)] = P_a[NL_a(r_a + r_b)] = 1$。对象 β 在时刻 t 的可达域为 $\{L_b\}$，则 $P_b(L_b) = P_b[C_b] = 1, L_b \in C_b$。

1. 点-点型相遇概率特征

1) 点-点型相遇的质点型与点邻域型关系

当两空间对象都为质点时，相等、相交、相遇、包含等空间拓扑关系是两两等价的；从这个意义上讲，时间地理学中基于质点的相遇与空间拓扑关系中的相遇关系是统一的。

当空间对象足够大时，空间对象的点邻域之间的相等、相交、相遇、包含等拓扑关系则存在差异，它们共同构成了时间地理学中基于点邻域的相遇事件。

2) 点-点型相遇的布尔时间地理学与概率时间地理学的关系

布尔时间地理学的相遇是一种定性的描述，即采用{1=“是”，0=“否”}来描述两个移动对象相遇的可能性。概率时间地理学的相遇是一种定量的描述，即采用概率[0,1]来描述两个对象相遇的可能性。在两个对象 α、β 都为点状可达域时，布尔时间地理学相遇与概率时间地理学相遇一一对应：当对象 α、β 可能相遇时，布尔时间地理学回答“是”，对应于概率时间地理回答的“1”；当 α、β 不可能相遇时，布尔时间地理学回答“否”，对应于概率时间地理回答的“0”。从这个角度讲，布尔时间地理学是概率时间地理学的特例。

2. 点-点型相遇概率的算法

1）基于点邻域的相遇算法

（1）相遇事件：构建两个邻域圆 $NL_a(L_a,r_a)$、$NL_b(L_b,r_b)$[图 7.6(a)]，并判断两圆是否存在公共点[图 7.6(b)]；

（2）相遇概率：如果是，则概率＝1，否则＝0[图 7.6(c)]。

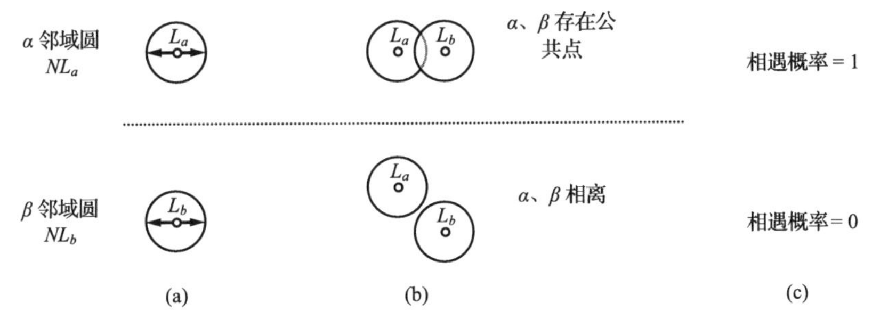

图 7.6　基于邻域圆的相遇算法

(a) 邻域圆；(b) 相遇事件；(c) 相遇概率

2）基于相遇点邻域的相遇算法

（1）相遇事件：构建相遇点邻域的圆 $NL_a(L_a,r_a+r_b)$[图 7.7(a)]，并判断 L_b 是否位于相遇邻域圆内[图 7.7(b)]；

（2）相遇概率：如果是，则概率＝1，否则＝0[图 7.7(c)]。

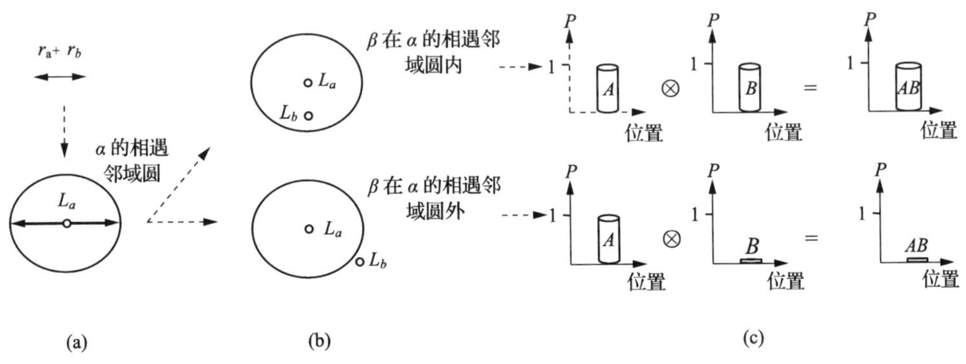

图 7.7　基于相遇邻域圆的相遇算法

(a) 相遇邻域圆；(b) 相遇事件；(c) 相遇概率

由上可知，在点-点型相遇中，基于点邻域的、基于相遇点邻域的概率算法结果相同，也等同于连续型概率的相遇算法。

7.2.3 点-线型相遇的邻域法

设：对象 α 在时刻 t 的可达域为 $\{L_a\}$，即点状可达域，因而，$P_a(L_a)=P_a[NL_a(r_a)]=P_a[NL_a(r_a+r_b)]=1$。对象 β 在时刻 t 的可达域为 S_b。

1. 点-线型相遇概率特征

1）两种不同的算法

对于点-线型相遇，基于相遇点邻域的算法结果具有唯一性；基于点邻域的算法结果则具有多样性，主要是由于点邻域划分可以具有多样性造成的。例如，对于同一点 L_a-线 S_b 型相遇事件[图 7.8(a)]，假设 β 分布 S_b 各位置点的概率相等，且 S_b 的邻域已知。则，①当将线 S_b 的邻域划分为了 3 个点邻域，$NL_{b,1}$，$NL_{b,2}$ 和 $NL_{b,3}$ 时[图 7.8(b)]，相遇概率为 1/3；②当将线 S_b 的邻域划分为了 4 个点邻域，$NL_{b,1}$，$NL_{b,2}$，$NL_{b,3}$ 和 $NL_{b,4}$ 时[图 7.8(c)]，相遇概率为(1/4)+ (1/4)=1/2。显然，两种不同的划分方法产生不同的相遇概率。

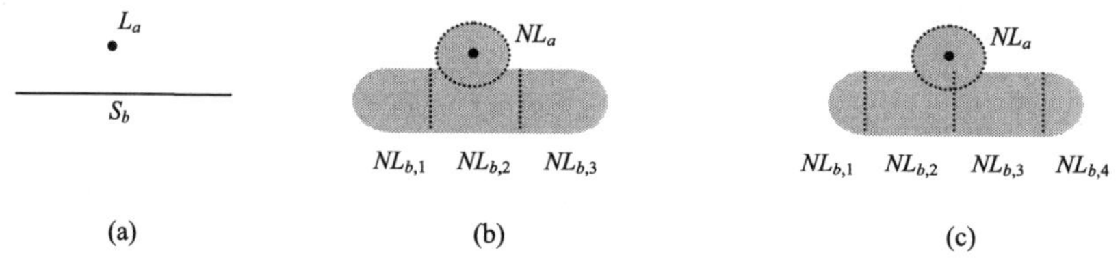

图 7.8 基于点邻域算法的多样性
(a) 相遇事件；(b) 划分法 1；(c) 划分法 2

类似地，点-面型的相遇问题中基于点邻域的相遇也具有多样性的结果，因此在点-面型、线-线型、线-面型、面-面型等相遇问题中只讨论基于相遇点邻域的问题。

2）点-线型相遇的布尔时间地理学

点-线型相遇的充要条件是点邻域与线邻域(或线缓冲区)存在公共点，或者，一个几何(如点)的相遇邻域是否包含另一个几何(如线)，从而可以回答布尔时间地理学中分别位于点、线可达域上的移动对象之间“是”或“否”相遇。

布尔时间地理学能从定性角度分析点-线型相遇的可能性。由于对象 β 的大小不完全或者不总是覆盖线状可达域 S_b 的全部，如火车不会覆盖整个铁路，因此对象 α 不总能与位于 S_b 上任一位置点的对象 β 相遇。这意味着，在布尔时间地理回答“是”的条件下，两对象相遇的概率不总是 1。

2. 点-线型相遇概率的算法

(1) 相遇事件：构建对象 α 的相遇点邻域圆 $NL_a(L_a, r_a+r_b)$，并与对象 β 的可达线 S_b 进行叠置以获得公共线段 $C=NL_a \cap S_b$。C 既可以是一段线，也可以是多段线或空集，因而可视为一个特殊的点邻域。这样，NL_a 与 C 的相遇事件：$NL_a \cap C$(图 7.9)。

(2) 相遇概率：在计算 β 分布在 C 上的概率值 $P_b(C)=\int_{l\in C} P_b(l)$ (也就是上底为 β 的

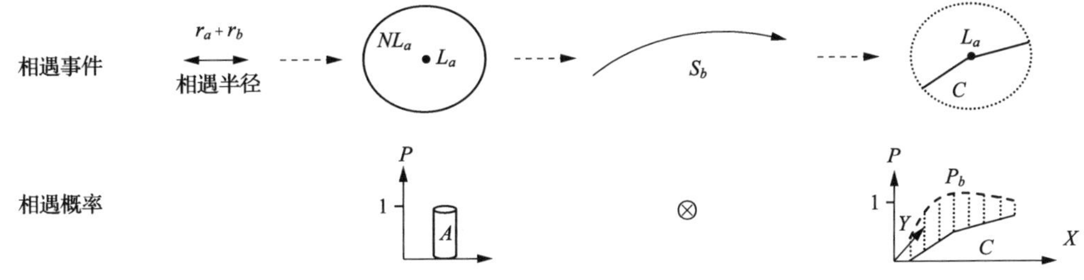

图 7.9　点-线型相遇的邻域法

概率密度函数 P_b、下底为 C 的梯形面积)基础上,可获得对象 α、β 的相遇概率 $P_a(NL_a)\cdot P_b(C)=1\cdot P_b(C)=P_b(C)$。

显然,对象 α 与 β 相离的距离越大,则线段 C 会越少,相遇的概率也随之减小(图 7.10)。

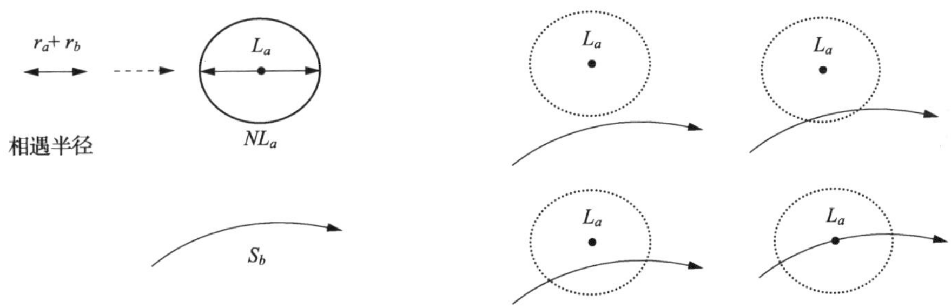

图 7.10　点-线型相遇的特征

3. 算法精度

根据连续型积分法,点-线型的相遇概率 $f_{01}(L_a;S_b)=\sum\limits_{L_{b,i}\in S_b}P_b(L_{b,i})\cdot f_{00}(L_a;L_{b,i})$,而 $f_{00}(L_a;L_{b,i})=\{0,1\}$,因此 $f_{01}(L_a;S_b)$ 就是与对象 α 有相遇关系的点 $L_{b,i}$ 的概率 $P_b(L_{b,i})$ 的累积值 $\sum\limits_{L_{b,i}\in S_b}P_b(L_{b,i})$。这样,$\sum\limits_{L_{b,i}\in S_b}P_b(L_{b,i})$ 与 $P_b(C)$相同,因此对于点-线型相遇概率离散型算法与连续型积分法本质上一致。

1) 实例 1

设 $r_a=2,r_b=1;L_a\in S_b,S_b=8$;定义 S_b 的一个端点为坐标原点 O,$x=OL_a=0$;$y=OL_b$,服从均匀分布(图 7.11)。

根据基于点邻域的相遇算法,相遇概率 $P_{ab}=P_a(NL_a)\cdot P_b(NL_{b,1})=1\times0.25=1/4$[图 7.11(a)];根据基于相遇点邻域的相遇算法,相遇概率 $P_{ab}=P_a(L_a)\cdot P_b(\{NL_{a,b}\}\cap S_b)=1\times(3/8)=3/8$[图 7.11(b)]。连续型算法的结果为 3/8。

2) 实例 2

设点 L_b 在线段 $S_b=[0,10]$上移动,L_a、$L_b\in S_b$;O 是 S_b 的一个端点,$x=OL_a=4$,$y=OL_b$,$r_a=1,r_b=1$;移动对象 β 分布在 S_b 上的概率记为 P_b。

(1) 设 P_b 是一均匀分布。根据基于点邻域的相遇算法,相遇概率 $P_{ab}=P_a(NL_a)\cdot$

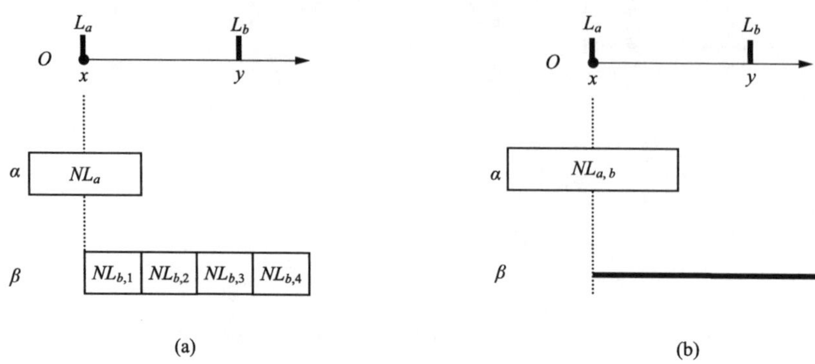

图 7.11　离散型相遇概率的邻域法实例

(a) 基于点邻域的相遇；(b) 基于相遇点邻域的相遇

$P_b(NL_{b,2})+P_a(NL_a)\cdot P_b(NL_{b,3})=1\times0.2+1\times0.2=0.4$[图 7.12(a)]；根据基于相遇点邻域的相遇算法，相遇概率 $P_{ab}=P_a(L_a)\cdot P_b(\{NL_{a,b}\}\cap S_b)=1\times(4/10)=0.4$ [图 7.12(b)]。连续型算法的结果为 0.4。

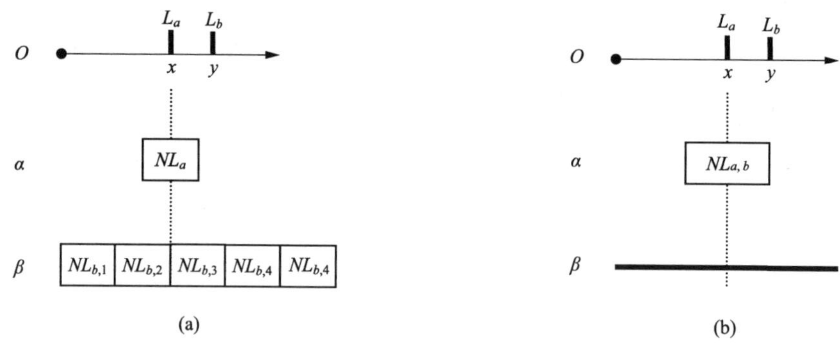

图 7.12　离散型相遇概率的邻域法实例

(a) 基于点邻域的相遇；(b) 基于相遇点邻域的相遇

(2) 设 P_b 是一非均匀分布，如三角形分布 $P_b(L_b=y;0,10,5)=\begin{cases}\dfrac{y}{25}, & 0\leqslant y\leqslant 5\\ \dfrac{10-y}{25}, & 5<y\leqslant 10\end{cases}$ [图 7.13(a)]。根据基于相遇点邻域的相遇算法，相遇概率 $P_{ab}=P_a(NL_a)\cdot P_b(\{NL_{a,b}\}\cap S_b)=P_b(\{NL_{a,b}\}\cap S_b)$。其中，$\{NL_{a,b}\}$、$\{NL_{a,b}\}\cap S_b$、$P_b(\{NL_{a,b}\}\cap S_b)$ 分别如图 7.13(b)、图 7.13(c)、图 7.13(d)所示。因此，有 $P_{ab}=0.6$。连续型算法的结果也为 0.6。

由上可知，连续型算法与基于相遇点邻域的离散型算法保持一致，与基于点邻域的离散型算法不总一致。这也是对 Winter 和 Yin(2011)的离散型相遇概率算法的一个重要补充：一方面提出了基于点邻域相遇算法的误差问题，即与连续型相遇算法(包括会面问题)存在差异；另一方面提出了一种基于相遇点邻域的离散型相遇概率计算方法。

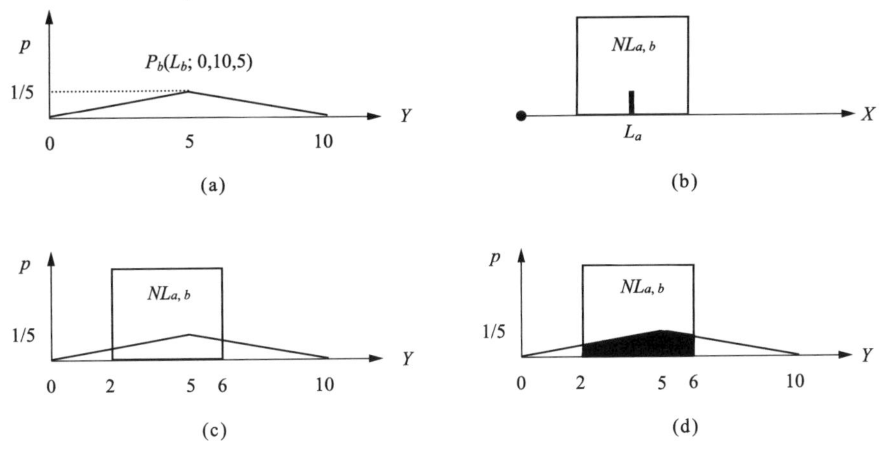

图 7.13　离散型相遇概率算法

7.2.4　点-面型相遇的邻域法

设:移动对象 α 在时刻 t 的可达域为$\{L_a\}$,即点状可达域,因而,$P_a(L_a)=P_a[NL_a(r_a)]=P_a[NL_a(r_a+r_b)]=1$;移动对象 β 在时刻 t 的可达域为 D_b。

1. 点-面型相遇概率特征

点-面型相遇的充要条件是:点邻域与面邻域(或面外缓冲区)(图 7.14b)存在公共点,或者,一个几何[图 7.14(a)的点 L_a]的相遇点邻域包含另一个几何(如面 D_b)[图 7.14(c)]。这种充要条件能回答布尔时间地理学中分别位于点、面可达域上的移动对象之间"是"或"否"相遇。

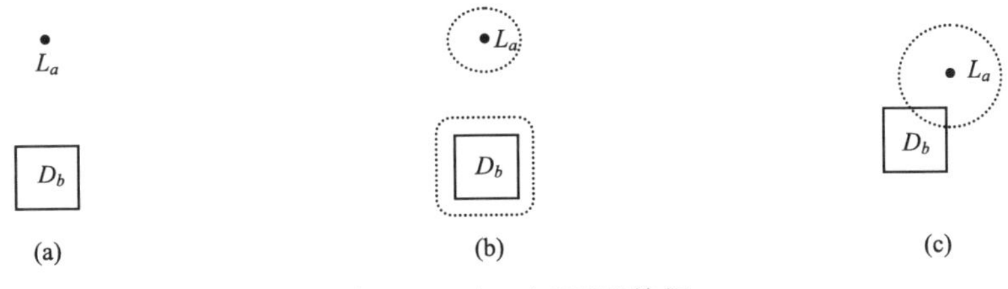

图 7.14　点-面型相遇特征

(a) 可达域;(b) 邻域;(c) 相遇事件

布尔时间地理学从定性角度分析了点-面型相遇的可能性。由于对象 β 的大小不完全或者不总是覆盖面状可达域 D_b 的全部,如手机基站不会覆盖整个城市,因此对象 α 不总能与位于 D_b 上任一位置点的对象 β 相遇。这意味着,在布尔时间地理学回答"是"的条件下,两对象相遇的概率不总是 1。

2. 点-面型相遇的概率算法

(1) 相遇事件:构建对象 α 的相遇点邻域 $NL_a(L_a, r_a+r_b)$,并与对象 β 的可达域 D_b

进行叠置以获取公共的区域 $C=NL_a\cap D_b$，C 可为空集(图 7.15)。这样，点-面型相遇事件可转换为 $NL_a\cap C$。

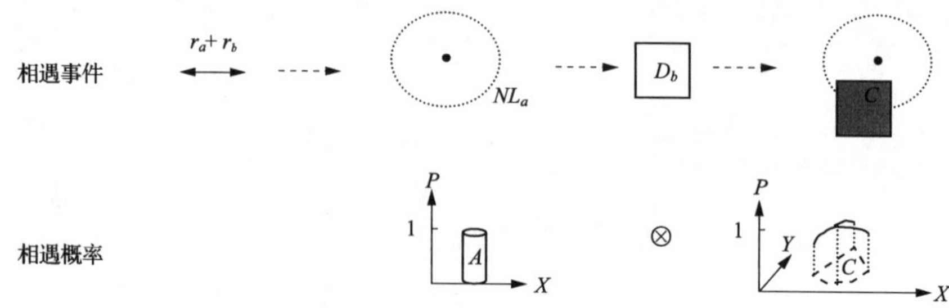

图 7.15　点-面型相遇的邻域法

(2) 相遇概率：在计算 β 分布在 C 上的概率值 $P_b(C)=\int_{l\in C}P_b(l)$ 基础上，可获得对象 α、β 的相遇概率 $P_a(NL_a)\cdot P_b(C)=1\cdot P_b(C)=P_b(C)$。

3. 算法精度

根据连续型积分法，点-面的相遇概率 $f_{02}(L_a;D_b)=\sum_{L_{b,i}\in D_b}P_b(L_{b,i})\cdot f_{00}(L_a;L_{b,i})$。由于 $f_{00}(L_a;L_{b,i})=\{0,1\}$，因此 $f_{01}(L_a;D_b)$ 就是与对象 α 有相遇关系的点 $L_{b,i}$ 的概率 $P_b(L_{b,i})$ 的累积值，即 $\sum_{L_{b,i}\in D_b}P_b(L_{b,i})$。这样，$\sum_{L_{b,i}\in D_b}P_b(L_{b,i})$ 与 $P_b(C)$ 相同。这意味着，对于点-面型相遇，离散型邻域法与连续型积分法本质上一致，计算的结果都是对象 β 分布在以 L_a 为中心的相遇点邻域内的概率累积值。这种特征类似于点-线型相遇中离散型邻域法与连续型积分法，因而基于相遇点邻域的邻域法与积分法的实例在结果上也会一致，这里将不再重复。

7.2.5　线-线型相遇的邻域法

线-线型的相遇问题是两对象在网络空间(如交通网)相遇问题的基础。设对象 α 在时刻 t 的可达域为线 S_a，对象 β 在时刻 t 的可达域为 S_b。

1. 线-线型相遇概率特征

线-线型相遇的充要条件是线邻域(或线缓冲区)之间存在公共点，或者，一条线的相遇邻域是否包含另一条线，从而可以回答布尔时间地理学中分别位于两个线可达域上的移动对象之间“是”或“否”相遇。由于对象 α、β 的大小并不完全或者不总是覆盖各自线状可达域 S_a、S_b 的全部，因此 α、β 不总能相遇。这意味着，在布尔时间地理学回答“是”的条件下，两对象相遇的概率不总是 1。

2. 线-线型相遇概率的算法

(1) 相遇事件：构建 α 的相遇点邻域单元 $NL_{a,i}(L_{a,i},r_a+r_b)$，$i=1,2,3,\cdots$[图 7.16(a)、

图7.16(b)]。通过$NL_{a,i}$与线S_b的叠置以获得线段$C_i=S_b\cap NL_{a,i}$,C_i可为空集[图7.16(c)]。这样,$NL_{a,i}$与C_i的相遇事件$NL_{a,i}\cap C_i$,则对象α、β的相遇事件$\cup\{NL_{a,i}\cap C_i\}$。

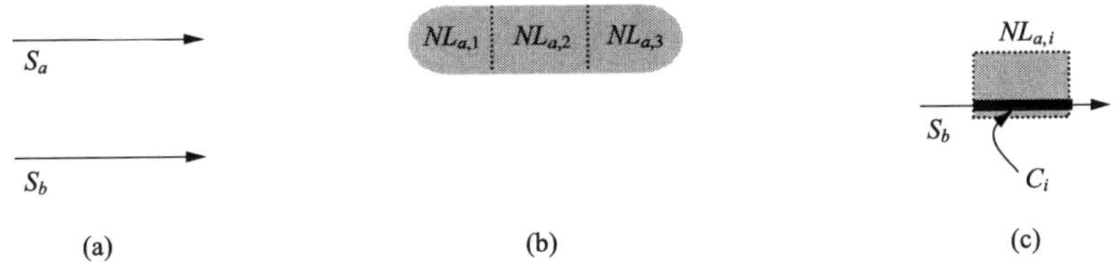

图7.16　基于相遇邻域的相遇事件

(a) 可达域;(b) 相遇点邻域;(c) 相交测试

(2) 相遇概率:在分别求出$P_a(NL_{a,i})$与$P_b(C_i)$基础上,可获得对象α、β的相遇概率$\sum P_a(NL_{a,i})\cdot P_b(C_i)$。

3. 算法精度

1) P_a与P_b都为均匀分布

设对象α、β的可达域S_a、S_b位于同一直线上,S_a、S_b的左端点坐标分别为x_0、y_0。

(1) 设$x_0=0$,$y_0=0$,$S_a=S_b=10$,则相遇概率$p(r_a,r_b)$,见表7.1。

表7.1　线-线型相遇概率算法实例

序号	r_a	r_b	连续型:$p(r_a,r_b)$	相遇点邻域离散型:$p(r_a,r_b)$	误差
1	1	1	36%	36%	0
2	2	1	51%	46%	−5%

对于$r_a=r_b=1$,根据相遇点邻域法(图7.17),相遇概率$=P_a(NL_{a,b,1})\cdot P_b(C_{b,1})+P_a(NL_{a,b,2})\cdot P_b(C_{b,2})+P_a(NL_{a,b,3})\cdot P_b(C_{b,3})+P_a(NL_{a,b,4})\cdot 0=0.2\times 0.2+0.4\times 0.4+0.4\times 0.4=0.36$。

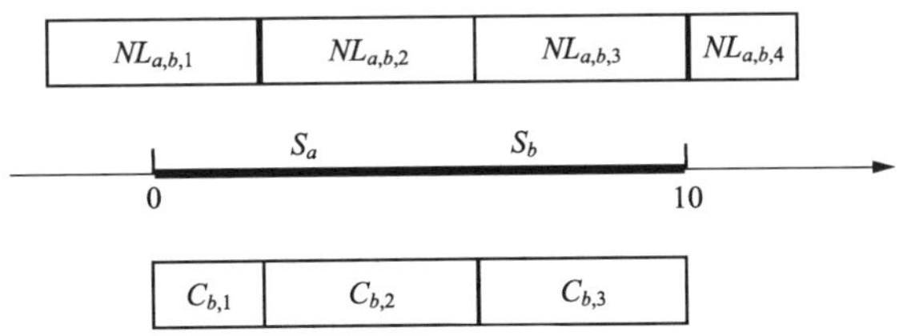

图7.17　线-线型相遇点邻域法实例

(2) 设$x_0=0$,$y_0=(0,2)$,$S_a=S_b=10$,$r_a=r_b=1$,则相遇概率$p(y_0)$(表7.2)。

表7.2　线-线型相遇概率算法实例

序号	y_0	连续型:$p(y_0)$	相遇点邻域离散型:$p(y_0)$	误差
1	0.5	35.75%	35%	−0.75%
2	1	35%	34%	−1%
3	1.5	33.75%	33%	−0.75%

以 $y_0=1$ 为例，图 7.18 是相遇点邻域的划分。相遇概率 $p(y_0)=P_a(NL_{a,b,1})\cdot P_b(C_{b,1})+P_a(NL_{a,b,2})\cdot P_b(C_{b,2})+P_a(NL_{a,b,3})\cdot P_b(C_{b,3})+P_a(NL_{a,b,4})\cdot P_b(C_{b,4})=0.2\times0.1+0.4\times0.4+0.4\times0.4+0\cdot P_b(C_{b,4})=0.34$。其中，相遇点邻域 $NL_{a,b,4}$ 位于 S_a 的部分为 0，根据几何概型，有 $P_a(NL_{a,b,4})=0$。由此可见，离散型算法，无论采用点邻域还是相遇点邻域都不可避免造成误差；这也凸显了连续型算法的精准性和必要性。

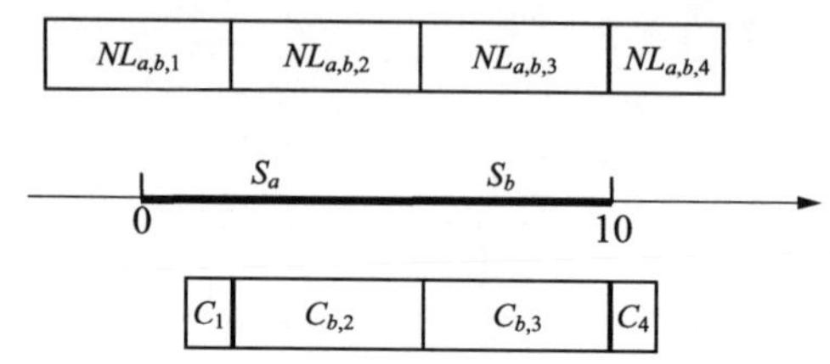

图 7.18 线-线型相遇点邻域法实例

(3) 在 $x_0=0, y_0=[2,7], S_a=S_b=10, r_a=r_b=1$ 条件下，相遇概率 $p(y_0)$（表 7.3）。

表 7.3 线-线型相遇概率算法实例

序号	y_0	连续型：$p(y_0)$	相遇点邻域离散型：$p(y_0)$	误差
1	2	32%	32%	0
2	3	28%	28%	0
3	5	20%	20%	0
4	7	12%	12%	0

值得一提的是，位于同一曲线上的 S_a、S_b 在 P_a 与 P_b 均匀分布下，需要考虑起点 x_0、y_0 不对齐以及 S_a、S_b 的长度不一致等问题。在非均匀分布下，可以在 $\{S_a-S_b\}$ 与 $\{S_b-S_a\}$ 线段部分设置概率为 0；这样，可以认为 $S_a\cup S_b$ 是 α、β 的可达域，只是 α 分布在 $\{S_b-S_a\}$ 处的概率为 0，β 分布在 $\{S_a-S_b\}$ 处的概率为 0。

2) P_a 为均匀分布和 P_b 为非均匀分布

设，$S_a=S_b=[0,10], r_a=r_b=1$。

首先，确定 P_b 为三角形分布 $P_b(L_b=x;0,10,5)=\begin{cases}\dfrac{x}{25}, & 0\leqslant x\leqslant 5\\ \dfrac{10-x}{25}, & 5<x\leqslant 10\end{cases}$ [图 7.19(a)]。

其次，划分 S_a 的相遇点邻域，并确定 S_b 位于各相遇点邻域的部分[图 7.19(b)]。在此基础上，根据 P_a、P_b，分别确定对象 α、β 分布在相遇点邻域中的概率值。对于从左到右的三个相遇点邻域，对象 α 的概率分别为 $P_a(NL_{a,b,1})=0.2$、$P_a(NL_{a,b,2})=0.4$、$P_a(NL_{a,b,3})=0.4$；对象 β 的概率分别为 $P_b(C_{b,1})=2/25$、$P_b(C_{b,2})=15/25$、$P_b(C_{b,3})=8/25$[图 7.19(c)]。其中，$P_b(C_{b,i})$ 表示三角形分布函数在区间 $C_{b,i}$ 的概率累积值，$i=1,2,3$。

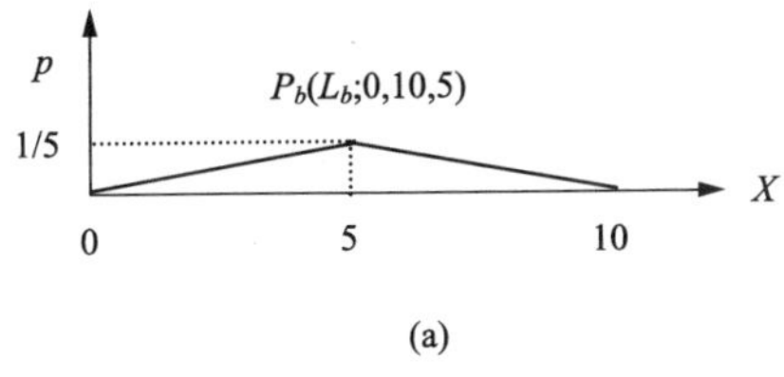

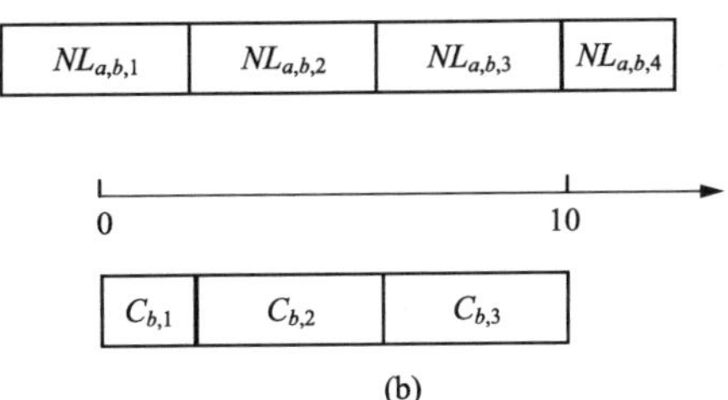

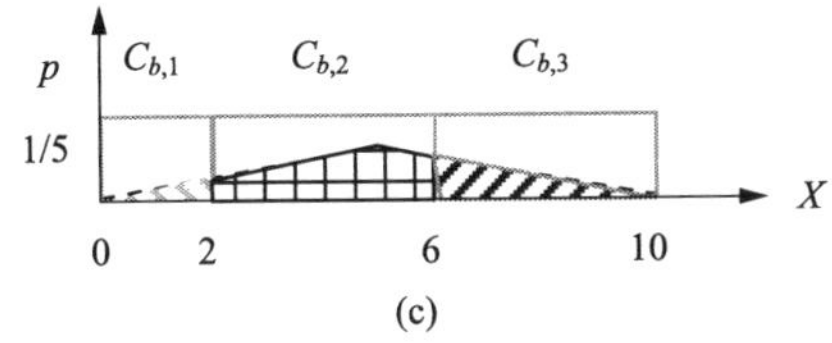

图 7.19　离散型相遇算法实例

(a) 三角形分布；(b) 相遇点邻域；(c) 点邻域的概率

最后，根据线-线型相遇概率的算法，有相遇概率：

$$
\begin{aligned}
P_{ab} &= P_a(NL_{a,b,1}) \cdot P_b(C_{b,1}) + P_a(NL_{a,b,2}) \cdot P_b(C_{b,2}) + P_a(NL_{a,b,3}) \cdot P_b(C_{b,3}) \\
&\quad + P_a(NL_{a,b,4}) \cdot 0 \\
&= 0.2 \times 2/25 + 0.4 \times 15/25 + 0.4 \times 8/25 = 0.384
\end{aligned}
$$

相遇概率值 0.384，与微分型的结果 0.38933 一致，算法复杂度小。

3) P_a 与 P_b 都是非均匀分布

设 $S_a = S_b = [0,10]$；$r_a = r_b = 1$

$$
\text{三角形分布：} P(x;0,10,5) = \begin{cases} \dfrac{x}{25}, & 0 \leqslant x \leqslant 5 \\ \dfrac{10-x}{25}, & 5 < x \leqslant 10 \end{cases}
$$

划分 S_a、S_b 的相遇点邻域[0,2]、[2,6]、[6,10]。确定对象 α 或 β 分布在相遇点邻域中的概率值 2/25、15/25、8/25。根据线-线相遇概率的算法，相遇概率：

$$
P_{ab} = 2/25 \times 2/25 + 15/25 \times 15/25 + 8/25 \times 8/25 = 0.4688
$$

这样，离散型相遇概率值 0.4688，是连续型相遇概率 0.4970666 的估计。显然，离散型算法复杂度小。

7.2.6　线-面型相遇的邻域法

设对象 α 在时刻 t 的可达域为线 S_a，对象 β 在时刻 t 的可达域为 D_b。

1. 线-面型相遇概率特征

线-面型相遇的充要条件是线邻域（或线缓冲区）与面邻域（或面缓冲区）之间存在公共点，或者，线的相遇邻域是否包含面，从而可以回答布尔时间地理学中分别位于线、面可达域上的移动对象之间“是”或“否”相遇。由于对象 α、β 的大小并不完全或者不总是覆盖

各自可达域 S_a、D_b 的全部，因此两对象 α、β 不总能相遇，即相遇概率不总为 1。这意味着，在布尔时间地理学回答"是"的条件下，两对象相遇的概率不总是 1。

2. 线-面型相遇的概率算法

1) 基于线相遇点邻域的相遇算法

(1) 相遇事件：构建 α 的相遇点邻域单元 $NL_{a,i}(L_{a,i},r_a+r_b)$，$i=1,2,3,\cdots$[图 7.20(a)、图 7.20(b)]。将每一单元 $NL_{a,i}$ 与面 D_b 进行叠置，以获得公共的区域 $C_i=NL_{a,i}\cap D_b$，C_i 可为空集[图 7.20(c)]。这样，$NL_{a,i}$ 与 C_i 的相遇事件 $NL_{a,i}\cap C_i$，则对象 α、β 的相遇事件 $\bigcup\{NL_{a,i}\cap C_i\}$。

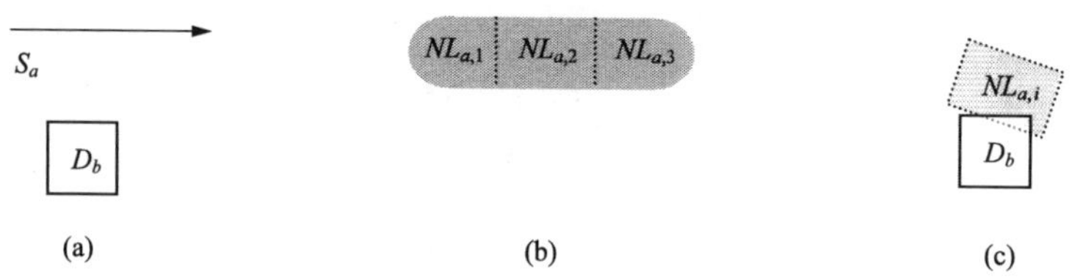

图 7.20　基于线相遇邻域的相遇事件

(a) 可达域；(b) 相遇点邻域；(c) 相遇事件

(2) 相遇概率：在分别求出 $P_a(NL_{a,i})$ 与 $P_b(C_i)$ 基础上，可获得对象 α、β 的相遇概率 $\sum P_a(NL_{a,i})\cdot P_b(C_i)$。

2) 基于面相遇点邻域的相遇算法

(1) 相遇事件：构建对象 β 的相遇点邻域单元 $NL_{b,j}(L_{b,j},r_a+r_b)$，$j=1,2,3,\cdots$[图 7.21(a)、(b)]；将每一单元 $NL_{b,j}$ 与 S_a 进行叠置，以获得公共的线段 $C_j=S_a\cap NL_{b,j}$[图 7.21(c)]。这样，$NL_{b,j}$ 与 C_j 的相遇事件 $NL_{b,j}\cap C_j$，则对象 α、β 的相遇事件 $\bigcup\{NL_{b,j}\cap C_j\}$。

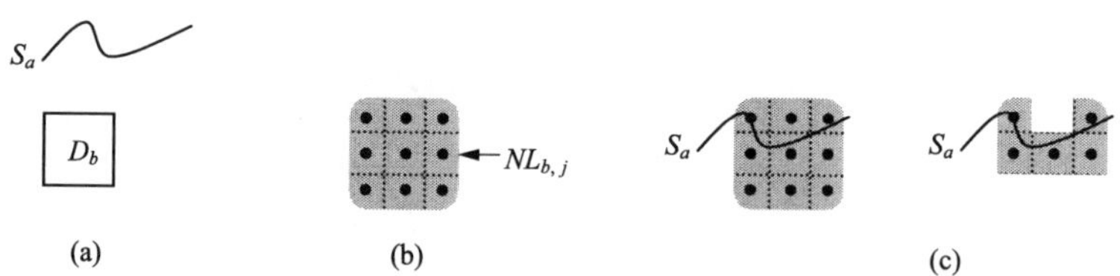

图 7.21　基于面相遇邻域的相遇事件

(a) 可达域；(b) 相遇点邻域；(c) 相遇事件

(2) 相遇概率：在分别求出 $P_a(C_j)$ 与 $P_b(NL_{b,j})$ 基础上，可获得对象 α、β 的相遇概率 $\sum P_a(C_j)\cdot P_b(NL_{b,j})$。

3. 算法精度

设，$S_a\subseteq D_b$，$D_b=10\times10$ 的正方形，线 S_a 为正方形的中轴线[图 7.22(a)]，$r_a=r_b=1$。为了简单起见，相遇点邻域采用正方形代替圆。

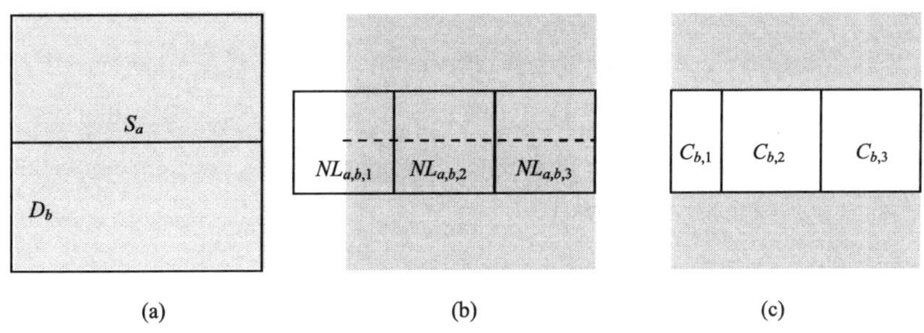

图 7.22　基于相遇点邻域的实例

(a) 可达域；(b) 相遇点邻域；(c) 相交子域

1) P_a 与 P_b 都为均匀分布

首先，构建线 S_a 的相遇点邻域[图 7.22(b)]及其各相遇点邻域与 D_b 的相交区域 $C_{b,1}$、$C_{b,2}$和 $C_{b,3}$[图 7.22(c)]。

然后，根据 P_a、P_b，分别确定对象 α、β 分布在相遇点邻域中的概率值。对于从左到右的三个相遇点邻域，对象 α 的概率分别为 $P_a(NL_{a,b,1})=0.2$、$P_a(NL_{a,b,2})=0.4$、$P_a(NL_{a,b,3})=0.4$；对象 β 的概率分别为 $P_b(C_{b,1})=0.08$、$P_b(C_{b,2})=0.16$、$P_b(C_{b,3})=0.16$。

最后，根据线-面型基于线相遇点邻域的相遇算法，有相遇概率：

$$
\begin{aligned}
P_{ab} &= P_a(NL_{a,b,1})\cdot P_b(C_{b,1})+P_a(NL_{a,b,2})\cdot P_b(C_{b,2})+P_a(NL_{a,b,3})\cdot P_b(C_{b,3}) \\
&= 0.2\times 0.08+0.4\times 0.16+0.4\times 0.16 \\
&= 0.144
\end{aligned}
$$

结果与微分型的一致。

2) P_b 为均匀分布和 P_a 为非均匀分布

首先，确定三角形分布 P_a：

$$
P_a(L_a=x;0,10,5)=\begin{cases}\dfrac{x}{25}, & 0\leqslant x\leqslant 5\\[2mm] \dfrac{10-x}{25}, & 5<x\leqslant 10\end{cases}\quad [\text{图 } 7.23(\text{a})]
$$

然后，划分 S_a 的相遇点邻域[图 7.23(b)]，并确定 S_b 位于各相遇点邻域的部分。根据 P_b 的均匀分布，利用几何概型可以确定对象 β 分布在相遇点邻域中的概率：$P_b(C_{b,1})=0.08$、$P_b(C_{b,2})=0.16$、$P_b(C_{b,3})=0.16$[图 7.23(c)]。根据 P_a 的三角形分布，对象 α 分布在相遇点邻域中的概率：

$$
P_a(NL_{a,b,1})=2/25、P_a(NL_{a,b,2})=15/25、P_a(NL_{a,b,3})=8/25
$$

最后，根据线-面型基于线相遇点邻域的相遇算法，有相遇概率：

$$
\begin{aligned}
P_{ab} &= P_a(NL_{a,b,1})\cdot P_b(C_{b,1})+P_a(NL_{a,b,2})\cdot P_b(C_{b,2})+P_a(NL_{a,b,3})\cdot P_b(C_{b,3}) \\
&= 2/25\times 0.08+15/25\times 0.16+8/25\times 0.16 \\
&= (1/25+15/25+8/25)\times 0.16 \\
&= 0.1536 \approx 0.16
\end{aligned}
$$

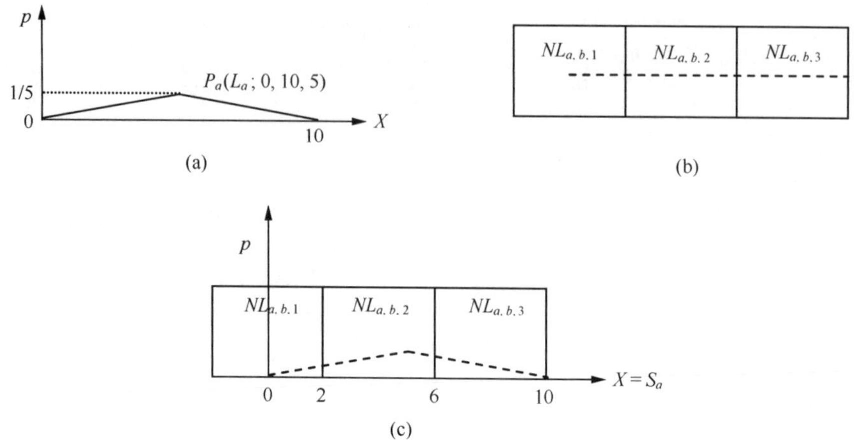

图 7.23　离散型相遇概率算法实例

(a) 三角形分布；(b) 相遇点邻域；(c) 相遇点邻域上的概率

相遇概率值 0.1536，与微分型的结果 0.15573 接近，算法复杂度小。

由上可知，基于线相遇点邻域的相遇算法与连续型算法基本一致。

7.2.7　面-面型相遇的邻域法

设对象 α、β 在时刻 t 的可达域分别为 D_a、D_b。

1. 面-面型相遇概率特征

面-面型相遇的充要条件是面邻域（或面的外缓冲区）之间存在公共点，或者，一个面的相遇邻域是否包含另一个面，从而可以回答布尔时间地理中分别位于面、面可达域上的移动对象之间“是”或“否”相遇。由于对象 α、β 的大小并不完全或者不总是覆盖各自可达域 D_a、D_b 的全部，因此两对象 α、β 不总能相遇，即相遇概率不总为 1。这意味着，在布尔时间地理回答“是”的条件下，两对象相遇的概率不总是 1。

2. 面-面型相遇的概率算法

(1) 相遇事件：构建对象 α 的相遇点邻域单元 $NL_{a,i}(L_{a,i}, r_a+r_b)$，$i=1,2,3,\cdots$。将每一单元 $NL_{a,i}$ 与面 D_b 进行叠置，以获得公共的区域 $C_i=NL_{a,i}\cap D_b$，C_i 可为空集（图 7.24）。这样，$NL_{a,i}$ 与 C_i 的相遇事件 $NL_{a,i}\cap C_i$，则对象 α、β 的相遇事件 $\bigcup\{NL_{a,i}\cap C_i\}$。

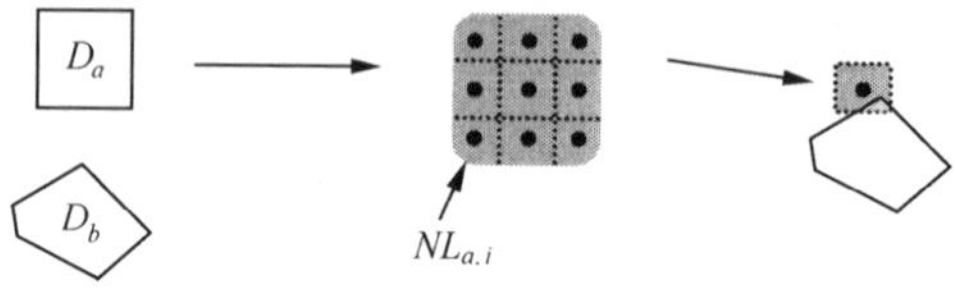

图 7.24　基于相遇点邻域的相遇事件

(2) 相遇概率：在分别求出 $P_a(NL_{a,i})$ 与 $P_b(C_i)$ 基础上，可获得对象 α、β 的相遇概率 $\sum P_a(NL_{a,i})\cdot P_b(C_i)$。

3. 实例1

设,$D_b \subseteq D_a$,且D_a与D_b同中心点O;$D_a=10\times10$的正方形;$D_b=5\times5$的正方形(图7.25a);$r_a=r_b=1$。为了简单起见,相遇点邻域采用正方形代替圆。

1) P_a与P_b都为均匀分布

首先,构建面D_b的半径为2的外缓冲区[图7.25(b)],并将面D_b外缓冲区剖分为相遇点邻域矩形[图7.25(c)]。

然后,计算对象α、β分布在各相遇点邻域的概率。根据几何概型,对象β分布在各相遇点邻域的概率:$P_b(NL_{a,b,1})$、$P_b(NL_{a,b,2})$、$P_b(NL_{a,b,3})$、$P_b(NL_{a,b,4})$[图7.25(d)];对象α分布在各相遇点邻域的概率:$P_a(C_{b,1})$、$P_a(C_{b,2})$、$P_a(C_{b,3})$、$P_a(C_{b,4})$[图7.25(e)]均为0.16。显然,对象β分布在与D_b无交点的5个相遇点邻域的概率为0。

最后,根据面-面型相遇概率算法,有相遇概率:

$$
\begin{aligned}
P_{ab} &= P_a(NL_{a,b,1})\cdot P_b(C_{b,1})+P_a(NL_{a,b,2})\cdot P_b(C_{b,2})+P_a(NL_{a,b,3})\cdot P_b(C_{b,3}) \\
&\quad +P_a(NL_{a,b,4})\cdot P_b(C_{b,4}) \\
&=[P_b(NL_{a,b,1})+P_b(NL_{a,b,2})+P_b(NL_{a,b,3})+P_b(NL_{a,b,4})]\times0.16 \\
&=1\times0.16=0.16。
\end{aligned}
$$

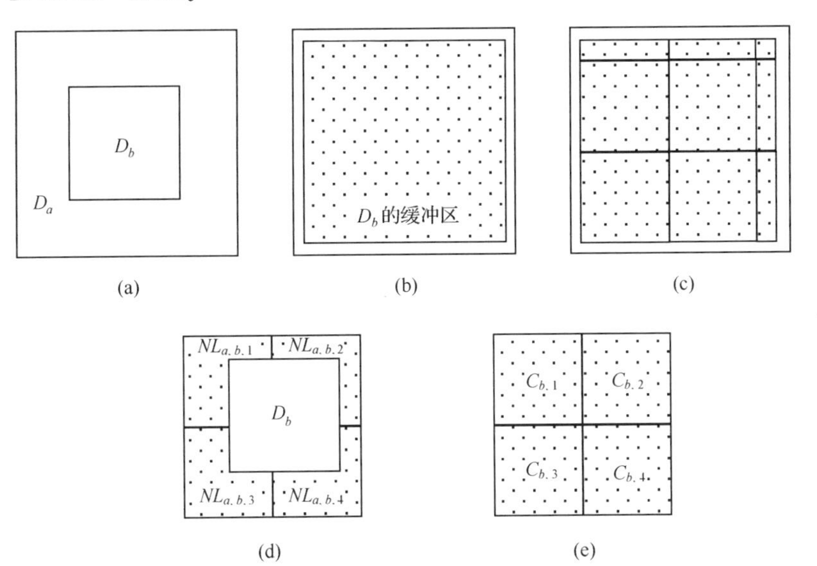

图7.25　基于相遇点邻域的相遇实例

(a)可达域;(b)邻域;(c)剖分;(d)点邻域的概率;(e)相交子域

2) P_a为均匀分布和P_b为非均匀分布

由上述算法可知,有:

$$P_{ab}=[P_b(NL_{a,b,1})+P_b(NL_{a,b,2})+P_b(NL_{a,b,3})+P_b(NL_{a,b,4})]\times0.16=1\times0.16$$

这意味着,在该实例中,相遇概率P_{ab}与P_b的概率密度函数无关,只需要P_b位于D_b的概率累积值为1,则相遇概率就为0.16。显然,任何概率密度函数都具有这一条件。因此,在该实例中,面-面相遇基于离散型算法和基于连续型算法的结果一致。

4. 实例 2

设，$D_b=D_a$，$D_a=10\times10$ 的正方形[图 7.26(a)]。构建 D_b 的半径为 2 的外缓冲区[图 7.26(b)]，并划分边长为 4 的相遇点邻域正方形[图 7.26(c)]。这里，仅考虑 P_a 与 P_b 都为均匀分布的情形。

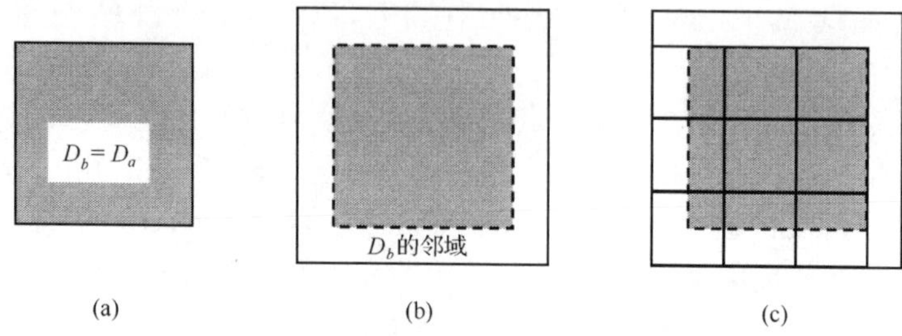

图 7.26 基于相遇点邻域的相遇实例
(a) 可达域；(b) 邻域；(c) 相遇点邻域

根据基于相遇点邻域的相遇算法，有相遇概率 $P_{ab}=(4\times4+8\times8\times4+16\times16\times4)/10000=0.1296$。该结果与连续型算法的相遇概率 0.1296 一致。

7.3 离散型算法的特点

1. 连续型算法与离散型算法的关系

1）相同点

（1）离散与连续是数学上的两个紧密联系、相互转化的概念。两者是同一事物的两种不同的描述方法，在本质上一致。数学上的连续概率密度函数与离散概率密度函数之间，GIS 中的连续空间数据模型与离散空间数据模型之间都可以等效地相互转换。因此，对于同一相遇事件，在理论上离散型算法与连续型算法之间在本质上一致。

（2）在离散型算法中，（相遇）点邻域上的概率值既可以来自于连续型概率分布，也可以来自于离散型概率分布，两者是等效的。

（3）离散型算法与连续型算法，在公式形式上都是全概率公式，只是前者采用求和符号Σ，后者采用积分号$\int$。事实上，Σ与$\int$都是英文单词“sun”的第一个字母的变体。

2）不同点

在理论上，连续型算法可以计算任意条件下的相遇概率，与几何形状、移动对象在可达域的概率分布无关。然而，由于几何形状、移动对象概率分布的差异，造成连续型算法计算的复杂性不同。因此，对于连续型算法往往假设移动对象的概率分布是简单的类型，如几何概型、三角形分布等。其中，坐标系法只适合于几何概型。这就催生了相遇概率的离散方法。

2. 离散型算法的特点

相较于连续型算法，离散方法具有如下特点：

(1) 离散型算法具有灵活性、简便性特征，主要体现在对移动对象的概率分布、几何形态方面无特殊要求。

(2) 离散型算法复杂度小，它将复杂的相遇问题通过离散点邻域的方式分解成点邻域的相遇问题，大大降低了算法的复杂性，也为粗略计算复杂相遇问题提供了通用的方法。在连续型相遇算法中的积分法、微分法可能面对复杂的、甚至难以解决的积分问题。这样的问题，在离散型邻域法中通过点邻域的划分，被离散成点邻域上的相遇问题之和。因而，相遇概率的计算只需要关注单个点邻域的相遇概率，从而大大化简了相遇概率的计算。

(3) 离散型算法的精度不稳定(表 7.4)，在结果值上往往小于连续型，因而能用于相遇概率的粗略估计。

表 7.4　连续型算法与离散型算法的有效性比较

	连续型算法	离散型算法	离散型算法误差
点-点相遇	√	√	无误差
点-线相遇	√	√	无误差
点-面相遇	√	√	无误差
线-线相遇	√	√	较小无误差
线-面相遇	√	√	有误差
面-面相遇	√		有误差

3. 离散型算法的未来发展

(1) 离散型算法在实际计算中与连续型算法不总一致，其中点邻域法较相遇点邻域法更大。文中分析了前者误差产生的原因，但未分析后者产生的机理。因此，在后续研究中，将重点分析基于相遇点邻域算法产生误差的机理、评价模型及其修正方法。

(2) 离散型算法不仅适用于同一平面空间上的两可达域之间的相遇问题，还能计算三维地理空间上的两可达域之间的相遇问题，下一步将构建离散型算法的通用计算模块。

第 8 章　随机相遇的过程分析

随机相遇概率会随着时间的变化而变化，是时间的函数，因而是一种随机(相遇的)过程。由于随机过程可转化为序列时刻的随机事件，因而相遇过程可由序列基于状态的相遇事件构成。本章将主要分析相遇过程的概率特征。

8.1　基本原理

随机相遇的过程分析，首先需要获得相遇双方各自的时空概率模型(即概率时空体)，然后测试两概率时空体在任一相同时刻的相遇概率。

8.1.1　概率时空体

时空对象在空间上可以分为点、线、面、体状，在时间上可分为线性、分叉、循环等。为了简单起见，这里仅仅考虑空间几何为点状、时间几何为线状的时空对象。

1. 时空体的维度

空间为(质)点的对象，经过一定时间在点、线、面等空间的移动，可以形成由点、线、面等空间＋时间构成的三维(x,y,t)时空体(如时空圆锥体、棱柱体等)或其纵剖面，两两时空体的组合可以形成多种相遇类型。

点对象的时空体是时空轨迹的全集，由时间＋空间构成，即时空体＝时间＋空间。由于时间的单一维度特点，因此时空体的形态可由空间维度直接决定。例如，空间上的零维点＋一维时间，构成了(x,y,t)空间中的直线(体)；二维空间面＋一维时间，构成了柱体。在相同维度下，不同的移动方式可使移动过程形成差异化的时空体。例如，二维面＋一维时间所构成的柱体，在随向移动、定向移动中分别为圆锥体和棱柱体(表 8.1)。

表 8.1　点对象移动过程的时空体类型

<table>
<tr><th colspan="2">空间几何(维度)</th><th>线性时间(维度)</th><th>时空体(维度)</th></tr>
<tr><td colspan="2">点(零维)</td><td>时间(一维)</td><td>直线(一维)</td></tr>
<tr><td rowspan="2">线
(一维)</td><td>随向移动</td><td>时间(一维)</td><td>时空圆锥体的纵剖面(二维)</td></tr>
<tr><td>定向移动</td><td>时间(一维)</td><td>时空棱柱体的纵剖面(二维)</td></tr>
<tr><td rowspan="2">面
(二维)</td><td>随向移动</td><td>时间(一维)</td><td>时空圆锥体(三维)</td></tr>
<tr><td>定向移动</td><td>时间(一维)</td><td>时空棱柱体(三维)</td></tr>
</table>

在时间地理学中，随向移动是已知移动对象的出发地点和出发时刻的随机移动；定向移动则是在随向移动基础上又知移动对象的目的地与预计到达的时刻。

2. 概率时空体

时空体在任一给定时刻是一个时间平面上的空间几何，即时间切面与时空体的交集，也就是时空对象在给定时刻所处的可能空间位置的一种状态性描述。在任一状态，移动对象所在的空间位置点是不确定的，且不总是均匀的，因而可以采用概率表达。序列状态的概率分布构成了整体的概率时空体，即概率时空体＝时空体＋概率。

1）点状概率时空体：点状时空体＋概率

在(x,y,t)空间，点状时空体是一位置点(x,y)随时间t变化的直线段。在任一时刻，点状时空体是一个点，分布在该点的概率就是一冲激函数。这样，点状时空体与概率时空体是统一的[图 8.1(a)]，也与移动方式（随向、定向）无关。从这个角度来看，点状概率时空体联系着时间地理学与概率时间地理学，这也是时间地理学与概率时间地理学的又一共性。

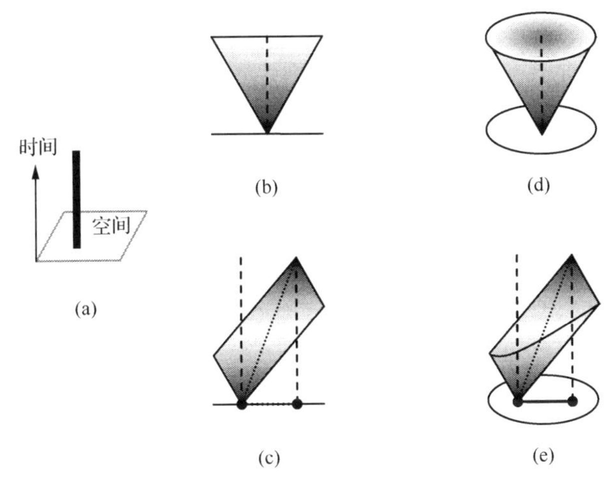

图 8.1　概率时空体

(a) 点状概率时空体；(b) 随向移动的线状概率时空体；(c) 定向移动的线状概率时空体；(d) 随向移动的面状概率时空体；(e) 定向移动的面状概率时空体

2）线状概率时空体：线状时空体＋概率

在任一时刻，线状时空体是一线段，分布在该线段的概率函数与移动方式有关。基于随向移动[图 8.1(b)]和基于定向移动[图 8.1(c)]的概率分布不同。

3）面状概率时空体：面状时空体＋概率

在任一时刻，面状时空体是一平面多边形，分布在该多边形的概率函数与移动方式有关。基于随向移动[图 8.1(d)]和基于定向移动[图 8.1(e)]的概率分布不同。

概率时空体中，任一时刻的概率能通过概率时间地理学的建模方法进行构建，目前主要有基于正态分布的、基于布朗桥的、基于全概率的时空建模方法。这些方法的共同目的，是根据移动条件（已知出发点的位置和时间、目的地点和时间、最大移动速度）、地理环境条件（如最大限速，高山阻挡等）和人文环境（如商圈人流阻挡个体移动等），依据概率时间地理学原理，建立移动个体在任一时刻分布在可达空间位置的概率模型。其中，个体最大移动速度、地理环境约束、人文环境等可分别隶属于时间地理学的能力约束、权威约束和组合约束等。对于随向移动、定向移动只对移动条件造成影响，而不影响其他条件。

8.1.2　概率时空体的相遇

时空体的布尔操作可以回答对象间可否相遇的问题，而相遇可能性的大小则需概率时空体的分析来回答。从相遇对象的数量角度，相遇可以分为两对象间的相遇和多对象间的相遇。其中，多对象间的相遇可以转换为两两对象间的相遇。

1. 概率时空体的相遇类型

根据时空体的空间几何类型，时空体之间的相遇类型可以分为：点-点，点-线，点-面，线-线，线-面，面-面等 6 种(表 8.2)。在时空体的相遇类型中，移动方式(随向、定向)会影响时空概率，因而也会影响时空体的相遇概率。

表 8.2　概率时空体的相遇类型

<table>
<tr><th colspan="2" rowspan="2">时空体的相遇类型</th><th rowspan="2">点状时空体</th><th colspan="2">线状时空体</th><th colspan="2">面状时空体</th></tr>
<tr><th>随向移动</th><th>定向移动</th><th>随向移动</th><th>定向移动</th></tr>
<tr><td colspan="2">点状时空体</td><td>点-点相遇</td><td colspan="2">点-线相遇</td><td colspan="2">点-面相遇</td></tr>
<tr><td rowspan="2">线状时空体</td><td>随向移动</td><td rowspan="2"></td><td colspan="2" rowspan="2">线-线相遇</td><td colspan="2" rowspan="2">线-面相遇</td></tr>
<tr><td>定向移动</td></tr>
<tr><td rowspan="2">面状时空体</td><td>随向移动</td><td rowspan="2"></td><td colspan="2" rowspan="2"></td><td colspan="2" rowspan="2">面-面相遇</td></tr>
<tr><td>定向移动</td></tr>
</table>

在 6 种相遇类型中，除了点-点型时空体的相遇类型外，其余类型根据移动方式还可以分为 14 种相遇亚类型(图 8.2)。

(1) 点-线型时空体的相遇包括：点状时空体-随向移动的线状时空体[图 8.2(a)]、点状时空体-定向移动的线状时空体[图 8.2(b)]；

(2) 点-面型时空体的相遇包括：点状时空体-随向移动的面状时空体[图 8.2(c)]、点状时空体-定向移动的面状时空体[图 8.2(d)]；

(3) 线-线型时空体的相遇包括：随向移动的线状时空体-随向移动的线状时空体[图 8.2(e)]、随向移动的线状时空体-定向移动的线状时空体[图 8.2(f)]、定向移动的线状时空体-定向移动的线状时空体[图 8.2(g)]；

(4) 线-面型时空体的相遇包括：随向移动的线状时空体-随向移动的面状时空体(图 h)、随向移动的线状时空体-定向移动的面状时空体[图 8.2(i)]、定向移动的线状时空体-随向移动的面状时空体[图 8.2(j)]、定向移动的线状时空体-定向移动的面状时空体[图 8.2(k)]；

(5) 面-面型时空体的相遇包括：随向移动的面状时空体-随向移动的面状时空体[图 8.2(l)]、随向移动的面状时空体-定向移动的面状时空体[图 8.2(m)]、定向移动的面状时空体-定向移动的面状时空体[图 8.2(n)]。

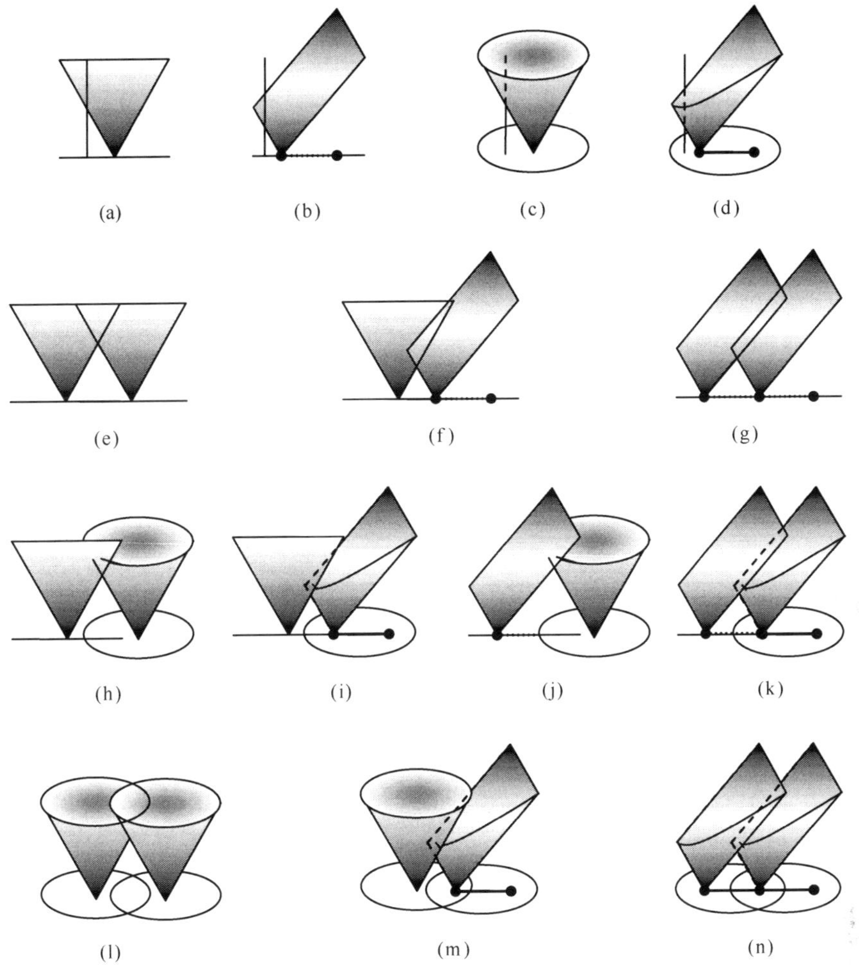

图 8.2　概率时空体的相遇类型

2. 概率时空体的相遇原理

时空体可离散成序列时刻的空间几何或状态，因此时空体之间的相遇可以转换为序列状态间的相遇；相应地，时空体之间的相遇概率就转换为序列状态间的相遇概率。概率时空体的相遇算法可以分为如下步骤(图 8.3)：

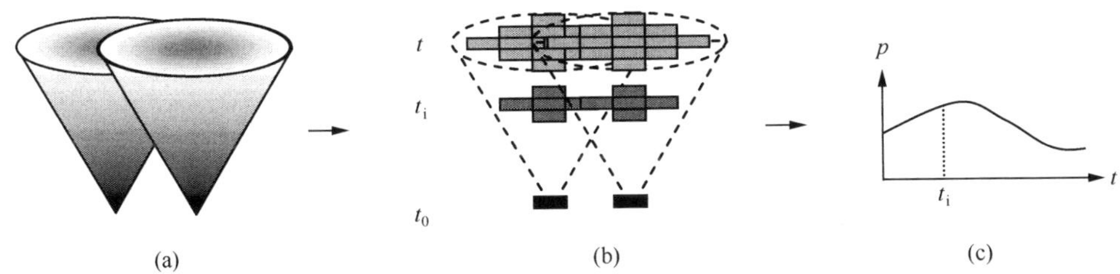

图 8.3　概率时空体的相遇原理

(a) 时空体相遇；(b) 状态相遇；(c) 相遇概率过程

(1) 离散化:将时空体离散成 t 时刻的状态。

(2) 移动对象的概率分布:获得两个概率时空体在 t 时刻状态的概率分布。

(3) 状态的相遇概率:利用连续型概率的相遇算法(如积分法、微分法等)或离散型概率的相遇算法(如邻域法),计算两个移动对象在 t 时刻的相遇概率。

(4) 时空体的相遇概率:构建相遇概率的时间 t 函数。

概率时空体的相遇原理,利用了降维的方法,即将连续的时间分解成离散的时刻,从而可以将(x,y,t)空间转换为同一时刻 t 的二维平面空间,从而将过程相遇转换为状态相遇。

8.2　相遇概率的过程分析

根据时空体相遇的概率原理,利用状态间基于邻域法的相遇算法,计算状态相遇概率的时间函数。由于点型时空体的概率总是 1,与时间 t 无关,即 $f_a(t)$、$f_b(t)$是一个为 0 或 1 的常数。因此点-点型时空体的相遇概率函数 $f_{ab}(t)$是一个为 0 或 1 的常数,下面将主要分析其他 5 种基本类型的相遇过程函数。

8.2.1　点-线型相遇的过程分析

时空体相遇的点-线型,是时空体的空间几何分别为点、线的一种相遇类型。在平面空间线上,移动对象的运动方式具有随向和定向两类。设在初始时刻 $t=0$ 时,α、β的位置点重合;相遇距离 $R\leqslant 1$;在时间$[0,T]$,对象 α 停留在原地,对象 β 具有最大可能速度 $v_{\max}=3$。

1. 点-线型随向移动的相遇概率

1) 离散化

将总预算时间 $T=5$ 离散成时刻的集合$\{0,1,2,3,4,5\}$。

2) 状态的概率分布

在任一时刻 $t\in\{0,1,2,3,4,5\}$,两个移动对象 α、β 的可达域分别为点、线。设对象 β 分布在线上的概率 $f_b(t)$服从系数 $C=1$ 的布朗运动,即

$$f_b(x,t)=\frac{1}{C\sqrt{2\pi t}}\mathrm{e}^{-\frac{x^2}{2c^2t}}=\frac{1}{\sqrt{2\pi t}}\mathrm{e}^{-\frac{x^2}{2t}}$$

式中,x 表示对象 β 偏离出发点的位移。

对象 α 的概率:

$f_a(t)=1,t\in[0,T]$。

3) 状态的相遇概率

根据离散概率分布的相遇算法,在时刻 t 的相遇概率 $P_{ab}(t)$=对象 β 分布在对象 α 的相遇点邻域(以对象 α 为中心,以 $R=1$ 为半径的线段)内的概率累积值。

在任意时刻 t,移动对象 β 的可达域:中心为出发点且长度为 $2v_{\max}\times t=6t$ 的直线段,

其中 $v_{\max} t$ 为最大位移。由于布朗运动的标准差 $C\sqrt{t}=\sqrt{t}$，因而有 β 的最大位移/标准差 $=3t/\sqrt{t}=3\sqrt{t}\geqslant 3(t\geqslant 1)$；根据 3 倍标准差原理，当 $t\geqslant 1$ 时布朗运动分布在 β 的可达域内的概率值大于 99%，从而可以省略对布朗运动的概率分布的裁剪。

利用 Matlab 的函数 y=normcdf(X,mu,sigma)可以计算正态分布在 X 处的概率累积值，其中 mu,sigma 分别表示数学期望和方差(表 8.3)。

表 8.3 部分代码

```
y=normcdf([-1,1],0,t);
p=y(2)-y(1);
```

根据上述代码，能计算在时刻 t 的相遇概率值 $P_{ab}(t)$(表 8.4)，即相遇概率的过程函数。

表 8.4 不同时刻的相遇概率值

t	0	1	2	3	4	5
$P_{ab}(t)$	1	0.6827	0.3829	0.2611	0.1974	0.1585

2. 点-线型定向移动的相遇概率

1) 离散化

将总预算时间 $T=10$ 离散成$\{0,1,2,\cdots,10\}$。

2) 状态的概率分布

在结束时刻 $t=10$ 时，移动对象 β 回到出发点的位置，则随向移动的布朗运动转换为定向移动的布朗桥，其中 $C=1$，$\mu(t)=0$，$\sigma^2(t)=C^2t(T-t)/T$。这样，对象 β 分布在线上的概率 $f_b(x,t)=\dfrac{1}{C\sqrt{2\pi}\sigma(t)}\mathrm{e}^{-\frac{[x-\mu(t)]^2}{2C^2\sigma^2(t)}}=\dfrac{1}{\sqrt{2\pi}\sigma(t)}\mathrm{e}^{-\frac{x^2}{2\sigma^2(t)}}$。

3) 状态的相遇概率

在任意时刻 $t\in[0,5]$，移动对象 β 的可达域：中心点为出发点且长度为 $2v_{\max}\times t=6t$ 的直线段，其中 $v_{\max}\times t$ 为最大位移。由于布朗桥的标准差

$$\sigma(t)=\sqrt{t(T-t)/T}=\sqrt{t(10-t)/10}$$

因而有

β 的最大位移/标准差 $=3t/\sqrt{t(10-t)/10}=\dfrac{3t}{\sqrt{t(10-t)/10}}$

在 $t\geqslant 10/11$ 时，β 的最大位移/标准差$\geqslant 3$，因而布朗运动的正态分布 99%以上落在 β 的可达域。利用 Matlab 的函数 y=normcdf(1,0,$t(10-t)/10$)－normcdf(－1,0,$t(10-t)/10$)可以计算时刻 t 的相遇概率值 $P_{ab}(t)$(表 8.5)。

表 8.5 不同时刻的相遇概率值

t	0 或 10	1 或 9	2 或 8	3 或 7	4 或 6	5
$P_{ab}(t)$	1	0.7335	0.4680	0.3661	0.3231	0.3108

8.2.2 点-面型相遇的过程分析

时空体相遇的点-面型，是时空体的空间几何分别为点、面的一种相遇类型。在平面空间上，移动对象的运动方式具有随向和定向两类。在任一时刻 t，两对象 α、β 的可达域分别为点、面。设，在初始时刻 $t=0$ 时，对象 α、β 的位置重合；相遇距离 $R\leqslant 1$；在时间 $[0, T]$，对象 α 停留在原地，对象 β 具有最大可能速度 $v_{\max}=3$。

1. 点-面型随向移动的相遇概率

1）离散化

将总预算时间 $T=5$ 离散成时刻的集合 $\{0,1,2,3,4,5\}$。

2）状态的概率分布

设，对象 β 分布在面状可达域的概率 $f_b(t)$ 服从系数 $C=1$ 的二维布朗运动。这样，对象 α 的概率 $f_a(t)=1, t\in[0,T]$；对象 β 分布在面上的概率 $f_b(x,y;t)=\dfrac{1}{2\pi t}\mathrm{e}^{-\frac{x^2+y^2}{2t}}$，表示在 t 时刻对象 β 位于 (x,y) 的概率。

3）状态的相遇概率

根据离散概率分布的相遇算法，在时刻 t 的相遇概率=对象 β 分布在 α 的相遇点邻域内的概率累积值。其中，α 的相遇点邻域是以 α 为中心以 $R=1$ 为半径的圆或其外接正方形。

利用 Matlab 的函数 y=mvncdf(xl, xu, mu, SIGMA) 可以计算二元正态分布的累积概率值，即相遇概率 $P_{ab}(t)$（表 8.6）。其中，xl，xu 分别表示矩形区域的上下区间 xl=[−1−1]；xu=[1 1]，mu，SIGMA 分别表示正态分布的均值[0,0]和协方差矩阵[t,0;0,t]。

表 8.6　不同时刻的相遇概率值

t	0	1	2	3	4	5
$P_{ab}(t)$	1	0.4661	0.2709	0.1904	0.1466	0.1192

2. 点-面型定向移动的相遇概率

1）离散化

将总预算时间 $T=10$ 离散成时刻的集合：$\{0,1,\cdots,10\}$。

2）状态的概率分布

已知在时刻 $t=10$ 时，对象 β 回到出发点。这样，对象 β 的随向移动转换为定向移动，其布朗桥数字特征 $\mu(t)=0, \sigma^2(t)=C^2t(T-t)/T$，$C=1$，从而有对象 β 分布在面上的概率 $f_b(x,y;t)=\dfrac{1}{2\pi\sigma^2(t)}\mathrm{e}^{-\frac{x^2+y^2}{2\sigma^2(t)}}$。

3）状态的相遇概率

在面空间，定向移动所形成的棱柱体由两个反向的、对称的圆锥体构成。用 Matlab 的函数 y=mvncdf(xl, xu, mu, SIGMA) 可以计算时刻 t 的累积概率值，即相遇概率 $P_{ab}(t)$（表 8.7）。其中，xl，xu 分别表示矩形区域的上下区间 xl=[−1−1]；xu=[1 1]；mu，SIGMA 分别表示正态分布的均值[0,0]和协方差矩阵[$t(10-t)/10$, 0;0, $t(10-t)/10$]。

表 8.7　不同时刻的相遇概率值

t	0 或 10	1 或 9	2 或 8	3 或 7	4 或 6	5
$P_{ab}(t)$	1	0.5015	0.3258	0.2599	0.2317	0.2236

在上述算法中，未利用可达域对移动对象的概率分布进行裁剪，这主要是因为正态分布的 3 倍标准差落入可达域之内的缘故。

8.2.3　线-线型相遇的过程分析

时空体相遇的线-线型，是时空体的空间几何均为线的一种相遇类型。设，在初始时刻 $t=0$ 时，两个点对象 α、β 的位置重合；α、β 的相遇距离 $R\leqslant1$；α、β 具有最大可能速度 $v_{max}=3$。

1. 线-线型随向移动的相遇概率

1) 离散化

将总预算时间 $T=5$ 离散成时刻的集合$\{0,1,2,3,4,5\}$。

2) 状态的概率分布

设，对象 α、β 在时刻 t 的概率 $f_a(t)$、$f_b(t)$ 均服从系数 $C=1$ 的布朗运动 $f_b(x,t)=\frac{1}{\sqrt{2\pi t}}e^{-\frac{x^2}{2t}}$。

3) 状态的相遇概率

在 $t=0$ 时，相遇概率 $P_{ab}(t)=1$。在 $t\geqslant1$ 时刻，相遇概率 $P_{ab}(t)$ 的计算首先需要构建任一对象（α 或者 β）线状可达域的序列相遇点邻域（长度为 2），并分别计算对象 α、β 分布在每个相遇点邻域上的概率值。

利用 Matlab 的函数 y=normcdf(xu,0,t)-normcdf(xl,0,t)可以计算在时刻 t 布朗运动位于相遇点邻域[xl,xu]的概率值（表 8.8）。在任一时刻 $t(t\geqslant1)$，布朗运动分布在线状可达域上的概率值，由点-线型相遇过程可知达 99%以上。

表 8.8　线-线型相遇过程的部分代码

```
t=1;    vmax=3;    met_dist=2;
mu=0;    SIGMA=t;
p=zeros(1,vmax * t+1);    i=0;
for xl=- vmax * t-met_dist/2:met_dist: vmax * t,
    i=i+1;
    xu  =  xl+met_dist;
    y=normcdf(xu,mu,SIGMA)-normcdf(xl,mu,SIGMA);
    p(i)=y;
end
met_p_mat=p. * p;
metP=sum(met_p_mat)
```

在 $t=1$ 时，可达域 $[-v_{max}t, v_{max}t]=[-3,3]$，相应的相遇点邻域单元集：$\{[-3,-2],[-2,0],[0,2],[2,3]\}$。对象 α、β 分布在各相遇点邻域的概率值均为：$\{0.0214,$

0.4772,0.4772,0.0214}。根据线-线型的邻域法，相遇概率 $P_{ab}(t=1)=0.0214^2+0.4772^2+0.4772^2+0.0214^2=0.4564$(表 8.9)。

表 8.9　不同时刻的相遇概率值

t	0	1	2	3	4	5
$P_{ab}(t)$	1	0.4564	0.2708	0.1847	0.1396	0.1121

在 $t=2$ 时，可达域 $[-v_{max}t, v_{max}t]=[-6,6]$，相遇点邻域单元为{[−6,−5],[−5,−3],[−3,−1],[−1,1] ,[1,3],[3,5],[5,6]}，对象 α、β 分布在各相遇点邻域的概率值均为{0.0049,0.0606,0.2417,0.3829 ,0.2417,0.0606,0.0049}。相遇概率 $P_{ab}(t=2)=0.0049^2+0.0606^2+0.2417^2+0.3829^2+0.2417^2+0.0606^2+0.0049^2=0.2708$。

2. 线-线型混向移动的相遇概率

参数：$T=10$；两个对象的相遇距离为 $R\leqslant 1$；对象 α、β 具有最大可能速度 $v_{max}=3$。

条件：在初始时刻 $t=0$ 时，两个点对象 α、β 的位置重合；在结束时刻，作定向移动的一个对象 β(或 α)的位置回到初始状态的位置。

根据离散型相遇概率的邻域法，能计算不同时刻的相遇概率(表 8.10)。显然，相遇概率随时间的推移单调递减。

表 8.10　线-线型混合移动方式的相遇概率

t	1	2	3	4	5	6	7	8	9
$P_{ab}(t)$	0.4609	0.2838	0.1986	0.1540	0.1267	0.1080	0.0944	0.0838	0.0752

3. 线-线型定向移动的相遇概率

参数：$T=10$；两个对象的相遇距离为 $R\leqslant 1$；对象 α、β 具有最大可能速度 $v_{max}=3$。

条件：在初始时刻 $t=0$ 和结束时刻 $t=10$ 时，两个点对象 α、β 的位置重合。

根据离散型相遇概率的邻域法，能计算不同时刻的相遇概率(表 8.11)：

表 8.11　线-线型定向移动的相遇概率

t	1 或 9	2 或 8	3 或 7	4 或 6	5
$P_{ab}(t)$	0.4744	0.3318	0.2589	0.2285	0.2198

显然，相遇概率关于中间时刻对称，在时刻 t：1→5 相遇概率随时间推移不断减小。

8.2.4　线-面型相遇的过程分析

时空体相遇的线-面型，是时空体的空间几何分别为线、面的一种相遇类型。设，在初始时刻 $t=0$ 时，两个点对象 α、β 的位置重合；相遇距离 $R\leqslant 1$；α、β 具有最大可能速度 $v_{max}=3$；对象 α 所在的线是对象 β 所在的面的中轴直线段。

1. 线-面型随向移动的相遇概率

1) 离散化

将总预算时间 $T=10$ 离散成{0,1 ,2 ,… ,10}。

2) 状态的概率分布

设,对象 α 分布在面上的概率 $f_a(t)$ 服从系数 $C=1$ 的布朗运动 $f_b(x,t)=\frac{1}{\sqrt{2\pi t}}e^{-\frac{x^2}{2t}}$;对象 β 分布在面上的概率 $f_b(t)$ 服从系数 $C=1$ 的二维布朗运动 $f_b(x,y;t)=\frac{1}{2\pi t}e^{-\frac{x^2+y^2}{2t}}$。

3) 状态的相遇概率

由离散型相遇概率的邻域法可知,在任一时刻 t 的相遇概率 $P_{ab}(t)$ 见表 8.12。显然,相遇概率随时间推移单调递减。

表 8.12　不同时刻的相遇概率值

t	1	2	3	4	5	6	7	8	9	10
$P_{ab}(t)$	0.3117	0.1609	0.0978	0.0672	0.0497	0.0387	0.0312	0.0259	0.0219	0.0188

2. 线-面型混向移动的相遇概率

又设,对象 β 在 $t=10$ 时回到起点,则对象 α、β 的相遇概率 $P_{ab}(t)$ 如表 8.13。对于对象 α 作定向移动、β 作随向移动的相遇概率,也可以采用类似方法计算。

表 8.13　不同时刻的相遇概率值

t	1	2	3	4	5	6	7	8	9
$P_{ab}(t)$	0.3267	0.1822	0.1186	0.0880	0.0711	0.0615	0.0565	0.0559	0.0622

3. 线-面型定向移动的相遇概率

又设,对象 α、β 在 $t=10$ 时都回到起点,则相遇概率 $P_{ab}(t)$ 如表 8.14。

表 8.14　不同时刻的相遇概率值

t	1	2	3	4	5	6	7	8	9
$P_{ab}(t)$	0.3177	0.1820	0.1224	0.0946	0.0798	0.0717	0.0676	0.0658	0.0640

显然,相遇概率随时间推移单调递减。

8.2.5　面-面型相遇的过程分析

时空体相遇的面-面型,是时空体的空间几何均为面的一种相遇类型。设,在初始时刻 $t=0$ 时,对象 α、β 的位置重合,相遇距离 $R\leqslant 1$;α、β 具有最大可能速度 $v_{\max}=3$。

1. 面-面型随向移动的相遇概率

1) 离散化

将总预算时间 $T=5$ 离散成时刻的集合{0,1,2,3,4,5}。

2）状态的概率分布

又设，α、β 的 $f_a(t)$、$f_b(t)$ 分别服从系数 $C=1$ 的二维布朗运动 $f_b(x,y;t)=\frac{1}{2\pi t}e^{-\frac{x^2+y^2}{2t}}$。

3）状态的相遇概率

显然，在 $t=0$ 时，相遇概率为 1。在 $t\geqslant1$ 时刻，相遇概率 $P_{ab}(t)$ 的计算首先需要构建任一对象（α 或者 β）面状可达域的序列相遇点邻域（边长为 2 的正方形），并分别计算对象 α、β 分布在各相遇点邻域上的概率值。利用 Matlab 的函数 y=mvncdf(xl,xu,mu,SIGMA)可以计算布朗运动位于相遇点邻域[xl,xu]的概率值（表 8.15），即相遇概率 $P_{ab}(t)$。其中，xl，xu 分别为矩形区域的上下区间；mu，SIGMA 分别为正态分布的均值[0,0]和协方差矩阵[t,0;0,t]。

表 8.15 面-面型相遇过程的部分代码

```
t=1; vmax=3;met_dist=2;
mu=[0,0];SIGMA=[t 0;0 t];
p=zeros(vmax * t+1);i=0;
for xa=- vmax * t-met_dist/2:met_dist: vmax * t,
    i=i+1;j=0;
    for ya=- vmax * t-met_dist/2:met_dist: vmax * t,
        j=j+1;
        xb  =    xa+met_dist;
        yb  =  ya+met_dist;
        xl=[xa ya];xu=[xb yb];
        y=mvncdf(xl,xu,mu,SIGMA);
        p(i,j)=y;
    end
end
met_p_mat=p. * p;
metP=sum(sum(met_p_mat))
```

(1) 在 $t=1$ 时：可达域正方形的边长 $=2v_{\max}t=6$，可以划分成 16 个相遇点邻域正方形单元（图 8.4），对象 α、β 的相遇概率 $P_{ab}(t=1)=0.2085$。

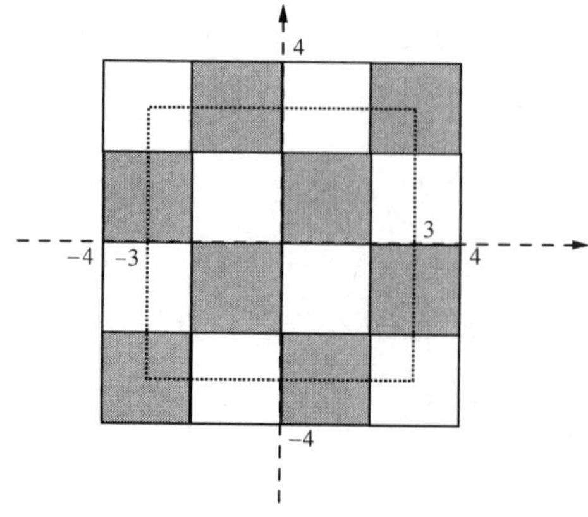

图 8.4 相遇点邻域的划分

(2) $t=3$ 时：可达域正方形的边长 $=2v_{\max}\times t=18$，对象 α、β 的相遇概率 $P_{ab}(t=3)=0.0953$(表 8.16)。

表 8.16　不同时刻的相遇概率值

t	0	1	2	3	4	5
$P_{ab}(t)$	1	0.2085	0.1375	0.0953	0.0734	0.0596

4) 时空体的相遇概率

2. 面-面型混向移动的相遇概率

又设，对象 β 在 $t=10$ 时回到起点，则相遇概率 $P_{ab}(t)$ 如表 8.17。显然，相遇概率随时间推移单调递减。

表 8.17　不同时刻的相遇概率值

t	1	2	3	4	5	6	7	8	9
$P_{ab}(t)$	0.2128	0.1514	0.1098	0.0900	0.0778	0.0702	0.0651	0.0620	0.0598

3. 面-面型定向移动的相遇概率

又设，对象 α、β 在 $t=10$ 时均回到起点，则相遇概率 $P_{ab}(t)$ 如表 8.18。

表 8.18　不同时刻的相遇概率值

t	1 或 9	2 或 8	3 或 7	4 或 6	5
$P_{ab}(t)$	0.2174	0.1686	0.1293	0.1167	0.1117

显然，相遇概率关于中间时刻对称，在时刻 t：1→5 相遇概率随时间推移单调递减。

8.3　相遇概率的过程特点

1. 基本特点

(1) 两个移动对象作随向移动时，相遇概率随时间推移呈单调递减趋势。

(2) 两个移动对象作定向移动时，相遇概率关于中间时刻对称，且由起点时刻→中间点时刻的过程中相遇概率单调递减。

2. 应用特点

相遇概率的计算，可以应用于人员搜救、救援活动中。搜寻模式通常有：拉网式、地毯式、纵深式、散列式。其中，拉网式还可以进一步区分合围、突围的方式。

(1) 如果以合围的方式由外围向中心地进行搜索，则找到目标对象的可能性(相遇概率)随时间推移以不递减的方式变化。这里，包围圈对应于目标对象的样本空间，相遇对应于目标对象所在位置的事件。合围就是一种以不断缩小样本空间的方式来提高相遇概率的方法。

(2) 如果以突围的方式由中心向四周搜寻,则找到目标对象的可能性(相遇概率)随时间推移难以预测。这是因为随时间推移搜寻者的可达范围不断扩大,但搜寻目标的可达范围(样本空间)也在不断扩大;即使搜寻者的可达范围属于搜寻目标的样本空间,但由于两者范围的占比不确定,因而相遇概率也就难以确定。

(3) 如果以地毯式、纵深式、散列式等方法,则找到目标对象的可能性(相遇概率)具有相对稳定性。搜寻者总只能占据有限的子空间,虽然随时间推移这种子空间不同变化,但子空间占据目标对象的样本空间的比例不变,因此相遇的概率稳定。这是因为搜寻目标可能回到搜寻者曾到达过的地方,从而保证了搜寻者的子空间占搜寻目标样本空间的比例的稳定性。

3. 过程相遇的未来发展

1) 扩展算法

两个时空体的相遇问题,可以转化为一个时空体在时空位置点(L_a,t)与另一时空体的相遇问题,本章进一步简化为时空位置点与另一时空体在时刻 t 的状态的相遇问题。显然,这种简化适用于人与人之间基于相同时刻的会面或者救援情形。对于个体之间的细菌传播而言,上述简化则会降低实际相遇概率值,主要是细菌传播适用于非相同时刻的会面。因此,未来需要进一步形式化描述过程间的相遇问题。

2) 开发软件模块

目前,过程相遇的概率计算,尚未构建通用的计算模块。因此,未来将构建一种计算两时空体相遇的算法模型,基本功能包括:①输入,即两个概率时空体;②过程相遇概率计算,即对于任一时刻 t,计算相遇概率 $P_{ab}(t)$;③输出,即输出序列时刻的相遇概率。

在基本功能基础上,根据救援、搜救等工作中路径规划的实际需求,需要拟定最优救援路径。最优路径是根据被搜救对象的概率时空体和多个时空轨迹,从中选出一个最优的时空轨迹,该轨迹具有在给定的未来时间内相遇概率的累积值高特点。因此,高级功能如下:①输入,即一个概率时空体,一个时空路径集合;②过程相遇概率计算,即计算每条时空路径与概率时空体相遇的概率的时间函数;③输出,即给出每条时空路径的相遇概率在相同时间内的概率累积值。

高级功能是基本功能的特例,即将基本功能中的一个概率时空体转换为一个确定的时空路径,就是一个简单的高级功能。

参考文献

柴彦威. 1998. 时间地理学的起源、主要概念及其应用. 地理科学,18(1):65-72

柴彦威,王恩宙. 1997. 时间地理学的基本概念与表示方法. 经济地理,17(3):55-61

柴彦威,赵莹. 2009. 时间地理学研究最新进展. 地理科学,29(4):598-600

柴彦威,李峥嵘,史中华. 1999. 生活时间调查研究回顾与展望. 地理科学进展,18(1):68-75

方志祥,李清泉,萧世伦. 2010. 利用时间地理进行位置相关的时空可达性表达. 武汉大学学报(信息科学版),35(9):1091-1095

龚玺,裴韬,孙嘉,等. 2011. 时空轨迹聚类方法研究进展. 地理科学进展,30(5):522-534

郭仁忠. 2001. 空间分析. 北京:高等教育出版社

侯文. 2005. 常用概率分布间的关系. 辽宁师范大学学报(自然科学版),28(4):503-505

李宏. 2013. 上班路上超 45 分钟增加离婚率. http://365jia.cn/news/2013-11-18/BFD133D01D049720.html[2015-7-17]

李雄,马修军,王晨星,等. 2009. 城市居民时空行为序列模式挖掘方法. 地理与地理信息科学,25(2):10-14

林广发,黄永胜. 2002. GIS 在时间地理学中的应用初探. 人文地理,17(5):69-72

林元烈. 2002. 应用随机过程. 北京:清华大学出版社

刘钊,罗智德,张耀方,等. 2014a. 基于时空棱柱的人员搜寻范围优化. 地球信息科学学报,16(4):531-536

刘钊,罗智德,张耀方,等. 2014b. 基于 GIS 的时空节点规划与优化方法研究. 地理与地理信息科学,30(1):41-44

卢炎生,陈刚,潘鹏. 2007. 基于公路网的移动对象数据库数据模型. 计算机工程,33(5):36-38

陆锋,刘康,陈洁. 2014. 大数据时代的人类移动性研究. 地球信息科学学报,16(5):665-672

戚铭尧,樊艳伟,彭昕,等. 2010. 一种基于交通网络的时空棱柱表示. 武汉大学学报(信息科学版),35(12):1491-1495

锐研中国. 2015. 大数据助力社会科学研究:挑战与创新. http://mp.weixin.qq.com/s?_biz=MzA4Nzk1MjIzNw==&mid=205307629&idx=1&sn=3c4ca9632d81b2ef1b3d182ef7ca9f13&scene=5#rd[2015-4-8]

邵黎霞,何宗宜. 2007. 基于时空棱镜和活动场所吸引率的目的地研究. 武汉大学学报·信息科学版,32(6),481-484

汤国安,刘学军,闾国年,等. 2007. 地理信息系统教程. 北京:高等教育出版社

唐凯,娄静. 2014. "百度迁徙地图"显示. http://jsnews.jschina.com.cn/system/2014/02/11/020216554.shtml[2015-7-17]

王燕. 2008. 应用时间序列分析(第 2 版). 北京:中国人民大学出版社

吴雅琴. 2010. 概率中的会面问题. 中学数学杂志,(5):36-37

吴永星. 2013. 定向移动中的概率时空模型研究——以斑马线区域的行人定向移动为例. 武汉理工大学学士学位论文

向义和. 1999. 大学物理导论(上册). 北京:清华大学出版社

徐建华. 2006. 计量地理学. 北京:高等教育出版社

尹章才,李霖. 2011. Web 2.0 GIS 原理与方法教程. 武汉:武汉理工大学出版社

尹章才,李霖. 2013. Web 2. 0 地图学. 北京:科学出版社
尹章才,何晓蓉,张晓盼,等. 2012. 基于布朗桥概率模型的定向移动. 测绘科学技术学报,29(6):397-400
尹章才,李霖,艾自兴. 2003. 基于图论的时空数据模型研究. 测绘学报,32(2):168-172
尹章才,刘清全,孙华涛. 2013. 全概率公式在时间地理中的应用研究. 武汉大学学报(信息科学版),38(8):954-957
翟瀚. 2014. 个人时空可达性动态互动模型研究及应用. 首都师范大学硕士学位论文
张景雄. 2008. 空间信息的尺度、不确定性与融合. 武汉:武汉大学出版社
张亦汉,钟欣梅,李建程. 2014. 利用自行车借还记录分析与挖掘空间位置信息. 测绘通报,(7):113-116
赵懂,何贞铭,沈体壮,等. 2014 GIS 在大数据时代下的发展. 电脑知识与技术,32(10):7585-7587
周成虎. 2015. 全空间地理信息系统展望. 地理科学进展,34(2):129-131
周永卫,范贺花. 2009. 连续型二维随机变量线性函数和的概率密度的简单求法. 河南教育学院学报(自然科学版),18(1):3-6
Alexandre B G. 2010. An extension of GIS-based least-cost path modeling to the location of wide paths. International Journal of Geographical Information Science,24(7):983-996
Bart K,Walied O. 2009. Modeling uncertainty of moving objects on road networks via space-time prisms. International Journal of Geographical Information Science,23(9):1095-1117
Collischonn W,Pilar J V. 2000. A direction dependent least cost path algorithm for roads and canals. International Journal of Geographical Information Science,14(4):397-406
Downs J A,Horner M W. 2012. Probabilistic potential path trees for visualizing and analyzing vehicle tracking data. Journal of Transport Geography,23:72-80
Esrichina. 2013. 洛杉矶警方基于手机信号时空模拟的犯罪制图. http://www. esrichina-bj. cn/2013/0731/2280. html[2015-7-17]
Hägerstrand T. 1970. What about people in regional science? Regional Science,24(1):7-21
Kuijpers B,Othman W. 2009. Modeling uncertainty of moving objects on road networks via space-time prisms,International Journal of Geographical Information Science,23(9):1095-1117
Longley P A,Goodchild M F,Maguire D J,et al. 2007. 地理信息系统与科学. 张晶,刘瑜,张洁,等译. 北京:机械工业出版社
Miller H J. 1991. Modeling accessibility using space-time prism concepts within geographical information systems. International Journal of Geographical Information Science,5 (3):287-301
Miller H J,Bridwell S A. 2009. A field-based theory for time geography. Annals of the Association of American Geographers,99(1):49-75
Moore A B,Wigham P,Holt A,et al. 2003. A time geography approach to the visualisation of sport. In: Proceeding of the 7th International Conference on Geocomputation, University of Southampton, United Kingdom
Neutens T,Witlox F,Weghe N V et al. 2007. Space-time opportunities for multiple agents:a constrained-based approach. International Journal of Geographical Information Science,21 (10):1061-1076
Song Y,Miller H J. 2014. Simulating visit probability distributions within planar space-time prisms. International Journal of Geographical Information Science,28(1):104-125
Winter S. 2009. Towards a Probabilistic Time Geography. In: Agrawal, D. et al. (Eds.). 17th ACM SIGSPATIAL GIS. Bellevue. WA:ACM Press,528-531
Winter S,Yin Z C. 2010. Directed movements in probabilistic time geography. International Journal of Geographical Information Science,24(9):1349-1365

Winter S,Yin Z C. 2011. The elements of probabilistic time geography. Geoinformatica,15(3):417-434

XU J P,Lathrop R G. 1995. Improving simulation accuracy of spread phenomena in a raster-based geographic information system. International Journal of Geographical Information Science,9(2):153-168

Yin Z C,Duan Q Y,Sun H T,et al. 2013. Time geographic network modeling for restraint space of transportation network. In:Claus P R,Wilhelms U M. GEOProcessing 2013:The Fifth International Conference on Advanced Geographic Information Systems,Applications,and Services. Germany:HLRN,93-98